全国高等农林院校“十一五”规划教材
高等农林院校生命科学类系列教材

# 植物学实验技术

第2版

许鸿川　主编

中国林业出版社

# 内 容 简 介

本书是依据高等农林院校《植物学》课程的教学目的和要求编写的，内容包含植物形态学实验技术和植物分类学实验技术两大部分。全书以实验技术和方法为主线，贯穿于基本理论和重点知识之中。系统介绍了植物形态学实验必备的基本知识与技能，植物细胞、组织和器官的制片方法和观察方法，植物界各大类群的观察方法，被子植物的分类鉴定方法，标本的采集、压制和装订方法，常见植物的识别技巧等。本书可作为高等农林院校生物科学类、植物生产类、环境生态类和资源类本专科各专业独立设课或非独立设课的植物学实验课程的教材。也可作为其他高等院校植物学实验课程的教材及植物爱好者的参考书。

**图书在版编目（CIP）数据**

植物学实验技术/许鸿川主编．－2版．－北京:中国林业出版社,2008.6(2024.9重印)
（全国高等农林院校“十一五”规划教材，高等农林院校生命科学类系列教材）
ISBN 978-7-5038-5037-0

Ⅰ．植…　Ⅱ．许…　Ⅲ．植物学-实验-高等学校-教材　Ⅳ．Q94-33

中国版本图书馆CIP数据核字（2008）第081815号

出版　中国林业出版社（100009　北京西城区刘海胡同7号）
E-mail　jiaocaipublic@163.com　电话（010）83143555
网址　https://www.efph.net
发行　中国林业出版社
印刷　北京中科印刷有限公司
版次　2003年9月第1版
　　　2008年6月第2版
印次　2008年6月第1次
　　　2024年9月第6次
开本　787mm×1092mm　1/16
印张　16.5
字数　368千字
印数　19 001～20 000册
定价　35.00元

高等农林院校生命科学类系列教材

# 编写指导委员会


**顾　问：** 谢联辉

**主　任：** 尹伟伦　董常生　马峙英

**副主任：** 林文雄　张志翔　李长萍　董金皋　方　伟　徐小英

**编　委：** (以姓氏笔画为序)

马峙英　王冬梅　王宗华　王金胜　王维中　方　伟
尹伟伦　关　雄　刘国振　张志翔　张志毅　李凤兰
李长萍　李生才　李俊清　李国柱　李存东　杨长峰
杨敏生　林文雄　郑彩霞　胡德夫　郝利平　徐小英
徐继忠　顾红雅　蒋湘宁　董金皋　董常生　谢联辉
童再康　潘大仁　魏中一

# 出版说明

进入21世纪以来，生命科学日新月异，向人们展现出了丰富多彩的生命世界及诱人的发展前景，生命科学已成为高等院校各相关专业关注的焦点，包括理科、工科和文科在内的各个学科相继酝酿、开设了与生命科学相关的课程。为贯彻和落实教育部“十一五”规划高等学校课程体系改革的精神，满足农林院校中生物专业和非生物专业教学的需要，中国林业出版社与北京林业大学、福建农林大学、山西农业大学、河北农业大学、浙江林学院等院校共同组织了各院校相关学科的资深教师编写了这套适合于高等农林院校使用的生命科学类系列教材，并希望成为一套内容全面、语言精炼的生命科学的基础教材。

本系列教材系统介绍了现代生命科学的基本概念、原理、重要的科学分支及其研究新进展以及研究技术与方法。我们期望这套系列教材不仅可以让农林院校的学生了解生命科学的基础知识和研究的新进展，激发学生们对生命科学研究的兴趣，而且可以引导他们从各自的研究领域出发，对各种生命现象从不同的角度进行深入的思考和研究，以实现各领域的合作，推动学科间的协同发展。

近几年来，各有关农林院校的一大批长期从事生物学、生态学、遗传学以及分子生物学等领域的教学和科研工作的留学归国人员及骨干教师，他们在出色完成繁重的教学和科研任务的同时，均亲自参与了本系列教材的编撰工作，为系列教材的编著出版付出了大量的心血。各有关农林院校的党政领导和教务处领导对本系列教材的组织编撰都给予了极大的支持和关注。在此谨对他们表示衷心的感谢。

生命科学的分支学科层出迭起，生命科学领域内容浩瀚、日新月异，且由于我们的知识构成和水平的限制，书中不足之处在所难免，恳请广大读者和同行批评指正。

高等农林院校生命科学类系列教材
编写指导委员会
2006年5月18日

# 第 2 版前言

《植物学实验技术》自 2003 年 9 月出版以来已 4 年多了，期间已进行过两次印刷，根据对使用者的调查，普遍认为该书的教学内容符合高等农林院校人才培养目标及本课程教学的要求，具备先进性、实践性和实用性。该书加强了基本操作技能的训练和学生动手能力的培养，利于调动学生学习的主动性和创造性。加强了理论联系实际以及知识的融会贯通，利于学生对理论知识的巩固并提高分析问题和解决问题的能力。可为学生进一步学好专业课以及将来更好地从事相关学科的科学研究打下良好的基础。

本教材现已被全国多所高等农林院校选用，其中，作为本科专业基础课教材使用的包括生物类和农林类中的近 20 个专业，深受使用者的普遍欢迎和好评。

这次再版主要是对第一版中存在的缺点及不足进行修订，使之更加完善，包括：订正了一些文字，更新了一些插图，充实了一些内容，尤其对第八章的附录一作了较多的补充。参与修订工作的除了原作者外，还有三位福建农林大学资深的教师，分别为黄榕辉、林如和黄春梅。其中，黄榕辉主要参与本书下篇植物分类学实验技术的修订工作，并对第八章的附录一进行了补充；林如和黄春梅主要参与本书上篇植物形态学实验技术的修订工作。

再版工作自始至终得到中国林业出版社的指导和支持。同时也得到编者所在学校和学院领导以及有关教师和实验技术人员的热情关心、大力支持和帮助。

请允许编者在此对所有选用本教材以及对本教材的再版工作给予关心、支持和帮助的同志们，表示衷心的感谢！

欢迎兄弟院校使用本教材。由于编者理论水平和实践经验有限，书中难免有错误或欠妥之处，敬请各位读者批评指正。

编　者

2008 年 3 月

# 第1版前言

本教材是适应当前实验教学改革的趋势,依据高等农林院校《植物学》课程的教学目的和要求,在主编原植物学实验指导书的基础上编写而成的。原书自1991年开始使用以来,已历经10多轮的专业教学实践和反复修订,并不断吸取全国高等院校先进的实验教学经验,使内容不断更新、充实和优化。

本书注重基础性:在植物形态学篇章,涉及被子植物的形态、器官结构及其发育规律的基础理论,侧重于微观方面的知识点。在植物分类学篇章,则从宏观方面研究整个植物界,内容涉及植物界的各大类群和被子植物主要分科等方面的基础理论知识。

本书注重实践性:基础理论所涉及的重点知识,均能通过实践得到检验。在植物形态学篇章,学生通过自己动手制片和显微观察,使植物体内部抽象的微观世界历历在目,植物的生活历程和发育规律一览无余。在植物分类学篇章,涉及植物标本的采集、鉴定、压制和装订以及对大自然中植物的识别。通过理论知识的介绍和实物的观察(包括实验室里新鲜标本、腊叶标本、液浸标本和大自然中植物的观察),学生可在短时间里获得直观的认识。

本书注重综合性:分别从细胞、组织、器官和植物整体对实物标本进行多层次综合探索;分别从外部形态和内部结构进行多角度综合观察;分别从植物细胞学、植物外部形态学、植物解剖学、植物胚胎学、植物系统学和植物分类学等方面进行多学科综合研究;分别从显微观察能力、动手能力和感知能力等方面进行全方位的实验技能综合训练。

本书注重先进性:不仅汇聚了全国高等院校先进的实验手段,而且在内容编排、实验步骤和技术方法的描述以及实验材料的选择上独具特色,实验过程融入了先进的多媒体教学手段,可以预见,这些措施无疑使实验质量大为提高。

本书加强了基本操作技能的训练和学生动手能力的培养,利于调动学生学习的主动性和创造性。加强了理论联系实际以及知识的融会贯通,利于学生对理论知识的巩固并提高分析问题和解决问题的能力。可为学生进一步学好专业课以及将来更好地从事相关学科的科学研究打下良好的基础。

本书可作为高等农林院校生物科学类、植物生产类、环境生态类和资源类本专科各专业独立设课或非独立设课的植物学实验课程的教材,也可作为其他高等院校植物学实验课程的教材及植物爱好者的参考书。

本书分上、下两篇共十章,并安排二十个实验项目:上篇为植物形态学实验技术,安排八个实验项目,从微观方面入手,以细胞、组织和器官三个层次来剖析高等显花植物(主要是被子植物)的形态、结构和功能;下篇为植物分类学实验技术,安排十二个实验项目,从宏观角度入手,以植物的基本类群和被子植物的分类两条线索来阐述植物界的发生和发展规律以及植物与人类的关系。每次实验所列实验材料和内容较多,各校可根据实际教学时数确定需完成的项目和内容,从中进行选择。有些院校还安排半周到一周的植物学教学实习,可把本教材中一些实践性较强的项目,如植物切片技术、显微摄影技术、植物标本制作技术、植物的鉴定技术和大自然中植物的识别技巧等放在教学实习中。

本教材由许鸿川主编,并负责全书的统稿工作。编写工作分工如下:福建农林大学许鸿川编写了第二章至第六章、第九章、第十章的全部内容,第七章和第八章除附录二以外的内容,第一章的部分内容,共约25万字。山西农业大学扆铁梅编写了第七章和第八章附录二的内容,第一章的部分内容,共约6万字。河北农业大学王艳辉编写了第一章的部分内容,并对全书中各个实验中的实验材料做了补充,共约2万字。全书共约33万字。

本书承蒙南京大学生命科学学院王维中教授和北京大学生命科学学院顾红雅教授审稿。书中所用插图多引自国内外有关书籍,限于篇幅,恕未逐一加注。编写工作得到编者所在学校和学院领导以及有关教师和实验技术人员的热情关心、大力支持和帮助。请允许我们在此对所有参与本教材审稿以及对本教材的编写工作给予关心、支持和帮助的同志们,表示衷心的感谢!

欢迎兄弟院校使用本教材。由于编者理论水平和实践经验有限,书中难免有错误或不妥之处,敬请各位读者批评指正。

编　者

2003年8月

# 目　　录

## 上篇　植物形态学实验技术

## 下篇　植物分类学实验技术

# 上篇

# 植物形态学实验技术

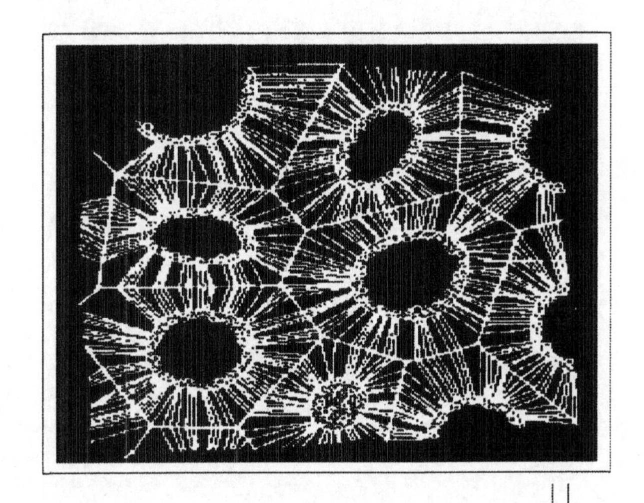

植物形态学是植物学的一门分支学科，主要研究植物的形态、器官结构及其发育规律，从广义上讲，其内容涉及植物外部形态学、植物解剖学、植物胚胎学和植物细胞学的基本知识。在高等农林、师范及综合院校，植物形态学是生物科学类、植物生产类、环境生态类和资源类本专科各专业学生必修的一门专业基础课，也是学好专业课必不可少的先行学科。实验课是植物形态学教学中的一个重要环节，它的任务在于：通过实验观察，加深学生对课堂理论的理解，进一步巩固课堂理论知识；通过实验比较，培养学生分析问题和解决问题的能力；通过实验操作，使学生获得有关实验技术的基本训练，为学习其他专业基础课和专业课以及进行科研工作打下良好的基础。

# 第一章

# 植物形态学实验必备的基本知识与技能

本章内容和教学方式安排表

| | 教学内容 | 主要教学方式 | 辅助教学方式 |
|---|---|---|---|
| 第一节 | 实验室规则 | 学生自学，必要时加以强调 | |
| 第二节 | 光学显微镜的构造和使用方法 | 在实验一中先行介绍，并应用于每次实验中进行切片标本的观察 | 可配合多媒体显微镜和多媒体演示系统进行介绍 |
| 第三节 | 生物绘图方法 | 在实验一中先行介绍，并应用于每次实验中绘实物标本的线条图 | |
| 第四节 | 常用的植物制片方法 | 临时标本片的制法在实验一中先行介绍,并应用于每次实验中;徒手切片法在根和茎的实验中结合观察内容进行切片练习;石蜡制片法电镜标本制备法由学生自学,可作为教学实习的选作内容 | 可配合多媒体显微镜和多媒体演示系统进行介绍 |
| 第五节 | 显微摄影技术 | 由学生自学，可作为教学实习的选作内容 | |
| 第六节 | 标本的液浸方法 | 学生自学，可作为教学实习的选作内容 | |
| 第七节 | 常用的显微化学鉴定及染料和离析液的配制方法 | 学生自学 | |
| 第八节 | 植物的营养繁殖技术 | 学生自学，可作为教学实习的选作内容 | |

## 第一节 实验室规则

（1）不迟到、不早退。如实验提前结束，须经老师许可，方可离开。

（2）进入实验室时应携带课本、实验指导书、记录本、绘图纸和必用的文具（3H 或 2H 铅笔 1 支；HB 铅笔 1 支；橡皮擦、尺子和削铅笔小刀各一）。

（3）实验操作前，要认真听取指导教师对该实验内容的讲解，然后根据实验指导书的方法、步骤自行操作，充分发挥独立思考以及分析问题和解决问题的能力。必要时才请教师指导。

（4）实验要严肃认真，观察过程要用专用的记录本作记录，按时完成规定的作业。

(5) 示范标本必须按规定及时仔细观察，并作好记录，不得擅自移动原来陈放的位置及目镜指针。

(6) 实验室应保持安静。注意清洁卫生，不得随地吐痰、扔纸屑和倒废液等。如削铅笔，应到指定的地方，削完后，及时清理干净。

(7) 爱护公物，节约药品，如损坏器具，要及时登记调换。实验完毕，要洗净、擦干器皿，认真清点，然后归放原处，不得私自带出。

(8) 如因特殊原因,确实不能参加实验时,应事先向教师说明,征得教师同意后,商定时间补做。如无正当理由所缺的实验,一律不给予补做,按缺课论处。

(9) 每次实验结束，值日生应认真做好清洁卫生工作（拖地板、擦桌子、洗器具等），关好水、电开关和门窗。

## 第二节 光学显微镜的构造和使用方法

在植物学实验课中，经常需要使用光学显微镜（以下简称显微镜）观察植物体内的各种结构。虽然大部分同学在中学已使用过显微镜，但有关显微镜的构造和正确的使用方法还没有完全掌握。因此，在使用显微镜之前，必须认真复习并掌握显微镜的构造和使用方法，才能更好地发挥显微镜的作用，避免发生损坏显微镜和压破盖玻片等事故。

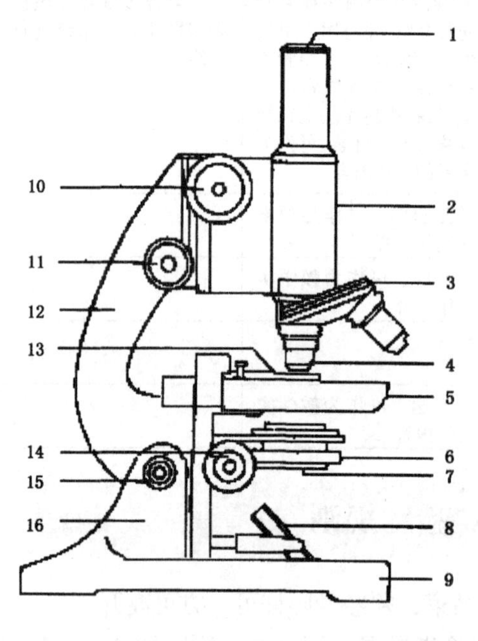


图 1-1 光学显微镜的构造

1. 接目镜 2. 镜筒 3. 镜头转换器 4. 接物镜 5. 载物台 6. 聚光器 7. 虹彩光圈 8. 反光镜 9. 镜座 10. 粗调节器螺旋 11. 细调节器螺旋 12. 镜臂 13. 推进器 14. 聚光器升降螺旋 15. 倾斜关节 16. 镜柱

### 一、显微镜的构造

显微镜可分为光学系统和机械装置两部分（图 1-1）。

**（一）光学系统**

(1) 物镜：放大倍数越高越长。接近标本，因此也叫接物镜。物镜安装在镜筒的下端。它的作用是将标本作第一次放大，然后再由目镜将第一次放大的像作第二次放大。

物镜是决定显微镜性能的最重要部件，即决定分辨力的高低，显微镜越好，分辨力越高。

分辨力是指分辨细微结构最小间隔的能力。人眼的分辨力为100μm，显微镜的分辨力以下式计算：

$$R=0.61\lambda/NA$$

$R$ 指两个微点间的距离，$R$ 越小，分辨力越高，$\lambda$ 为光波波长，$NA$

为镜口率。目前在实用范围内物镜的最大镜口率为 1.4，而可见光最短波长为 0.4μm，代入公式则：

$$R = 0.61 \times 0.4/1.4 = 0.17$$

由此可见，光学显微镜的最大分辨力约为 0.2μm，差不多为可见光最短光波的一半。

通常物镜分为三种：放大倍数 10 倍（10×）以下的叫低倍镜；放大倍数 20 倍（20×）左右的叫中倍镜；放大倍数 40～65 倍（40×～65×）的叫高倍镜。此外还有一种放大倍数为 90～100 倍的叫油镜。

在每个物镜上除标有放大倍数外，还标有其他数值，如 10 倍镜上标有 10/0.25和 160/0.17 等，此处 10 为物镜的放大倍数，0.25 为镜口率，160 为镜筒长度，0.17 为盖玻片的厚度，两者单位均为毫米（mm）。

放大倍数低的物镜，构造越简单，焦距越长；反之，放大倍数高的，构造越复杂，焦距越短。物镜和标本的盖玻片上面的距离称为工作距离，物镜的工作距离和物镜的放大倍数有直接关系，放大倍数大的工作距离短，放大倍数小的工作距离长。因此，在使用高倍镜时，由于工作距离短，要特别注意不要使物镜直接碰到标本片，以免损坏镜头。

（2）目镜：安装在镜筒上端，作用是把已经被物镜放大了的物像进一步放大。它相当于一个放大镜，并不增加显微镜的分辨力，一般常用的目镜放大倍数为 4～20 倍。

（3）聚光器：载物台中央，通光孔下方的聚光镜和可变光阑合称聚光器，聚光镜相当于一组凹透镜，可汇集来自内置光源的光（或反光镜反射的光）。可变光阑又叫虹彩光圈，位于聚光镜下方，由十几片金属薄片组成，中心部分形成圆孔，推动虹彩光圈的把手，可以随意调节圆孔的大小，选择适当的光强度。

（4）照明器：也称内置光源，通常采用高亮度、高效率的卤素灯和非球面聚光镜。

（5）反光镜：没有照明器的显微镜都有反光镜，即安放在镜柱或镜座上的圆形平凹双面镜，可作各方向转动，对准光源（采自然光或灯光），把光线反射到聚光器。平面镜只具反光作用，凹面兼具反光和聚光作用，通常光线较弱时使用凹面镜，强光时用平面镜。

**（二）机械装置**

（1）镜座：显微镜最下方的底座，它支持显微镜的全部重量，并使显微镜能平稳放置桌面上。

（2）镜臂：连接镜筒和载物台，并为移动显微镜时手执处。

（3）镜筒：目镜下方的空圆筒。

（4）转换器：位于镜筒下方，可同时安放 3～4 个不同倍率的接物镜，根据需要而转换使用。

（5）载物台：连接于镜臂下端之方形或圆形平台，用来放置玻片。中央有一通光孔，光线由此通过。载物台上有推进器，便于移动玻片进行观察。

（6）调焦装置：镜臂上端有大小各一对螺旋，用来升降镜筒以调整焦距，大的为粗准焦螺旋，也称粗调节器螺旋，旋转一周可升或降镜筒 10mm。小的是细准焦螺旋，也称细调节器螺旋，旋转一周可使镜筒升或降 0.1mm。另一类显微镜是通过升降载物台来调焦的，故调焦螺旋在镜臂下端。

## 二、显微镜的使用方法

从显微镜箱中取显微镜时，应以右手握住镜臂，左手托住镜座，置显微镜于桌上时，应小心轻放在相对座位稍偏左侧与桌沿有一定距离的桌面上，然后按以下步骤操作：

(1) 对光:旋粗准焦螺旋,使物镜的镜头离载物台 2cm 左右,移低倍镜至对准通光孔位置上,眼睛向目镜内观察,调节光源和光阑,至视野最明亮最均匀止。

(2) 放置玻片：将所备标本片放到载物台上，调节推进器使待观察材料对准通光孔中心。

(3) 调节和观察：转动粗准焦螺旋，使低倍物镜的镜头距玻片约 1cm，然后眼睛再向目镜中观察，同时缓慢调粗准焦螺旋，稍微上下移动，到物象清晰为止。目镜中备有“指针”，可转动目镜，使指针指对所需观察的特定部位，以利再观察和绘图等。

(4) 需要进行高倍镜观察时，应先移动玻片，使待观察部位处于视野正中，然后转开低倍物镜，让高倍物镜对准通光孔，一边向目镜中观察，一边小心旋动细准焦螺旋，至看清物象止。

(5) 显微镜放大倍数计算：显微镜的放大倍数 = 物镜放大倍数 × 目镜放大倍数，如目镜为 10 ×，物镜为 40 ×，则放大倍数为 400 ×。

## 三、光学显微镜的类型

以上我们所说的为普通光学显微镜，其分辨率为 0.2μm，有效放大倍数为 1 250倍。为满足需要，还有一些其他类型的显微镜。现介绍如下：

(1) 暗场显微镜：采用暗场聚光镜，其特点是照明光线不直接进入物镜，而是光线斜射被检物体，使利用被检物体表面反射或衍射光而形成明亮图像。暗场显微术的优越性，在于能观察到在明场下观察不到的极其微小的物体颗粒。明场显微镜最高分辨率为 0.2μm；暗场情况下，分辨率可达 0.02 ~ 0.004μm。但是，暗场镜检时，只能观察到物体的存在、运动及外部形态，而很难分辨其内部结构。

(2) 相衬显微镜：利用光的干涉现象，即利用被检物体的光程（折射率与厚度之乘积）之差进行镜检的方法。用此方法，无色透明的物质亦清晰可见，这是普通显微镜难以达到的。因而相衬显微镜更适宜观察活细胞及未染色的细胞制片。

(3) 偏振光显微镜：以偏振光（只在一个方向上振动的光波）作为光源的显微镜。偏光显微镜在植物学上的应用：鉴别纤维、染色体、纺锤体、淀粉粒、细胞壁等的动态变化。

(4) 微分干涉衬显微镜：微分干涉衬显微镜也是利用偏光干涉原理的一种显微镜。它不仅能观察无色透明的物体，而且图象呈现出浮雕状的立体感，观察效果更为逼真。

(5) 荧光显微镜：用人眼不可见的紫外光作为光源照射被检物体，使之受激发后而产生人眼可见的荧光，然后进行镜检的显微镜。荧光显微镜用来研究细胞中天然的荧光物质如维生素A、叶绿素的分布及位置；蛋白质大分子的位置分布；细胞器建成及分布；花粉管在柱头、花粉中的生长状况及鉴别柱头与花粉亲合与否（通过柱头乳突细胞胼胝质的合成与否）。

(6) 倒置显微镜：光源、标本、物镜位置颠倒了的显微镜。用来观察培养皿中活细胞分裂生长等情况，如花粉粒，单细胞、群体藻类、真菌等在培养中的情况。这种观察要求物镜和聚光镜的工作距离很长。

(7) 体视显微镜（“实体显微镜”或“解剖镜”)：是一种具有正像立体感的目视仪器。由于在目镜下方装有一组棱镜，把所成的像倒转过来，与标本的方向一致，便于在物镜下解剖观察标本。体视显微镜装有双物镜，观察标本有立体的感觉。

(8) 万能显微镜：指大型多用途、附件齐全、光学部件高级联机使用的显微镜，而且都是光、机、电的三结合体。万能显微镜利用同一机体（显微镜机械部分）根据需要安装不同显微镜附件（光学系统部分）——包括普通光镜、暗场、相衬、偏光、微分干涉衬、荧光显微镜的附件的显微镜。

(9) 电视显微镜：显微镜通过电视转换装置与电视机联系起来，把显微镜下样品的物像转换在电视机的荧光屏上。

## 四、使用显微镜的注意事项

(1) 取镜时，如发现显微镜损坏或没按规定放置时，报告老师，并填写实验室情况登记表。显微镜是较为贵重、精密的仪器，取、放时要小心，不得随意转动螺旋或拆装其他零部件。

(2) 擦拭时，镜头要用擦镜纸擦，动作要轻，然后用吸球吹数次。金属部分可用干净的绸布（或纱布）擦。

(3) 不可让水液，特别是酸、碱或其他试剂、染色液等流到载物台上，更不要沾到镜头上。若出现上述情况，及时擦干。

(4) 使用物镜应先低倍后高倍，用高倍物镜观察时，如需更换玻片，应先升高镜筒（或下降载物台)，取下玻片，换上新片后，按从低倍到高倍的过程重新进行。使用细准焦螺旋时，一定要注意，不能一直朝一个方向旋动，否则会损坏显微镜。

(5) 观察完毕，有照明器（即内置光源）的显微镜，需切断电源，并认真填写显微镜使用卡（包含使用者姓名、专业、使用日期和显微镜正常与否等内容，若有故障，则要写明具体情况，并报告老师)，然后转动粗准焦螺旋，下降载物台，使镜头离开玻片，取下玻片，用清洁纱布把机械部分擦干净，用擦镜纸把光学部件擦干净，再把物镜转离通光口，上升载物台，使之贴近物镜（没有照明器的显微镜还需将反光镜放垂直），然后放入镜箱。

## 第三节　生物绘图方法

生物绘图是生物学研究工作中的一个重要环节，绘图必须符合生物学研究的要求，以科学的观点和角度来观察事物，因而生物绘图的特点是以生物研究的内容为主，艺术的表现手法为辅，相互结合的产物。要求同学初步掌握绘图技术，了解绘图的几个规则。

### 一、生物绘图的要求

（1）图面要保持整洁，除绘图线条外，不留多余痕迹。

（2）一律用铅笔绘图。

（3）图在绘图纸上要安排合理、妥善。

（4）要有高度的科学性，如实反映特点，结构精确，勿弄虚作假。

### 二、绘图方法

（1）削铅笔：绘图铅笔必须削成圆锥形。

（2）橡皮的用法：绘图时如有修改的部分，必须用洁白的橡皮擦去，擦时要轻，不能来回擦拭，防止图纸起毛甚至擦破，影响美观。

### 三、绘图的要点

（1）按照比例，确定位置。绘图时，小的物体要放大，大的物体要缩小，都要按一定的比例，比例的大小据图纸的大小来决定。

（2）勾出轮廓。勾轮廓时，运笔要轻，线条不能太明显。

（3）实描。描图离不开线条，对线条的要求：粗细一致、平滑均匀、从左到右、接头紧密、不露痕迹。

（4）对于微小的结构，无法绘出形状时，必须用铅笔尖打上小点。点的大小要一致细圆，较阴暗的部分可以点得密些，较明亮的部分可以点得疏些，但是无论小点疏密，分布都要均匀，不可乱点或用铅笔尖涂抹。这是生物图与美术图不同点之一（图1-2）。

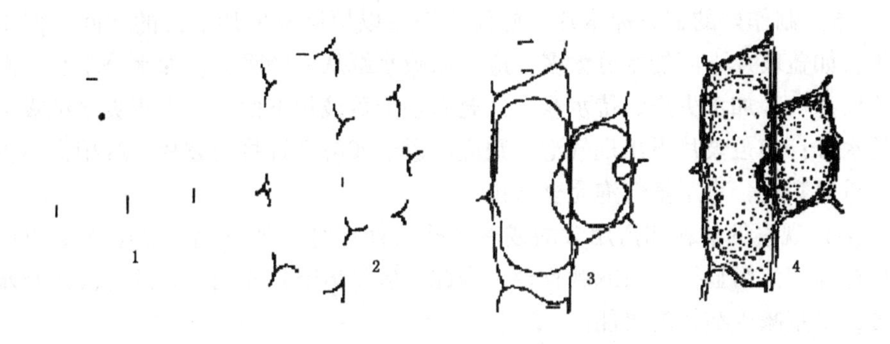


图 1-2　绘 图 步 骤
1、2、3、4 表示步骤

## 第四节　常用的植物制片方法

### 一、临时标本片的制法

临时标本片的制作，是使用显微镜观察物体时，最基本的技术之一，其方法如下：

(1) 把载玻片和盖玻片用水洗净。用清洁的沙布擦干净，擦时，用左手拇指和食指迭布并夹着玻片向一个方向擦至玻片干净为止。

(2) 用滴管吸取蒸馏水（或清水）一滴，滴于载玻片中央，水滴保持不向四方扩散。

(3) 用镊子夹取所要观察的材料，迅速将其浸入载玻片上的水滴中，注意勿使材料皱缩。

(4) 用镊子夹取盖玻片，使盖玻片的一边在观察材料的左边，斜着与水滴接触，慢慢地放下盖玻片，操作时防止盖玻片骤然下降，以免产生气泡防碍观察的效果（图 1-3）。

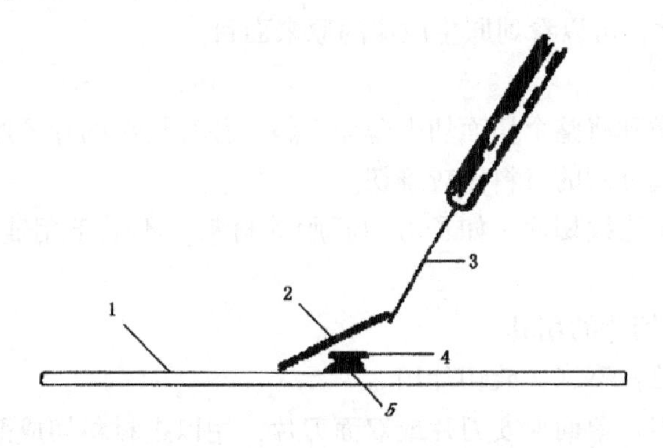


图 1-3　加盖玻片的正确方法
1. 载玻片　2. 盖玻片　3. 解剖针或镊子　4. 切片　5. 水滴

（5）制作好的临时标本片，应使水滴足以填满盖玻片下面的空间，但不溢出来，如盖玻片下面的水分太多，应当用吸水纸从一旁吸去；如水分不足，则应在盖玻片一旁加水少许，待水渗入并充满整个盖玻片下面时，再用吸水纸吸去过剩的水分；如盖玻片下出现气泡，则应用镊子或解剖针将盖玻片一端稍提高再放下，重复数次，直至把气泡完全挤出。

（6）观察的材料如需用含酸或碱的药液处理时（如染色或显微化学测定），切忌把药液沾污显微镜头或载物台。为此，应将盖玻片周围多余的药液用吸水纸吸去，尽量减少沾污的可能性。

（7）临时玻片如需短期保存，为防止水分蒸发，出现材料收缩现象，可用甘油封藏，制成甘油封片。用甘油封藏时，保留时间短者，可用10%甘油水溶液，保留时间长者则须从前甘油中再转入50%甘油水溶液中或在此液中浸1小时后再转入纯甘油中封藏。用甘油做临时封藏的优点是不仅封片保留时间长，且有加强材料透明的作用。

## 二、徒手切片法

### （一）徒手切片法的优缺点

用刀片将新鲜材料切成薄片，然后染上颜色，做成临时标本片，这种操作过程称为徒手切片。徒手切片是观察植物体内部构造时，最简单和常用的切片法。徒手切片有好的地方，也有不足之处。

1. 优　点

（1）工具简单，只要有一把锋利的的剃刀或双面刀片就够了。

（2）方法简便，只要稍加练习就能掌握。

（3）节省时间又节省资金。

（4）用徒手切片法切成的标本片，可以看到组织的天然颜色。而用其他方法切成的片子，很容易失去原来的色彩，必须经过人工染色。

（5）徒手切片所用的材料，事先不需杀虫和固定，细胞中的原生质体不致发生太大的变化，可以看到原生质体的原来面目。

2. 缺　点

（1）不易做到将整个切面切得薄而完整，往往切出的片子厚薄不一。

（2）过软或过硬的材料比较难切。

（3）不适于连续切片。如子房和胚胎等材料，不适于用徒手切片法进行连续切片。

### （二）徒手切片的用具

（1）培养皿：盛水，放切片用。

（2）切片刀：单面保安刀片或双面刀片，用以把材料切成薄片。

（3）甘薯块根或萝卜根等，用来夹持材料使之不致弯曲、压坏或破裂。

（4）毛笔、载玻片、盖玻片、标签、胶水、剪刀等。

**（三）材料的选择**

供切片用的材料通常选用幼茎（或幼叶）。材料要有相当的坚韧性，能抵抗刀片的压力，材料不能过软或过硬，也不宜过大，直径最小不小于1mm，最大不超过4～5mm。

**（四）方法与步骤**

切片开始时，用左手拇指和食指夹住材料，为防止刀伤，拇指应略低于食指，为便于徒手切，材料的上端应高于拇指和食指，但不必高出很多，高出过多切削时材料容易动摇。其操作方法如下（图1-4）：

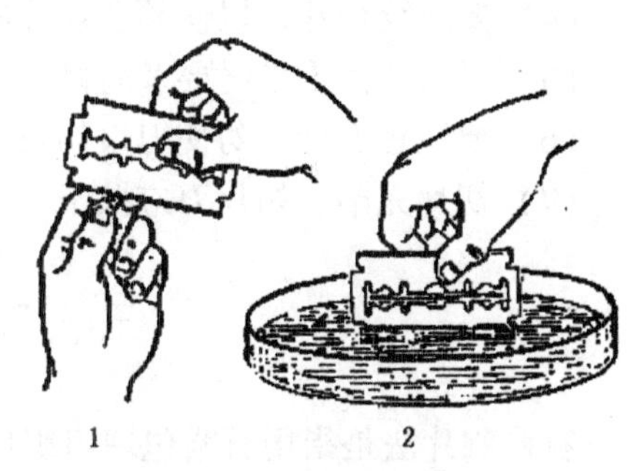


图1-4 徒手切片
1. 徒手切片 2. 从刀片上取下切片

（1）把材料切成2～3cm长，用左手拇指和食指夹住材料，上端伸出2～3mm。

（2）材料的轴面要与水平面互相垂直，右手拇指和食指横向平握双面刀片，置于左手食指之上，使材料顶端与刀面成平行的方向。

（3）切片前，先切去材料上端一段，使切面平整。然后将刀口自外侧左前方向内侧右后方斜切，将材料切成薄片。每一薄片须一次切下，切面才能保持均匀，也可以连续切下数片。

（4）注意切片时两手不要紧靠身体或压在桌子上，要用臂力而不要用腕力及握刀指关节的力量。每切2～3片后就把所切材料的切片用蘸水毛笔移入盛有清水的培养皿中，以备取用。

（5）过于柔软的材料，如植物的叶片或其他薄而微小的材料，难以直接执握手切，须夹入坚固而易切的维持物中切，常用的维持物有胡萝卜（用胡萝卜时可将中间硬心即木质部切除，用其余部分）和马铃薯块茎等。切前先把夹持物切成长方小体，上端与纵轴垂直面削平，若被切材料属叶状体一类的薄片，从上至下纵切一缝，将材料夹于其中即可，如不是叶状体，即将材料夹于其中，或根据材料不同在缝里挖一个和材料形状相似，大小相等的凹陷，把材料夹在凹陷里，然后用手握紧夹持物，将夹持物和其中的材料一齐切成薄片，除去夹持物的薄片，便得到材料的薄片。

（6）坚硬的材料要经软化处理后再切。软化方法：一种是对于比较硬的材料，先切成小块，后进行煮沸，经3～4h煮沸后，再浸入软化剂（50%酒精:甘油=1:1）中数天至更长些时间，而后再切。另一种，对于已干或含有矿物质、比较坚硬的材料，要先在15%氢氟酸的水溶液中浸渍数周，充分浸洗后，再置入甘油里软化后再切。

（7）切下的薄片，不是每一片都适用，也不是只有全面切得薄的才能用，要根据需要选择，一次可以多选几片置于载玻片上，滴水制成临时水装片，通过镜检后再进一步选择理想的材料用以观察。同时也可以通过镜检找出自己制片中的缺点和问题，以求改进。

**（五）徒手切片应注意的事项**

（1）要有耐心，不能操之过急，要反复练习。

（2）切片时用力要均匀，最好用臂力而腕部不动。

（3）材料切面及刀片上要时时滴清水。

（4）要连续切片，以便领会切片的要点。

（5）材料切面不平时要及时修平。

（6）要注意安全，勿使刀口伤及手指。

（7）切片完毕，切片刀应擦干，上凡士林防锈保存。

## 三、石蜡制片法

石蜡制片法是指用石蜡包埋组织块，再进行切片和染色的一种制片方法。该法具操作容易，能切出很薄（2～10μm）的蜡片，能切成蜡带，能制成连续的厚薄均一的切片，不仅是观察植物内部结构最常用方法，也是观察植物器官立体结构和各种组织分化的动态过程最常用的方法。但石蜡切片也存在一定的缺点和局限性，例如：制片手续复杂，需时很长，易使材料变硬、变脆，有些质地坚硬的材料需经特殊处理，否则不能用此法切片等。

现以植物器官和组织的制片为例，将石蜡制片法的主要步骤分述如下：

**（一）取　材**

取材时应注意以下几点：

（1）要选取健全、新鲜的材料。

（2）材料不宜过大，以长约5mm为宜。

（3）材料切取后立即投入固定液中，以免发生变形。

（4）固定材料的瓶上必须贴上标签，写明取材日期、材料名称和固定液名称等。

**（二）固　定**

制片的第一步就是将材料迅速地杀死及固定，以保持细胞原有的结构，并使组织硬化，便于切片和染色。材料的固定通常选用混合固定液，以平衡匹配，调节效果。下面介绍植物器官和组织制片中最常用的一种混合固定液：福尔马林（40%甲醛）-冰醋酸-酒精固定液（简称F. A. A.）。

其配方如下：

| | |
|---|---|
| 50%或70%酒精 | 90 ml |
| 冰醋酸 | 5 ml |
| 福尔马林（37%～40%甲醛） | 5 ml |

这是植物制片中最常用的一种良好固定液和保存液，几乎一般的植物器官和组织均可用此液固定，而且都可得到好的效果。同时，这种固定剂也兼具保存剂的作用，材料平常固定2～24h，如果放置更长时间也无妨。经此液固定后，不须更换即可长期保存。

要注意的是：由于此液中含有酒精，易使原生质发生收缩现象，故细胞学上的制片和固定单细胞生物、丝状藻类以及菌类，一般采用其他的专用固定剂。

**(三) 冲　洗**

将固定好的材料，用与固定液同浓度的酒精（50%或70%）更换3次，每次约隔2h，以洗去组织、细胞中的固定剂。冲洗好的材料，如需过夜，应从低浓度的酒精换至70%酒精中，方可保存。

**(四) 脱　水**

应用脱水剂（以酒精为最普通最常用）渗入植物细胞、组织中，使得细胞组织中原来含有的水分脱除干净，以便后继药物能更替进入其内。通过脱水，使材料适当硬化，以利于切片。

脱水的步骤，一般采用通过由低浓度的酒精，逐步过渡到高浓度的酒精，以除尽组织内的水分。

酒精脱水时与冲洗液的种类有关。如果冲洗液为酒精溶液，则可从比冲洗液高一级的酒精浓度开始脱水，如果冲洗液为70%酒精，则脱水剂可依次采用80%、90%、95%和无水酒精（或依次采用83%、95%和无水酒精）。各级酒精脱水的时间，一般为2h，无水酒精中要置换两次，但总的放置时间不能太长，以免材料变脆。

每级脱水用的酒精量，约为材料容积的4～5倍，上述经脱水后的各级酒精可以集中起来，供燃烧酒精灯用。

**(五) 透　明**

材料经过脱水后，必须先用透明剂取代植物组织细胞中的酒精，以便石蜡渗入其中。

透明剂常采用二甲苯和氯仿等。透明时，也是逐步增高透明剂的浓度，步骤一般如下：

2/3纯酒精+1/3氯仿（或二甲苯）→1/3纯酒精+2/3氯仿（或二甲苯）→氯仿（或二甲苯）（两次）

在每级透明剂中的时间一般为2h，二甲苯的穿透力较强，不宜放置其中过久。

**(六) 浸　蜡**

浸蜡过程是用石蜡进一步取代植物细胞组织中的氯仿或二甲苯，使纯石蜡充分透人植物体内各个部分。待石蜡凝固后，再切片，材料不致压碎破裂。

石蜡有多种熔点，一般采用熔点为52～54℃的石蜡。浸蜡时，先用解剖刀把石蜡切成小块，逐渐投入浸有材料的透明剂中，使石蜡慢慢溶解后再加，直至溶液成为1/2透明剂和1/2石蜡时为止。加蜡后放在35～37℃的温箱中6h以上，然后打开瓶盖移入54～56℃（温度比石蜡熔点高1～2℃）的温箱中，让透明剂慢慢蒸发，因而石蜡的浓度逐渐变浓，经过2h后，把融化的石蜡倾去，把材料移入盛有已融化的石蜡的小杯中，让剩余的透明剂继续蒸发干净。经2～4h后更换一次已融化的纯石蜡，再经2～4h后即可包埋。

**(七) 包　埋**

包埋就是用纯石蜡将整个材料埋藏凝固起来的过程。包埋时，先要用质地坚韧光滑不易透水的厚纸张折成小盒，折叠的方法可依照图 1-5 所示的顺序进行：先将 1—2 和 3—4 向内折叠，再向内折叠 5—6 和 7—8，然后再折叠 5—9、6—9 和 7—10、8—10，最后按上述折好后拉开沿着折叠痕折成小盒。

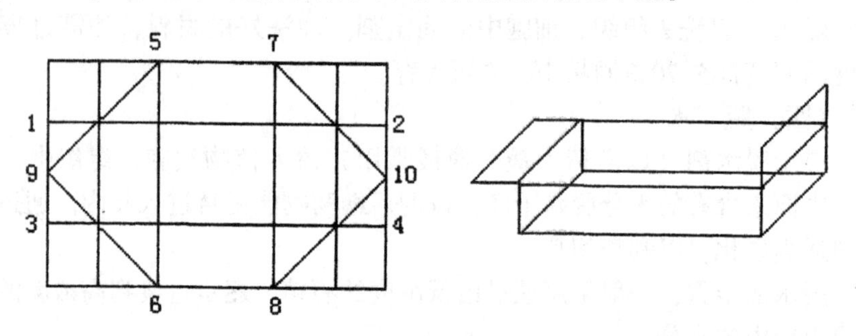


图 1-5 折纸盒的方法

纸盒的两端用铅笔注明即将包埋的材料名称，另外再预备好酒精灯、解剖针、小镊子、金属温台和一盆冷水。包埋时将纸盒放在经加热的温台上（温台的温度要保持高于石蜡熔点的温度），然后将材料连同石蜡迅速倒入纸盒中，用解剖针或小镊子在酒精灯中烧热后伸入蜡中，轻轻拨动材料，按所需的位置迅速排好位置。若蜡中有气泡产生，可用烧热的解剖针把气泡烫去。材料与材料之间，要保持一定的距离。材料安置妥当后，向蜡面微微吹冷气，使蜡的表面凝结一层，然后以两手执纸盒而半浸于水中，经 5 ~ 6min 后，盒中石蜡凝结成不透明状时，即将盛有石蜡材料的纸盒，平稳地全部压人冷水中充分冷却。半小时后，即可将包埋好的石蜡块材料取出晾干备用。

### （八）切 片

切片通常用旋转式切片机进行。在切片开始前，必须了解旋转式切片机的基本结构和性能，做好切片的准备工作。旋转切片机一般包括机座、飞轮、厚薄调节装置，进退装置、夹物装置和载物盘，夹刀装置和切片刀等主要部分。切片刀必须保持十分锋利，细心使用。切片时可依下列步骤进行：

#### 1. 蜡块的修正和粘固

（1）用小刀分割蜡块，并将蜡块修成长方形小块，使植物组织位于中央，其四周保留 2 ~ 3mm 的石蜡。

（2）准备几个硬木的载蜡器（可自已仿制），在其有纹沟的一面融化上石蜡。

（3）用烧热的解剖刀，将已修好的小蜡块要粘附的一端和载蜡器上的石蜡熔烫一下，立即把小蜡块粘附在载蜡器上。待熔接处冷凝后，再将石蜡块，进一步修成长方形或梯形。根据下一步蜡块装在切片机上的方位，必须将蜡块的上、下两边（与切片刀平行的两边）修成平行状态。

（4）待熔接处冷凝后，将粘有小蜡块的载蜡器夹置于切片机上，调整好蜡块的位置和角度，旋紧各个螺丝。

#### 2. 切片刀的安装和切片

（1）将切片刀装在夹刀装置上，再将夹刀装置面向蜡块移动，然后再慢慢转动飞轮使蜡块缓缓下降，直到蜡块的下边接近刀口为止。此时可调节切片刀的角度，一般可使刀片的刀口和石蜡的平面保持4°～6°即可进行切片。

（2）根据需要调节好厚度，一般切片可切成6～12μm，但切片的厚薄与研究的目的、材料的性质、石蜡的质地和室温情况等，都有密切关系，应十分注意。

（3）切片时，以左手执笔，轻轻托住切成的蜡带，逐渐后移，使切片连成长条蜡带，并按20～30cm逐段用小刀剪取，依次轻轻放在垫有黑纸的木盒中。要使蜡带光滑的一面向下。

（4）切片完毕后，必须先将飞轮固定，再移开夹刀装置取出切片刀，用软布沾少量二甲苯将刀上的石蜡残渣拭干净，暂不用的切片刀要随时涂抹优质的润滑油，然后装于盒内保藏。另外，取下剩余的蜡块将切片机以及所有切片用具整理擦干净。

**3. 注意事项**

（1）切片刀的刀口必须锋利，刀口与蜡块的角度必须正确。

（2）蜡块中材料的位置必须正中，蜡块中不能有气泡。

（3）切片时不可对蜡带讲话或深呼吸，以免吹乱蜡带。

（4）蜡块的上下两边要修成二边平行，才能切出连续的蜡带。

**（九）贴片和干片**

在干净的载玻片上，滴一滴粘贴剂［常用的粘贴剂是用等量的鸡蛋白和甘油均匀搅拌，并加入微量的麝香草酚（防腐剂）经过滤而成］，再在粘贴剂上方加一点蒸馏水。用快刀将蜡带分割成小段，并将小段蜡带移到载玻片上，使蜡带的光面朝下，因为，光泽的面更为平整，烫片、干片后，粘贴得更牢。

再将此载玻片移于36～40℃烫片箱上，待蜡带受热完全展平后，用吸水纸吸去多余水分。经烤干后，再放入36～40℃的温箱中继续烘烤1～2天。

**（十）脱蜡和染色**

将已干的玻片标本，插入盛有二甲苯的染色缸中，先脱蜡10～15min，然后进行染色。高等植物的根、茎、叶组织切片，常用番红—固绿二重染色法。染色结果是木质化的细胞壁和细胞核被染成红色，薄而具有纤维素的细胞壁及细胞质被染成绿色。

（1）染色液的配方：

| | | |
|---|---|---|
| 番红： | 番红（safranino） | 1g |
| | 70%酒精 | 100ml |
| 固绿： | 固绿（pastgreen） | 1g |
| | 95%酒精 | 100ml |

（2）二重染色步骤：经脱蜡的玻片标本→1/2二甲苯＋1/2纯酒精（3～5min）→纯酒精（3～5min）→95%酒精（3～5min）→85%酒精（3～5min）→70%酒精（3～5min）→番红（2～24h）→85%酒精（0.5～1min）→95%酒精（0.5～1min）→固绿（0.5～1 min）→无水酒精（约1min）→1/2无水酒精＋1/2二甲苯（约2min）→二甲苯（约3min）→二甲苯（5～30min）。固绿着色很

快，当玻片材料刚刚全面转绿，立即停止染色，并迅速通过纯酒精冲洗分色，最后进入二甲苯中。

**（十一）封 片**

封片时把玻片从二甲苯中取出，用干净的纱布擦去切片材料四周多余的二甲苯，然后滴上一小滴中性树胶，盖上盖玻片，树胶用量要适当，要正好充满盖玻片下面。

**（十二）贴标签、干固与保存**

在玻片的左端贴上标签，注明材料名称和制片时间，然后平放于切片盘上。再把它放在50℃左右温箱中烤数天即可干固（树胶自然干固一般需要1个以上）。最后将制成的玻片标本置于切片盒中避光保存。

## 四、电子显微镜标本制备法

**（一）电子显微镜简介**

利用波长极短的电子束为光源的一类显微镜称为电子显微镜（以下简称电镜），目前电镜有很多种，如透射电镜、扫描电镜、高压电镜和分析电镜等。现把植物学研究中常用的透射电镜和扫描电镜简介如下：

1. **透射电镜**

目前一般称呼的电镜实际上是指透射电镜而言，透射电镜是最常用、最典型、图像质量最好的电镜。透射电镜是利用电子枪产生电子，入射的电子在几十至几百千伏加速电压作用下，经聚光镜聚焦成束，以较高速度投射到很薄的样品上，并在与样品中的原子发生碰撞时，改变方向，产生立体角发散，散射角的大小与样品的密度和厚度有关：质量、厚度越大者，电子散射角也越大，通过的电子被样品后面小孔光栏挡住的就越多，像的亮度较暗；质量、厚度较小者，电子散射角亦较小，穿过光栏的电子较强，则成像的亮度较大。因此对于不同质量、厚度的物质，在荧光屏上就形成明暗不同的黑白影像。由于电子波比光波短，而大大提高了分辨率，目前可以制造出分辨率达0.1～0.2nm、放大倍数一百万倍的透射电镜。透射电镜主要用于观察生物样品的超微结构。

2. **扫描电镜**

扫描电镜也是利用电子枪产生电子，使电子束在样品表面扫描，并与样品中的原子相互作用产生二次电子信号，信号大小依样品表面的形状而异，经过收集、放大，在荧光屏上形成标本的表面图像。图像可直接在荧光屏上观察，亦可照相记录。目前一般扫描电镜的分辨率为6～10nm。如果肉眼能分辨荧光屏上两点间的距离为0.2mm，则扫描电镜的有效放大倍数为0.2mm/10nm＝20 000倍。扫描电镜的特点主要有：所观察的不是样品的内部结构，而是表面的特征，使样品表面的形貌富于立体感；可使样品在样品室内做各方面的水平移动和转动，便于从各种角度观察样品的不同区域；样品制备中不需要包埋和切片，制备过程较简单。虽然扫描电镜的分辨率不如透射电镜，但由于上述优点，主要用于观察样品表面和断面的超微结构。

### （二）电子显微镜标本制备法

#### 1. 超薄切片法

超薄切片技术是为透射电镜观察提供薄样品的专门技术。它是生物学中研究细胞、组织超微结构最常用的技术。一般厚度在 10～100nm 的切片称为超薄切片，制作这种切片的技术，叫做超薄切片技术。超薄切片的制作过程一般与光学显微镜的石蜡切片过程原则上基本相似，也包括取材、固定、脱水、渗透、包埋、切片和染色等几个环节。不过，超薄切片操作过程更为细致与复杂，要求更严格，而且所用的试剂及配制方法也有所不同。现将其主要步骤分述如下：

（1）取材。为了确保观察结果的正确性，植物的组织、细胞在取材时必须注意以下几点：

①切取组织块时要迅速，尽量保持其正常的生活状态，一般要求在 1min 之内将植物组织以最快的速度取下浸入固定液内。

②由于固定液的穿透能力较弱，所以组织块的大小应在 0.5～1 $mm^3$ 范围内。

③为了防止植物死后组织、细胞的自溶，要求在低温 0～4℃条件下操作，以降低离体细胞内水解酶的活性。

（2）固定。在电镜观察之前，必须先用化学试剂或物理方法把细胞固定（杀死），以保持细胞原有的结构，防止在脱水以至包埋过程中丢失或增加某些成分，并使其结构在电镜下有较好的反差。固定过程应保持在 0～4℃条件下，以降低水解酶的活性，防止细胞自溶。常用固定剂有以下几种：

① 戊二醛（glutaraldehyde，$C_5H_8O_2$）：是电镜术中常用的固定剂，使用浓度为 2.5%～5%（0.1mol / L 磷酸缓冲液配制）。固定时间为 2h 至数小时。其优点在于：对细胞内结构有活跃的亲和力；能很好地保存细微结构与某些酶的活性和糖原；长时间的固定，不会使组织变脆，故适用于远离实验室或野外现场取材。缺点是：单纯用戊二醛固定的材料，图像反差较弱；经戊二醛固定后，标本中的脂类在脱水时仍易被溶解、洗脱，故一般只用作前固定剂。

② 四氧化锇（osmium tetroxide，$O_SO_4$）：一般是用 0.1mol / L 磷酸缓冲液配制的 1% 溶液，与戊二醛作双固定时的后固定剂。固定时间约为 2h。其优点在于：对氮有较强的亲和力，对含蛋白质、脂肪的物质以及磷脂蛋白的膜结构有良好的保存作用；锇酸的质量密度大，用它固定的样品图像能产生较好的电子反差；用四氧化锇固定的组织不致变硬、变脆，便于超薄切片。缺点是：渗透缓慢，故取组织块要小（约 0.5～1$mm^3$）；对糖原、核酸的固定较差；它是一种强氧化剂，有极大的毒性，操作要小心，最好在毒气柜中操作。

③ 高锰酸钾（potassium permangnate，$KMnO_4$）：也是一种强氧化剂，对磷脂蛋白类有良好的固定作用，可用以保存细胞膜的结构，对神经髓脂质的固定效果更为显著。

④ 甲醛、多聚甲醛等：甲醛的渗透力比戊二醛还要强，固定迅速，对一些结构致密的组织有良好的固定作用。但甲醛对细胞基质保存差，脱水后大部分基质丢失，因此不能单独使用。一般作为双固定剂的前固定剂使用。也可把多聚甲

醛加戊二醛配成混合固定液使用。

(3) 脱水。用脱水剂将组织、细胞内的游离水除去，以利于包埋剂均匀地渗透到组织与细胞内。常用的脱水剂有乙醇、丙酮等。通常以 50%、70%、80%、95%、100% 逐级脱水。100% 脱水两次后，放包埋剂一半，使其慢慢代换浸入。脱水时每级 10～15min，灵活掌握。脱水的过程虽比较简单，但在操作过程中必须注意以下几点：

① 脱水要彻底，为保证脱水彻底，可把样品瓶夹在特制的旋转或振荡器中进行。

② 脱水时间不宜过长，整个过程应一次完成，必需过夜时，可放在 70% 脱水剂内冰箱中保存。

③ 更换液体时动作要迅速，不能让样品干燥，否则，会使包埋剂难以渗入，造成切片困难。

④ 固定后的样品必须用缓冲液（可用 0.1mol/L 磷酸缓冲液）充分冲洗后，才能进行脱水，否则四氧化锇与乙醇作用生成沉淀。

(4) 渗透与包埋。渗透与包埋的目的是使包埋剂逐步渗透入组织细胞内，置换掉脱水剂，使组织块成为硬度适当的包埋块，以保证能切出质量优良的超薄切片。常用的包埋剂有 Spurr 氏环氧树脂和 Epon812 等。

① ERL－4206（Spurr 氏环氧树脂）：这是 1969 年由 Spurr 推荐使用的包埋剂，所以也称 Spurr 树脂。Spurr 树脂的粘度可以在常温条件下经 3h 左右保持不变。如果把 DMAE 加速剂用量加高至 1g（或 ml）可以加速混合液聚合的速度，如果把加速剂用量降低至 0.2g（或 ml）则可以降低混合液在常温条件下的聚合速度，使粘度在 7h 内保持不变。在 70℃ 条件下，聚合 8h 或过夜便足够（见表 1-1）。

**表 1-1 ERL-4206（Spurr 氏环氧树脂）**

| | 硬度 | | |
|---|---|---|---|
| | 标准 | 硬 | 软 |
| VCD（vinylcyclohexene dioxide）（单体） | 10（g 或 ml） | 10 | 10 |
| DER－736（diglycidyl ether of polypropylene glycol）（增塑剂） | 6 | 4 | 7 |
| NSA（nonenyl succinic anhydride）（固化剂） | 26 | 26 | 26 |
| DMAE（dimethylaminoethanol）（加速剂） | 0.4 | 0.4 | 0.4 |

② 环氧树脂 Eqon812：

| | | |
|---|---|---|
| A 液（ml） | Epon812 | 62 |
| | DDSA（十二烯基丁二酸酐、固化剂） | 100 |
| B 液（ml） | Epon812 | 100 |
| | MNA（甲基内次甲基四氢邻苯二甲酸酐、固化剂） | 89 |

A、B 液分别保存。使用时可取 A、B 液 8：2～1：9 之间的各种比例，A 液越多包埋块越软。A 液与 B 液混合均匀后，再加 1.5%～2.0% 的 DMP-30，搅匀待用。Epon812 用量及配方比例见表 1-2。

**表 1-2　常用 Epon812 包埋剂用量、配方比例**

| 标本块数 | 1 | 2 | 3 | 4 | 5 |
|---|---|---|---|---|---|
| Epon812（ml） | 1.5 | 3.0 | 4.5 | 6.0 | 7.5 |
| DDSA（ml） | 0.6 | 1.2 | 1.8 | 2.4 | 3.0 |
| MNA（ml） | 1.0 | 2.0 | 3.0 | 4.0 | 5.0 |
| DMP－30（滴） | 2 | 4 | 6 | 8 | 10 |

组织块（样品）在完成脱水后，即可进入渗透。渗透最好是把盛有样品的小瓶装在旋转器中进行，以便使包埋剂能充分渗入细胞和组织。渗透时，可先用丙酮与包埋剂 1：1 混合液室温渗透 1h，然后再将样品置于纯包埋剂中（室温、几小时或过夜）。经过上述渗透之后，即可进行包埋。常规的包埋是把经渗透后的样品用纯包埋剂包埋在胶囊中，然后根据包埋剂聚合时所需的温度及时间放进温箱聚合，制成包埋块。

（5）超薄切片。超薄切片是在超薄切片机上进行的，目前用于超薄切片的刀有钻石刀和玻璃刀两种：钻石刀质硬耐用，但价格昂贵；玻璃刀虽然刀刃较脆，不耐用，但价格低廉。玻璃刀需用专门制刀玻璃放在制刀机上精心制备，制成后，必须用解剖显微镜或暗视野显微镜检查，要求刀刃平直、锐利无毛刺。在刀的斜面上用橡皮膏粘一刀槽，放入蒸馏水，固定于超薄切片机的刀架上，待切片。超薄切片的厚度为 50～100nm，要求没有刀痕和震颤而得到平整均匀的切片。切片前先粗修包埋块，用刀切去多余的环氧树脂，使组织平面暴露；将包埋块固定于超薄切片机的样本台上；然后用钻石刀或玻璃刀切制 0.5～1μm 的半薄切片，用以定位、筛选和进行光镜、电镜比较研究。依定位再细修组织块后，即可切制超薄切片。用具有支持膜的铜网在刀糟内水面上与漂浮而分离出的切片相贴，轻轻提起，切片即沾在铜网的支持膜上。干燥后即可染色。

（6）染色。超薄切片不经“电子染色”，在电镜下是看不清超微结构的，这是因为生物体组织和细胞成份主要由 C、H、O、N、S 和 P 等元素所组成，而它们的原子序数较低，对电子散射能力弱，相互之间的差别又很小，所以在电镜下显示出来的图像看不清，即反差偏低。为了增强图像的反差，必须把超薄切片进行染色。所谓电子染色就是利用重金属盐（如铅、铀等）能与细胞的某些结构和成份结合，以增加其电子散射能力，进而达到提高反差的一种方法。常用的重金属盐有铀盐（醋酸铀 $UO_2(C_2H_3O_2)_2 \cdot 2H_2O$，uranium acetate 或称醋酸铀 uranyl ace-tate）和铅盐（醋酸铅 $Pb(CH_3COO)_2$、氢氧化铅 $Pb(OH)_2$ 和枸橼酸铅等）。醋酸铀染色时用饱和水溶液或 50%～70% 乙醇饱和溶液进行 30min，蒸馏水漂洗，待干。枸橼酸铅染色时间为 15～30min，再用双蒸水漂洗，0.02N 氢氧化钠溶液分化，最后再用蒸馏水漂洗，待干，观察。

**2. 扫描电镜标本制备法**

扫描电镜是利用二次电子成像，观察样品表面的形貌，因此在制备样品时必须考虑采用各种手段使样品表面特征充分暴露出来。又因标本要在电镜真空中进行观察，所以还要求标本干燥而不变形。另外，为防止电子在标本上聚集，还必须使标本导电。故标本制作有其特殊步骤。

（1）取材固定。良好的固定可提高样品表面耐真空、耐电子轰击的能力。扫描电镜所用的固定液的种类与超薄切片样品固定时所用的类似。可用1%～3%戊二醛和1%锇酸先后固定两次，以保存结构。固定时间依组织块的大小而定。固定后用蒸馏水洗去表面的固定液。

（2）脱水。用70%、80%、95%、100%系列酒精脱水。样品在每一种浓度的脱水剂中停留时间的长短要根据样品的大小而定，一般为2～15min。

（3）醋酸异戊酯置换。经100%酒精两次脱水后的标本，放入醋酸异戊酯中置换掉酒精。

（4）临界点干燥。临界点干燥法是利用临界状态下液态表面张力消失，在干燥过程中不致对样品产生破坏而受到重视。干燥时，将浸入醋酸异戊酯的标本取出放入特制的标本盒中，再送入临界点干燥仪的封闭标本室内。将此室充以液态 $CO_2$（临界温度为31.4℃、临界压力为72.9标准大气压）。然后加温到15℃，使液态 $CO_2$ 与标本中的醋酸异戊酯置换15min。待升温至40℃时，样品室内约为100标准大气压，放置5min。然后打开泄气阀使 $CO_2$ 气体缓缓放出，自盒中取出干燥后的标本。将干燥后的标本用导电胶粘在样品托上，待导电胶干燥后进行金属镀膜。

（5）样品的镀膜。生物材料表面在电镜观察前必须进行金属镀膜以提高样品表面的导电性。金属镀膜时一般总先镀一薄层碳膜。其作用是使金属分子能更好地均匀铺开并能固着于样品表面。镀膜的金属通常用金（Au）、铂（Pt）、金/铂（6/4）和铂/钯（7/3）合金。镀膜时，将样品托放入离子镀膜仪中。当真空达到0.1～0.005托时，在两极间产生离子溅射，溅射出的金属原子与气体分子碰撞后，从各个方向落在样品上，在表面形成一层连续而均匀的导电层。当电流为6～8mA时，约2min便可得到10nm厚的金属导电层，镀膜完毕。

（6）扫描镜观察。镀膜后的样品即可在扫描电镜下观察与摄片。如果样品暂时不看，应保存在干燥器中。

## 第五节 显微摄影技术

在显微镜下可以看到微小的生物以及生物体某一部分构造，科学工作者常利用显微摄影装置来拍摄显微镜视野中所观察到的物像，作为一种工作记录和研究结果的证据，这一过程就称为显微摄影。

显微摄影装置包括显微镜、照相机机身与接筒和照明装置三部分。要想获得良好的显微照片，不仅要掌握显微镜各部分的原理和性能，还要熟悉相关的照相机设备和摄影知识。

## 一、照相机的结构和性能

不同型号的照相机在性能上虽然不同，但它们的基本结构大致一样，主要结构通常都由光圈、快门、测光调焦、取景、输片等系统组成。充分了解并掌握它们的性能对正确选用各类相机有着十分重要的意义。

### (一) 光　圈

光圈也叫相对口径，它由若干金属薄片组成，位于相机的镜头内，可控制进光量的多少。

#### 1. 光圈系数

光圈系数也称“*f*”系数，通常以1.4、2、4、5.6、8、11、16 等字样标刻在光圈的调节环上。一个镜头的“*f*”系数一般只有7～8个档位。

*f* 系数通常有两个含义：一是表示该镜头有效口径的实际大小；二则表示相邻光圈之间的通光量的关系。

光圈系数＝镜头的焦距÷光孔直径。

所以，就同一镜头来讲，在焦距不变的前提下，数字越小，表示光孔越大；数字越大，则表示光孔越小。如*f*8 的光孔大于*f*11；*f*5.6 的光孔则小于*f*4，依次类推。

相邻两光圈之间的通光量彼此相差“$2^n$”倍，“*n*”则为两档光圈之间相差的档数。如*f*8 与*f*16 相差2档，则 $n=2$，$2^2=4$，这意味着*f*8 的进光量是*f*16 的4倍，依次类推。

#### 2. 光圈的作用

(1) 控制通光量。光圈越大（数值越小），通光量越大；光圈越小（数值越大），通光量越小。

(2) 调节景深范围。这是光圈的重要作用。光圈越大或拍摄距离越近，景深就越小；光圈越小或拍摄距离越远，则景深越大。

(3) 影响成像质量。严格来讲，任何一个镜头因受各种像差的影响，都只有某一档位的光圈成像质量最好，这档光圈称为“最佳光圈”。一般来说，最佳光圈的位置在镜头的最大口径缩小2～3档处。大于最佳光圈时，球差和彗形相差增大；小于最佳光圈时则绕射现象逐渐增大。

### (二) 快　门

快门是照相机上的重要装置之一，它由位于相机右上方的快门按扭控制。它的作用是与光圈互相配合，来调控胶片的曝光量。在选定光圈的档位后，快门能直接控制镜头的通光量。正确地选用光圈档位与快门速度的组合，才能得到好的摄影效果。

#### 1. 快门的速度标记

快门速度以秒（s）为单位，通常的含义为所标数字的倒数。常见的快门速度标记为：B、1、2、4、8、15、30、60、125、250、500、1 000、2 000 等。“B”意为“闭门”，即按下按扭时快门开启，松开按钮则快门闭上，它主要在拍摄夜景时长时间曝光用。其他的数字则分别表示快门开启的时间为1s、1/2s、1/4s、1/8s、1/15s、1/30s、1/60s、1/125s、1/250s、1/500s、1/1 000s、1/2000s等。为了方便，一般相机仅将快门实际开启时间的分母标在相机上。所以，相机上的数字越大，表示快门实际开启的时间越短。

一些旧相机上的快门速度标记有“T”门，它的作用是按第一下按钮时快门开启，随后松手（快门仍然开着）；当第二次按快门按钮时，快门才关闭，它的作用相当于“闭门”。

**2. 快门的作用**

(1) 控制曝光时间。这是快门的基本作用，在选定一定的光圈系数后，通过控制快门时间的长短可使胶片得到正确的曝光。

(2) 控制被摄景物的清晰度和模糊量。这是快门的重要作用。快门开启时间的长短不仅直接影响通光量，而且在某种程度上可以使影像产生动感或有意使被摄物体的主体或背景变得模糊以达到特殊的创作目的。

### (三) 调焦装置

该装置的作用是调节摄影镜头与感光片之间的距离，使被摄物体在感光片上能形成清晰的影像。照相机的类型不同，其调焦的方式也不尽相同。调焦装置的类型有：磨砂玻璃式、双影重叠式、裂像式、微棱镜式、图标式、距离标识式等。

### (四) 取景器

取景器也叫观景器。它也是照相机的主要组成部分之一，其用途为选取景物范围及确定画面的构图。取景器的种类较多，但依据它与摄影镜头主光轴的关系，可将其分为同轴取景器和旁轴取景器。

### (五) 输片装置

相机的输片装置又称卷片装置或卷片器。通常它与快门上弦装置连动，其作用是将感光片送至拍摄成像的位置。从功能上讲，卷片器有手动输片、电动式输片、发条式输片三种。

### (六) 测光系统

当今生产的照相机绝大多数都带有自动测光系统，即“内装式测光表”。系统用于确定各种光线条件下的曝光量，从而给出可供选用的正确曝光组合。

### (七) 机　身

机身是照相机的机械、光学、电气三大部分的总支承体。相机的各种部件均装在机身上，各类附件和辅助器材使用时也都与机身联结在一起。因而，机身的结构特性为坚固、耐用、不变形。机身的另一个作用是在摄影时充当暗箱，它只允许从摄影镜头会聚来的光线到达片窗处，而防止其他任何杂光进入机箱。

## 二、与显微摄影相关的显微调节

### (一) 照明方法

照明条件的好坏是能否取得良好观察及拍摄效果的基本要素。在进行显微摄影时必须掌握好照明条件。虽说照明方法可分为临界照明法、柯勒照明法及斜射照明法等多种，但实际上，对一般显微镜来讲，现在最为流行的照明方法仍是柯勒照明法。

柯勒照明法是当今世界上最为理想而实用的照明方法，现在生产的研究用显微镜都具备柯勒照明的条件。调节过程如下：

（1）选取10×物镜，在标本处聚焦，开足孔径光阑，缩小视场光圈。

（2）上下调节聚光器使视场光圈成像。

（3）利用调中旋钮将光阑调中，慢慢开大孔径光阑直到与视场边缘相切。

（4）选适当倍数的物镜，根据所用物镜的数值孔径并依据具体要求在60%～80%之间调节孔径光阑，之后就可以观察和摄影。

使用柯勒照明时，应特别注意对孔径光阑的调节。光阑开的过大，分辨率虽好，但反差可能显得偏弱；光阑缩的太小，虽然反差能明显变大，但分辨率又将受到不同程度的损失。最好的方法就是将聚光器的孔径光阑开启到所使用物镜数值孔径（NA）系数的60%～80%之间。这样既不损失分辨率又能在一定程度上调节反差。一些生产年代较早的显微镜，只要具备视场光圈、孔径光阑和聚光器的调中装置，通常也可以按照柯勒照明方法的调节步骤进行调整。

**（二）物镜及聚光器的选择**

在使用显微镜时首先应该考虑的是你需要观察什么内容，希望得到什么观察拍摄效果，然后才能决定采用什么类型的显微镜。如果想达到最理想的明视野显微镜的效果（指显微镜应达到的最佳分辨率），而显微镜上用的却是消色差或相差物镜，或所使用的聚光器的数值孔径只有1.2（阿贝聚光器），那么无论怎样努力，也不可能拍出最好的照片（指用油镜工作时）。所以，拍摄前应检查确定所使用的显微镜类型及组件是否匹配，调整方法是否正确，这是至关重要的。

一般来讲，确定所使用的显微镜方法是否正确，应先看物镜的类型，再查聚光器用的是否正确，然后再核实是否符合柯勒照明条件。

**（三）目镜及屈光度调节**

目镜可分为观察用目镜和照相用目镜两类，因其作用不同而不可混用。

**1. 观察用目镜的用法**

（1）瞳孔距离。在使用双筒目镜时应首先调整好两眼之间的瞳孔距离，使两眼都能同时看清楚视野内的物体，并使左、右两个视野中的像合二为一。标准是，在自然状态下通过目镜观察，两眼既要看到一个视野范围，同时又没有两个视野来回跳动的不稳定现象。如果两眼间的瞳孔距离调节不好，一方面很容易使眼睛产生疲劳，另一方面也会影响观察或显微摄影的效果。

（2）人眼屈光度的校正。镜检时，每个人眼睛的屈光度都不尽一致，总是存在着一定的差别。当甲看清视场中的图像后，乙来观察时就不一定清晰，这是由于两人眼睛的屈光度有所不同而造成的，这一差别很易解决，只要调节一下微调焦旋钮就很容易使图像清晰。但是在显微摄影时，用这种方法是不能解决的，因为上述方法是通过改变工作距离的长短来补偿两人的屈光度，而显微摄影则必须使物镜处于它本身的工作距离处，使成像清晰地落在感光片的平面处，才能使感光片得到清晰的图像。往往有这样的经验，在视场中观察到的图像很满意，可拍摄出来的底片则模糊不清，就是这个原因。

显微摄影的调焦方法，必须利用取景侧目镜（聚焦望远镜）或取景目镜。首先进行屈光度的校正，即旋转取景侧目镜或取景目镜上的圆环，使取景框中的双十字线达到最清晰的程度，这时再进行调焦使图像清晰，便可进行曝光。但应指出，应用同一只眼睛调节，不然两眼之间也会存在屈光度的差异。在调节双十字线时，应尽快予以调整，否则长时间的调整，人眼将产生适应性，则不易调得准确，如遇此情况，可远眺前方稍待一段时间后再进行调节。

在使用4×以下物镜时，由于焦深较长，只用取景目镜还会发生调焦的误差，这时可利用“聚焦放大镜”来克服误差。其方法是将聚焦放大镜放在取景侧目镜或取景目镜上，拧紧固定螺钉，再旋转该镜筒上的圆环，看清双十字线后图像是否同时清晰，如不清晰，再进行调节。在使用10×和20×物镜时，当双十字线与图像同时清晰后，用眼环视一下，看双十字线与图像是否有移动现象，如果图像不移动，则说明焦点已对准；如有移动，需用微调重新调节。

**2. 照相目镜的用法**

照相目镜通常都位于照相装置正下方的镜筒内，它们的放大倍数不尽相同。日本产 Olympus 研究用显微镜通常配有四种放大倍数：2.5×、3.3×、5×、6.7×，使用时可根据不同要求选择适当倍数的照相目镜。因清晰的放大倍率主要取决于物镜，故照相目镜的放大倍率尽量不要选得太大，否则效果并不理想。一般来讲，只要不是十分必要，使用3.3×的照相目镜最为合适。

通常在选取显微摄影有效画面时主要考虑的是物镜的放大倍率，其次才考虑适当调节一下照相目镜的放大倍数。例如选用20×物镜和5×照相目镜的效果一定不如40×物镜和2.5×照相目镜的效果好。其主要道理在于40×复消色差物镜的数值孔径为0.95，而20×复消色差物镜的数值孔径只有0.7，根据分辨率公式，使用40×物镜和2.5×照相目镜组合的效果远远好于使用20×物镜和5×照相目镜组合。

**（四）视场光阑与孔径光阑的应用**

在观察时根据物镜的倍率不同，视场光阑开大或缩小而给予相应的光束面积，以达到镜检的优良效果。在显微摄影时它起着增加和减弱影像反差的作用。当视场光阑开大到一定程度时，照射到被摄物体上的光，即会产生反射与不规则的散射，造成影像反差的损失；当视场光阑收缩到取景框边缘的外方时，图像的反差就得到改善；视场光阑过度的收缩接近取景框，则图像的四角部分将被切去。因此，在显微摄影时，视场光阑的应用是重要的一个因素，应开启到比取景框稍大的位置。

孔径光阑指位于显微镜聚光器上的光阑。在进行显微摄影时，孔径光阑的大小直接影响成像的质量。通常孔径光阑应选定在所使用物镜数值孔径（NA 值）的60%~80%。

## 三、显微摄影用滤色镜的种类和用途

### （一）黑白摄影用反差滤色镜

在进行样本观察和显微摄影时，有时为了提高观察或摄影的质量，需要人为地使用某种颜色的滤色镜来提高景物的分辨率和反差，这种用于提高分辨率或反差的滤色镜就叫反差滤色镜。在黑白摄影中最为常见的有绿色、蓝色和橘黄色。

**1. 绿滤色镜**

绿滤色镜是最为常用的滤色镜之一，它通常用于提高观察或摄影标本的反差。使用相差显微镜时通常需要使用绿滤光镜。绿滤色镜的主要特点有：①透镜相差常为绿色波长所补偿；②一般标本的颜色受绿色影响较小；③有一定的吸热功能；④胶片的感光性能受绿光的影响较小。

**2. 蓝色滤色镜**

蓝色滤色镜也是常用的滤色镜之一，它的主要作用是在一定程度上提高镜头的分辨率，达到提高反差的目的。原因是，蓝滤色镜可以通过波长较短的蓝色光从而有效地增加了反差和分辨率。通常我们即使不使用绿滤色镜，也习惯在显微镜的光路中放一个蓝滤色镜。

**3. 橘黄色滤色镜**

橘黄色滤色镜在黑白摄影中的使用频率相对较低，它通常只在观察蓝颜色的标本时才被用来提高反差。

有时为了更好地提高反差，可根据标本的实际情况将两种颜色的滤色镜配合使用。在拍摄紫色或紫红色的染色体类的照片时可将蓝、绿滤色镜同时使用，以达到更好的反差效果。

### （二）彩色摄影用色温转换滤色镜

在进行彩色显微摄影时由于彩色胶片所适应的色温范围具有一定的局限性，使用时应根据所用胶片的性质改变光源的色温，以此来达到色彩平衡的目的。

色温转换滤色镜只有两种：一种是灯光型色温转换滤色镜，另一种则是日光型色温转换滤色镜。

（1）灯光型色温转换滤色镜。灯光型色温转换滤色镜为紫红色。它可以将光源的色温转换成 3 200K 以适于使用灯光型彩色片的拍摄。

（2）日光型色温转换滤色镜。日光型色温转换滤色镜为蓝色。它可以将光源的色温转换成5 600K以适于使用日光型彩色片的拍摄。

（3）中灰滤色镜。中灰滤色镜也叫中性密度滤色镜。它的主要功能是保证在色温不变的条件下使通过的光亮度大大降低。有时，在显微摄影中，当将色温调整好之后，曝光时间却超出电脑的控制上限（短于0.01s），使电脑无法实施曝光程序，这时就需要使用中灰滤色镜来降低光亮度。常见的中灰滤色镜有ND6、ND12、ND25 和 ND50 四种。它们的通光量分别为 6%、12%、25% 和 50%，可根据实际情况选择使用。

## 四、感光片的选择与应用

由于显微摄影所需要的拍摄条件与一般摄影不同，因而要根据摄影条件来选择感光片。例如，生物学的标本需要反差强、颗粒细的感光片，以得到清晰度高的摄影效果。胶片的规格通常用感光度来表示，感光度的指定标准各国不一，归纳起来有三类，即德国和中国的 DIN 定制和 GB 国标制，美国的 ASA 制和国际标准 ISO 制（见表 1-3）。

**表 1-3 常用胶卷各种感光度标准对照**

| 德国和中国标准（DIN/GB 制） | 美国标准（ASA 制） | 国际标准（ISO 制） |
|---|---|---|
| 7° | 4 | 4/7° |
| 12° | 12 | 12/12° |
| 18° | 50 | 50/18° |
| 21° | 100 | 100/21° |
| 24° | 200 | 200/24° |
| 27° | 400 | 400/27° |
| 30° | 800 | 800/30° |

根据胶卷感光度的速度高低，可大体分为三类：

（1）高速度胶卷：27°、24°（ASA200、ASA400）以上，特点是感光速度快，常被用于体育运动、夜间拍摄、室内拍摄等。快速片的宽容度大，颗粒度也较大，反差较小。

（2）中速度胶卷：21°、18°（ASA100、ASA50），特点是感光速度适中，用于显微镜摄影，如制片标本。这类胶片的宽容度适宜，颗粒性较好，反差也较好，在日常生活中用途最广。

（3）低速度胶卷：15°、12°（ASA50、ASA25）以下，特点是反差较大，颗粒较细腻，非常适合于显微镜下摄影，如拍摄染色制片标本、景物翻拍等。缺点是宽容度小，曝光和冲洗时需格外小心。

### （一）黑白感光片的使用原则

在进行黑白显微摄影时选用感光材料至关重要，它不仅直接关系到镜下的结构能否真实而有效地被记录下来，还会直接影响到所拍的影像在后期制作中能否达到满意的结果。鉴于以上原因，在使用黑白胶卷进行显微摄影拍摄时可根据拍摄对象的不同掌握以下 3 个原则：

#### 1. 制片标本

可选取感光度适中的中速或中低速感光度胶片，这样既能保证所拍底片有足够细的颗粒度，又能保证其具有相对高的反差。拍摄这类标本最好采用感光度为 18(ASA50)或 15DIN(ASA25)的全色胶片。国内现在已经很难买到这种感光度的胶片，在这种情况下我们可以采用 21DIN(ASA100)的全色胶片。虽说这类胶片因颗粒相对较粗，反差较小而不太适用于显微摄影，但在掌握该类胶片性能的前提下对症下药也能得到相对满意的结果。在用21DIN全色胶片拍片时应注意使用反差滤色镜来提高反差；冲洗胶片时也要考虑使用超微粒或微粒的显影液配方，以达到在一定范围内降低颗粒度和提高反差的目的。

**2. 活体标本**

活体标本因镜下的活动速度过快，即便是采用药品麻醉或压片法也很难得到理想的结果，在这种情况下最好采用感光度较高的高速感光胶片。27DIN（ASA400）或24DIN（ASA200）的全色胶片较为实用。采用这类胶片时应注意：高感光度胶片的颗粒粗、反差小，在拍摄和冲洗过程中不要忘记用反差滤色镜来提高反差和用超微粒显影液来降低底片的颗粒度。

**3. 荧光染色标本**

在荧光显微镜或暗视野显微镜条件下拍摄标本时，因曝光时间长，通常也需采用27DIN或24DIN的高速度胶片。

**（二）彩色感光片的使用原则**

从用途上来讲，用于彩色显微摄影的彩色胶卷可分为两类：一类是彩色负片，另一类是彩色反转片，可根据具体要求选择使用。彩色负片经冲洗后得到的是与原景物色彩及影像互补的负像（底片），而彩色反转片经反转工艺冲洗加工后可直接得到与原景物完全相同的正像（幻灯片）。

与拍黑白片不同的是，拍彩色片时应按彩色胶片本身对色温的不同要求来调节色温，以求得所用胶片的色彩平衡。

## 五、黑白胶卷的冲洗

对于生物学研究领域来讲，因用于科学研究与普通照相的要求不同，冲洗时对底片的要求往往较高，如送照相馆或图片社冲洗很难达到科研要求的水平，所以需要自己动手进行冲洗。目前，普遍用于科研等领域的冲洗仍然为手工操作。冲洗流程为：装卷－显影－停显（中间水洗）－定影－最后水洗－晾干。

**（一）显　影**

**1. 显影工具**

（1）显影罐冲洗：适合于一次性冲洗小批量（2～4卷）的冲洗，对效果要求的科研（发表文章）工作者来说，罐中显影可以根据具体要求对底片进行一定校正和调节。操作过程为：将要冲洗的胶卷在暗袋或暗室内缠在显影罐内，盖好之后，就可在室内有光线的条件下进行其余的操作。这种方法冲洗胶片时的温度和时间都容易控制，不易损伤胶片，同时节省药液，降低成本，被广泛用于各个领域。

（2）利用显影盘冲洗胶卷。也可利用洁净的容器如瓷盘、盆等作为盛药器具。通常需要三个容器，分别盛显影液、停显液和定影液。整个操作过程全部在暗室中进行。操作步骤如下：①取出胶卷，用手指执着胶卷的两端，浸入清水盆中10～20s，使胶卷平直，药膜的一面必须朝上，不要与盆底摩擦。②胶卷经过水浸后，迅速浸入放有显影液的瓷盘中，展开，并左右拖拉，使药液均匀地流过药膜面，使整个胶卷显影一致。需要注意的是，胶卷的药膜面必须朝上，避免在拉动时造成划痕。③显影约2min后，打开红色安全灯，将胶卷取出观察（时间不宜过长），然后进行显影，一般到胶卷药膜变黑，反面（无药膜的一面）能清楚地显出影像时，即可停止。随后，移入定影液中。

**2. 显影液的配制与用法**

从商店购买的显影粉，按说明溶在一定量的清水中。注意，先溶解药粉的一小部分，再溶解药粉的其余部分。也可自己配制，下面介绍几种常用的显影液：

(1) 普通微粒显影液（柯达D-76，冲洗胶卷用）：配方见表1-4，配制时各种药品必须按配方顺序依次溶解。

**表1-4 柯达D-76显影液配方**

| | |
|---|---|
| 温水（50℃） | 750ml |
| 米吐尔（硫酸甲基（对）氨基苯酚） | 2g |
| 无水亚硫酸钠 | 100g |
| 几奴尼（对苯二酚） | 5g |
| 硼砂（粒状） | 2g |
| 加冷水至 | 1 000ml |

显影时使用原液，在室温18～20℃的情况下，罐中显影8～15min，盆（盘）中显影6～12min。药液可重复使用，使用定额6～8卷。显影时间随使用次数加长。保存期，在满装密封条件下6个月，半装1个月，盘中24h。

(2) 普通显影液（柯达D-72，用于胶卷和相纸）：配方见表1-5，配制时各种药品按配方顺序依次溶解。

**表1-5 柯达D-72显影液配方**

| | |
|---|---|
| 温水（50℃） | 750ml |
| 米吐尔 | 3g |
| 无水亚硫酸钠 | 45g |
| 几奴尼 | 12g |
| 无水碳酸钠 | 68g |
| 溴化钾 | 2g |
| 加冷水至 | 1 000ml |

(3) 柯达D-72显影液：配方是最常用的显影液配方之一，既适用于负片显影，同时也适用于照相纸的印相和放大。使用时可根据底片上的反差强度自由调节使用液的浓度，若反差适中，可将原液按1∶1～1∶3的比例稀释；需要继续降低反差时，可将原液稀释到1∶4～1∶5；但想适当增加反差则可直接使用原液。在18～20℃条件下，标准显影时间约为1.5～3min。同样温度下，显影时间随显影使用液的稀释程度和曝光量的多少而变化。在短期内，可重复使用药液，显影时间随使用次数加长。保存期在满装避氧条件下3～6个月，半装条件下1个月。

**(二) 中间水洗**

中间水洗也称第一次水洗，主要作用是降低胶片药膜的pH值，使显影过程立刻停止。此外洗去显影液及显影过程中积累的溴离子和氧化物。可以通过流水冲洗（3～5次）或采用酸性停显液（2%的亚硫酸钠溶液，之后仍要用水冲洗）来达到停显目的。

### （三）定　影

（1）定影的操作。胶卷移至定影液（盛入瓷盘中），用双手展开胶卷，使其在定影液中来回拉动。药膜朝上，使药液充分发挥作用。当胶卷上乳白色完全褪去，底片反面呈均匀的黑色，底片四边全部透明时，方可结束定影。

（2）定影液的配制与用法。购买的定影粉，按说明溶于一定量的清水中即可使用。也可自己配制定影液。

常用的酸性坚膜定影液（柯达F-5）（负片胶卷、相纸通用）的配方见表1-6。配制时按配方顺序依次溶解药品。使用时，在室温18～20℃下，负片定影10～20min，相纸5～10min。可冲洗胶卷25个左右。保存期，满装密封4～6个月，半装1～2个月，盘装7天。

**表1-6　柯达F-5酸性坚膜定影液配方**

| | |
|---|---|
| 温水（50～70℃） | 600ml |
| 结晶硫代硫酸钠 | 240g |
| 亚硫酸钠（干粉） | 15g |
| 30%冰醋酸 | 45ml |
| 铝钾矾 | 15g |
| 加冷水至 | 1 000ml |

### （四）最后水洗

感光片经定影处理后，上面含有大量的海波和银的络盐，他们的存在可使影像逐渐地褪色和发黄，必须洗去，影像才能长期保存。水洗的最佳温度在14～18℃之间。一般流水冲洗半小时即可。水的pH值对水洗效率有显著的影响，增加水的pH值可提高水洗的效率。水中如含有盐类时，可以增加水洗的效率。用质量浓度为2%的$Na_2SO_3$溶液浸泡胶片2min，则水洗时间大幅度缩短，但之后需自来水冲洗几分钟。

### （五）晾　干

漂洗后的胶卷，将两端用夹子夹好，挂在室内无灰尘的地方风干。

### （六）冲洗黑白胶卷的注意事项

#### 1. 正确掌握冲洗的温度和时间

感光材料在冲洗过程中显影的温度和时间对显影的最终效果有直接的影响。一般配方都以18～20℃为标准显影温度，并以此来确定它的显影时间。在允许的时间范围内，温度越高，显影速度越快，反差也大。但随着温度的升高，会出现显影过度，银粒变粗，产生灰雾，反差反而下降等结果。反之，温度越低，显影速度越慢。

另外，应注意显影液中的对苯二酚在10℃以下时几乎不起显影作用，这样会直接导致显影时间严重不足，反差降低甚至会导致底片毫无使用价值。

在温度一定的条件下，适当延长显影时间可以达到增加反差、提高感光度的目的。但显影时间过长，也容易产生灰雾并使反差降低。所以一般尽量不用调节显影时间和温度的办法来弥补曝光不足或过度的缺陷。

定影过程也同样受到温度的影响。温度高，所需的定影时间短，但乳剂层吸水膨胀也越严重，当温度高于20℃时，定影液本身也可能发生分解沉淀。定影液的温度一般控制在16～24℃之间较为适宜。

**2. 搅动在显影、定影中的重要性**

搅动的目的是促进药液不断地在胶片或相纸表面循环，使显影速度均衡。首次搅动尤为重要，它既可使倒入显影罐或放进显影盘中的药液迅速湿润胶片或相纸的表面，使显影均匀，同时也可有效地避免产生气泡影响结果。罐中显影和定影时，在第一分钟内要顺、逆两个方向晃动并旋转5～6次。旋转时不宜过快，以防产生的小气泡附着在底片上，使局部显影不正常，定影后出现透明的斑点。

**3. 确定定影时间**

一般来讲，定影时间的长短，可以胶片定影透明所需时间的长短为依据。通常定影时间应是定影液定透胶片所需时间的2倍。定影时间过长，定影液中的硫代硫酸钠会溶去少量的银而引起减薄作用。

**4. 水洗和停显**

水洗是冲洗、印放加工过程中不可缺少的重要环节。要求水洗一定要充分，最好采用流动水洗或经常换水的方法。水洗的温度应控制在10～25℃之间为好，过高会造成乳剂层脱落，过低则增加水洗时间，浪费水资源，并在干燥时容易产生干燥斑。

停显应在影像显影到位时立即进行。使用酸性停显液时，停显时间一般控制在10～20s即可。如仅用水来进行停显，则应选用酸性定影液进行定影，否则定影液会因感光材料带入的碱而过早失去作用。

## 六、黑白照片制作技术

### （一）相纸的性能

相纸的反差指的是相纸黑白色调之间的对比度，在制造过程中已确定。相纸的反差特性用号数来表示。我国生产的相纸可分为4个号（#）：1#、2#、3#、4#，纸号的数越大，表示反差越大。就一般的底片而言，2#相纸反差好，使用范围最广。只有在特殊需要的情况下，才可考虑使用1#和4#相纸。相纸的反差与成相性能之间的关系见表1-7。

**表1-7　相纸的反差与照相性能间的关系**

| | 感光范围 | 黑白反差 | 影纹层次 |
|---|---|---|---|
| 1#（软性纸） | 宽 | 小 | 多 |
| 2#（中性纸） | 适中 | 适中 | 适中 |
| 3#（硬性纸） | 窄 | 大 | 少 |
| 4#（特硬性纸） | 更窄 | 更大 | 更少 |

## (二) 印　相

印相是暗室工作中的重要内容，电镜照片、工作照片通常需要用印相的办法来完成。印相过程是由底片制作照片的一项具体技术，它是将底片上的影像经曝光、显影、定影后转印到印相纸上，成为一张与底片影像大小一样的照片。

### 1. 印相工具

(1) 印相夹。也叫晒相夹，是最简单的印相工具，它是一个特制的木框。印相夹的正面镶有一块玻璃，后面是一块与玻璃大小相同并能折叠的压板，板上有弹簧。印相时，先将底片平铺在玻璃上，背向玻璃，药膜朝里，再把裁好的印相纸乳剂膜与底片药膜相对放在纸框上贴紧，最后上好弹簧压条，把活盖压紧。感光时可以用日光（不可直接照射）、灯光。在极度条件时，也可以利用烛光或煤油灯等做光源，它不受光源条件的限制，使用很方便。

(2) 印相箱。也叫晒相箱或印相机，是一个有光源装置的木箱加上一个印相压板制成。木箱内装有曝光用的白光灯和供操作时照明用的红色安全灯。印相箱的上层，装有几层磨砂玻璃，可根据要求在上放置硫酸纸用于柔和光源和降低光亮度。

印相压板前端下方装有按钮开关。印相时，将底片和印相纸置于玻璃上，放下压板，使印相纸和底片的膜面紧密接触，压紧时即可触动白灯开关曝光。印相箱的优点是操作方便，印相速度快，并可使用曝光定时器，使曝光更为准确。

### 2. 印相操作程序

(1) 首先将印相机上放置底片的玻璃擦拭干净，接通电源。

(2) 底片的药膜面朝上，背面朝向光源置于印相机玻璃上。

(3) 取相纸，并使药膜面向下贴附在底片上，两个药膜面相对。

(4) 将底片和相纸前端约 1/2 部分先放在前半活动压板下压实，以防印虚，曝光时放下另半压板曝光。

(5) 曝光，可用更换不同度数的灯泡或在箱内上部加入不同层数的硫酸纸来调节反差。

(6) 显影，对正常的底片通常使用 1∶2 浓度的 D-72 显影液。

(7) 停显，使用约 3% 质量浓度的冰醋酸。

(8) 定影，将停显后的照片放入定影液中 10～15min，将未感光的卤化银定掉，使影像不再发生变化，便于保存。

(9) 水洗，将定影之后的照片用流动水洗 20min，或间隔水洗 4～5 次，每次 5min。

(10) 干燥，自然晾干或用机器干燥法。

### 3. 印相操作要点

(1) 印相前应根据底片的实际情况确定印相纸的纸号；根据灯箱光源的亮度判断曝光时间的长短，如光源过亮可适当增加一些硫酸纸，以保证曝光时间在容易控制的时间范围内。如使用放大纸印相则更应尽量减弱光源的亮度，以保证曝光的正确性。

(2) 确信相纸的药膜与底片的药膜面相对，并将底片面朝下（朝向光源的方向）。如错将底片的背面与相纸的药膜面相对，印出的照片影像就会与实物左右相反，并会因片基的厚度而使影像变得“模糊”。

（3）使用黑纸框时可将底片四周多余的部分遮去，曝光前应保证底片和相纸对齐，然后用压板压紧。

（4）印相的曝光时间要求准确，因此，要求操作者有较熟练的基本功，对负片的密度有准确的鉴别力。在大批印相前应使用试样的方法来确定准确的曝光时间。

（5）在红灯下观察显影效果时应使影调比实际效果稍微深一些，否则在白光下观察时照片的颜色偏浅。

印相和放大的工艺流程近乎一样，操作时可参考使用。

**（三）照片放大**

**1. 放大机的构造**

尽管放大机的种类众多，自动化程度也有所不同，但它们的基本构造却相似，大多由以下几部分构成：

（1）灯室。是放大机装置光源的腔体。专业单位放大机使用的灯泡一般为150～250W，业余或自制的小型放大机通常为100 W。为了发光均匀，最好使用乳白色灯泡。光室通常都有避光的透气孔洞，以散发热量。

（2）聚光镜及散光玻璃。聚光镜的作用是聚集光室发出的光线，使光线聚集加强，亮度增高，使放大后的影像线条清晰，黑白分明。散光玻璃能使光室发出的光线散射达到均匀柔和的效果。

（3）底片夹。是放置底片的地方，它位于集光镜与皮腔之间，是一个铁制或铝制的框夹，大都用上下两块玻璃压平底片。有的底片夹由两片金属薄片组成。在金属片上可根据底片画面的规格挖成不同规格的孔洞，用两金属片将底片压紧。使用这种夹子时应注意曝光时间不要过长，否则容易产生局部焦点模糊。放大时底片需夹在两片玻璃或两金属夹片之间，并将底片的药膜面朝下放出的照片会出现左右颠倒的现象。

（4）皮腔。是连接底片夹和镜头的中介，可以伸长或缩短，其作用是用来调节“焦距”。皮腔的伸长及缩短与所放大的照片大小成反比。当皮腔的距离长度超过放大镜头焦距的2倍时，放大机就可用来缩小照片。

（5）镜头。放大镜头由前后两组镜片组成，中间设有光圈装置。照片放大质量的好坏与镜头的分辨率有直接的关系。放大镜头的焦距有长短之分，使用时应该根据放大底片的具体规格配合使用。

选用放大镜头规格的具体要求是，放大镜头的焦距应与所放大底片对角线的长度相近。如放大135型底片，需使用焦距为50mm的放大镜头。放大120型底片（底片为60mm ×60mm），需使用焦距为75mm左右的放大镜头。放大透射电镜底片（60mm×90 mm）时，则需使用焦距为90mm左右的放大镜头才能满足要求。较高级的放大机一般都配有3个以上不同焦距的镜头

（6）红滤色镜。通常在放大机放大镜头的下方都装有一个可移动的红色滤色镜片，它可以左右移动。作用是在放大机光源开启的条件下挡住白光，使相纸可

在红色的安全光下自由操作摆正放大纸。使用时可在底片聚焦后将红滤色镜移入光路，相纸在红光下不会感光，这样可以观察相纸铺放的是否端正。曝光时先关掉电源，移去红滤色镜，再正式曝光。

**2. 放大倍数**

放大是将底片上的影像通过镜头投射到相纸上结影成大于底片的像。放大时，底片至镜头的距离为物距，镜头至相纸的距离为像距。物距与像距互相关联并互相制约，物距长则像距短，物距短则像距就长，两者成共轭的关系，并有一定的比例。如其中的一个变动时，另一个必须要相应地变动，而且可以互相交换位置，而不影响焦点，这就是放大时的共轭焦点。

放大时的物距越短，成像就越大，反之则小。成像大小的计算是：

放大倍率 = 像距/物距

例如：放大一张照片，镜头到相纸的距离是 50cm，镜头到底片的距离为 10cm，即 50/10 = 5，照片比底片放大 5 倍。在此放大倍数仅按边长计算。

根据上述公式，假如物距与像距相等，则照片与底片大小相等，此时的放大机实际上只相当于一架“投影印相机”。同理，如物距大于像距时，放大机就可被用来缩小照片。缩小公式为：缩小的倍数 = （物距 - 焦距）/焦距。当物距等于像距相当于印相。

**3. 放大操作**

放大照片的操作程序是：检查调整好放大机；将底片装入底片夹，药膜面向下打开放大机光源，开大光圈；根据放大尺寸调整放大机的高度，对画面进行适度的剪裁；调对好焦点，收调光圈；根据底片的反差选配相纸号；推断曝光时间；试样放大；正式放大，显影、停影、定影、水洗和干燥。

（1）正确的操作方法：放大时，正确操作对于保证照片质量和延长放大机的使用寿命至关重要。

①正确使用附件。放照片要根据底片规格的大小，选用不同焦距的镜头，如选用不当，将会影响照片的质量。

②放大机的升降。因放大倍数的变化需要随时调整放大机的高度，调整高度的动作要轻，不要震动。更换镜头或不同规格底片时装卸动作要轻，避免碰撞。

③装置底片时，药膜面朝下。手应尽量避免触摸底片，防止在底片上留下手印。

（2）测点对焦：测对焦点是放好一张照片的重要环节，如焦点调不准则影像模糊，功亏一篑，严重时可能导致所放照片无法使用。因此，调焦的环节应引起初学者的高度注意。

测对焦点的方法是，将光圈开到最大，把白色对焦（相）纸铺在放大压纸板上，然后调焦，直到焦点清楚为止。焦点清晰与否至关重要，如调制不清则会直接影响成像的质量。测对焦点的一般原则是以所需照片的最重要的表现部位为测对焦点的标准，这样放出的照片才最合乎要求。

不同的底片，所需突出的重点部位不尽相同，应根据具体情况选取不同的调焦部位。调焦时应切记最大光圈调焦原理（大光圈，小景深），否则很难将焦点调到最佳部位。

(3) 正确使用光圈：在放大过程中光圈的使用非常重要，通常情况下将最大光圈收缩2~3档最为恰当。光圈的使用不仅影响镜头的实际成像效果，还在以下方面产生影响：

①增加景深。放大时，底片或相纸不平或所对焦点稍有不准容易造成照片画面模糊不清，缩小光圈可以增加像平面的景深范围，使景深在一定范围内得到补偿。

②增加光线的均匀度。常用的放大机大多为半集光式，缺点是发光不够均匀，画面中心比四角的亮度约强30%，直接影响照片的质量。逐级缩小光圈2~3档，可使光线趋于均匀。当缩小两级光圈（F5.6或F8）时，中心与四周的亮度差可降到10%~15%。实践证明，亮度差在15%以下，照片上就反映不出光线不均匀的现象了。

③控制光亮度。光圈口径的大小可直接控制单位时间内通光量的多少。光圈的口径大，通光量多，所需曝光时间就短；光圈口径小，通光量少，所需曝光时间就长。放大镜头的光圈通常分为六级（F为4.5、5.6、8、11、16、22），光圈与通光量的关系，除F4.5和F5.6相差0.5倍外，从F5.6开始，每档都相差一倍。

④减小像差，提高成像质量。放大镜头在结像方面存有缺陷，镜头边缘的解像力比中心差，光圈口径越大，这种缺陷就越明显。这是镜头的球面像差造成的，其原因是球面像差所造成的聚焦点不在同一平面上。放大时适当地缩小光圈可以提高照片边缘部位的成像质量。

放大时通常采用F8。如底片密度较大、尺寸较大或由其他原因给操作带来困难时，也可将光圈适当开大或缩小。

(4) 确定曝光量：一张曝光正确的照片，正常显影之后应是色调纯正，反差、层次和质感都表现得比较合适。如曝光过度，就会造成照片反差低，色调不正，影像粗糙，质感表现差。曝光不足，显影时间长时，强光部位层次表现不出来，阴影色调灰暗。因此，放大时曝光的正确与否至关重要。

正确判断曝光时间，应该充分考虑到影响曝光时间的主要因素。

①光源亮度：放大灯泡的度数大，亮度就大，曝光时间相对短；灯泡的度数小，亮度就小，曝光时间相对就长。

②光圈口径：放大时选用光圈的口径大，曝光时间就短；口径小，曝光时间就长。

③相纸感光度：感光速度快（相纸号小），曝光时间短；感光速度慢（相纸号大），曝光时间就长。

④放大倍数：放大倍数大，曝光时间长；放大倍数小，曝光时间就短。放大的面积增加一倍，曝光时间也增加一倍。

⑤底片密度：密度大，曝光时间长；密度小，曝光时间就短。

⑥显影液温度：照片显影液的温度通常为20℃，在显影过程中，温度高，药液浸入乳剂层的时间相对短，显影速度快，曝光时间需相应缩短，反之则应加

长。

以上几个因素是放大照片确定曝光时间的依据。其中任何一个因素发生变化，都将直接或间接地影响曝光时间。因此，判断正确曝光时间最简单的方法就是试片。

试片，就是放大样片，此方法简便易行，目前仍被广泛采用。试片的基本方法是将需要放大照片的焦点调好，缩小光圈，取小块相纸条并把它放在画面的主要部位。在试样条上分段曝光，曝光时可根据判断的时间进行试样。如没有把握时，可将试样分5段曝光。如初步判断准确的曝光时间在6s左右，那么6s就是时间基数，试样时可分2、4、6、8、10等5段曝光。如显现出的样片结果与所判断的结果没有大的差距时，就可再选3段曝光。3段曝光的时间就可定为3s、6s、9s。最后根据试样的结果选出最佳的曝光时间。

试样曝光时先以基数时间对整个试样纸曝光一次，然后用不透光的物体（如黑纸、相纸或手等）遮住一段，继续曝光一次，再将遮挡物前移遮住第二段，再曝第三次光，直至5段曝光试样完毕，经正常显影后，从5（或3）个不同曝光时间的试样上选出正确的曝光时间。如果是5次的曝光时间都不准确，可根据式样结果调整曝光基数再次试样，直至找到最佳的曝光时间。

**（四）相纸的冲洗及照片处理**

**1. 显　影**

一般情况下显影都采用柯达D-72配方，只有在一些特殊要求时才会考虑选用其他配方。用D-72配方显影相纸时，在正常条件下应将原液1：2稀释后使用（一份原液加二份蒸馏水）。在18～20℃时，印相纸的显影时间为2min左右。放大纸则需要2～3min。但显影时间的长短与相纸的牌号、乳剂号、照相纸的性能、保存时间的长短等都有直接的关系，在使用过程中应根据具体情况作适当的调整。

显影时应适当搅动照片，特别是刚刚放入显影液的10s左右应不停地搅动，以免因产生气泡而显影不匀。显影夹应夹在照片的边缘，防止划伤照片的药膜。

曝光正确的照片，显影的宽容度较大，稍微欠显或过显时都不会影响照片的质量。曝光稍微过度时，可用缩短显影时间的办法补救；曝光稍欠时也可利用适当增加显影时间的方法来补救，总体效果不会有太大的差别。

有时为了达到适当增加或降低反差的目的，还会有意使照片曝光过度或不足，以此来调整照片的效果。

如曝光严重过度，影像出现过快而不易控制，到显影规定时间时照片会变黑。即便是缩短显影时间显出的照片仍然是暗部不够黑，亮部不够白，影调不均匀，照片无层次。如曝光稍微不足时，可适当延长显影时间补救，这样反差会大些。对于反差较小的底片可以用曝光稍不足而延长显影时间的办法来补救。有时用局部高温的办法来改善影像质量，方法是用嘴对着照片呵气，使照片的局部温度升高，显影加快，影调变深。有时用手指或手掌抚摸照片，使照片的局部升温加速显影，效果也很理想。

延长显影时间的方法有一定的限度，显影时间太长，会产生灰雾，反差反而降低。一般的原则是显影时间不应超过规定时间的 3 倍。如果曝光时间严重不足，即使再延长显影时间也无法满足要求。

降低照片反差可采用水洗显影法（间歇显影法）。方法是曝光时稍过量一些，显影时无需搅动，当刚显出一些影像时就把照片移入清水中，不搅动，让照片在清水中继续显影，约 20s 后再把照片放回显影液中静止显影十几秒，再放人清水中，如此反复“水显”几次，即可得到反差较小的照片。另外，用稀释显影液的方法也可在一定程度上降低照片的反差。

**2. 停 显**

停显的目的是用酸中和碱性的显影液，使显影即刻停止，同时可防止因显影液的带入降低定影液的效能而使定影液提前失效。最常见的停显液用冰乙酸（浓度 28%）配制，停显液的浓度约为 2% 左右即可。停显 10s 就能达到要求，放入停显液的照片需搅动数秒，以防因停显不匀而导致显花现象。停显也可用水洗来代替，但所需水量应适当多些。

**3. 定 影**

定影的目的是把尚未还原成银的卤化银全部溶去。印放照片时使用的定影液的作用原理同胶片的定影原理相同，最常使用的配方是 F-5。定影时需经常翻动照片，定影时间要充足，如定影不够，照片很快就会变色。定影时间过长，会使照片略起减薄作用，增加水洗困难。但定影的原则是宁长勿短，一般相纸的定影时间应保证在 20min 以上。

为充分利用定影盘中药液的有限空间，可将停显后的照片背背相对（药面向外）放在定影液中，这种处理方式既可增大约 1 倍的使用空间，又能有效地防止照片贴在一起。

**4. 水 洗**

水洗的目的是把经定影后溶解下来的络合物及一切杂质除掉，使照片得以长久保存。水洗不彻底的照片中仍含有少量的络合物，经过一段时间后照片就会发黄变质。水洗时要经常翻动照片，流水冲洗要保证在 30min 以上；换水冲洗，要保证至少换水 8 ~ 10 次，每次 3min。

厚纸基相纸的水洗时间应适当延长，但涂塑相纸只要保证水洗 3 ~ 5min 就足够了，若时间过长，水分渗入纸基反会使照片卷曲。水洗温度在 16 ~ 22℃ 之间均可，水洗时间宁长勿短。温度低时可适当增加水洗时间，温度高时则可适当缩短水洗时间。用 2% 的亚硫酸钠溶液浸泡 2 次，可大大缩短水洗的时间，而且水洗的效果会更好。

**5. 上光干燥**

经水洗后的照片一般来说就可以干燥了，如需要照片更加洁净时，可用脱脂棉或纱布在自来水冲洗下轻轻擦拭一遍，然后再用蒸馏水浸泡一下。照片上光时，先裁出两张与上光板大小相近的白纸备用。上光前先将上光板预热，约 5min 后可进行上光。

上光的方法是将需要上光的照片从水中拿出，光面（影像面）朝上平铺在白纸上放好。将预热好的上光板与放满照片的白纸在前端对齐，并从前至后依次迅速放下上光板将照片全部粘在上光板上。再把上光板放在上光机上，压紧被布并扣好。然后用胶滚或毛巾从一端依次将水赶出。使用胶滚时切记最好从后向前推，但使用毛巾时则要从前向后赶，这样既可充分利用每次赶水时的效率，同时也可避免因前后来回赶水而产生气泡。

上光时间的长短与通电的时间一般成反比，但后期因加温时间过长而反应不明显。当照片将近干燥好时会发出明显的剥离声，用手触及时没有明显的潮湿感。此时即可打开被布。

干燥后的照片会自动翘离上光板。部分尚未翘起的照片仍然贴在上光板上。或某些照片的一部分还贴在上光板上，说明还未干透，应重新扣上被布等一会，不能强行撕下以免损坏。光面纸经上光后，照片表面光洁平亮。

光面纸经上光后，有时表面会出现一些无光泽的麻点，它们可能是上光板温度太高或上光板上落有灰尘的缘故。上光板过热时，当照片贴上后，部分水分马上受热蒸发变成蒸汽泡把相纸和上光板隔开。因这部分相纸不能紧贴上光板，所以干燥后没有光泽。如上光板过热时可手持两端，在空中来回扇晃几次，等温度略降后再贴粘另一板照片。上光板上的灰尘或不净处则可用脱脂棉或纱布将其擦净。

绒面及绸纹纸可以自然晾干，当然也可以在上光机上烘干。涂塑纸不能用上光机烘干以免损坏照片。涂塑纸可用自然晾干或吹风机吹干的方法来处理。

**（五）放大加工技巧**

在放大过程中负片质量的好坏直接影响到放大照片的效果。放大用的底片不都是理想的，它们有时会出现这样或那样的缺陷。如底片的某些部位过厚或薄，某些部位出现划痕或斑点需要遮去等。这些缺陷都可以在后期放大的过程运用某些加工技巧进行修补加工。这样不仅可以弥补负片的缺陷或不足，使照片的质量有所提高，而且还可以在一定程度上对画面进行加工，取得特殊的艺术效果。放大过程中可采用的加工技巧很多，在此我们仅选一些简单而常用的方法加以介绍。

**1. 画面剪裁**

剪裁实际上是对底片进行局部的舍取放大过程，通常被称为摄影的再构图。需要进行最终精放的照片，在大多数情况下都需要适当的剪裁处理，以求获得理想的效果。最常见的放大剪裁方法有两种。一种是在放大的过程中直接在压纸板上对将要放大照片的影像进行舍取。二是先在已经放出照片的样张上用笔画出（裁去）不需要的画面，留下主题内容。

**2. 遮挡及局部增光**

遮挡就是在放大曝光过程中利用工具或手遮挡画面的某些部位，使其减少曝光；局部增光也是利用以上方法遮去某些部位，而使画面的某些部位增加曝光。在放大过程中为了调整照片的反差或为了减弱底片的微小弄脏的点，常常需要进行局部遮挡或增光。局部遮挡和增光的最简单的方法之一是以手为遮挡工具对所放照片进行适当的修饰。另外局部遮挡和增光也可自行制造一些小工具以解决用手遮挡法无法解决的问题。遮挡工具的形状可根据要求自行制作。把黑纸或薄纸板剪成方形、圆形或三角形等小孔都可以。在进行局部遮挡加工时，遮挡工具距离相纸越近，投影越小，浓度越大，形状轮廓越清楚，增减光的作用越强；距离越远，投影越大，浓度越小，形状轮廓越模糊，增减光的作用越弱。因此，在放大遮挡的过程中应尽可能使遮挡工具远离相纸，以免在照片上留下明显的遮挡痕迹。

**3. 局部高温显影**

在放大曝光过程中，某些时候用遮挡局部增加曝光的方法仍不能显示出照片细部的层次，这时可以在显影时采取局部增高显影温度的办法来加以补救。局部高温显影的具体做法是，用羊毛笔或脱脂棉蘸上温度比较高的显影液，涂擦曝光不足的地方，通过强迫显影来丰富照片高光部位的层次。

## 第六节 标本的液浸方法

新鲜标本放置一段时间后，颜色往往会发生改变，甚至发生腐烂。为了达到长期观察的目的，必须用一些化学药剂进行液浸处理，经过液浸处理后，标本虽失去了生活状态，但自然状态依然可以得到保存，现把常用的液浸保存标本的方法介绍如下：

### 一、普通防腐浸渍液（不要求保持原色）

（1）福尔马林（即37% ~40%的甲醛）溶液。适合的浓度为：10%福尔马林（3.7% ~4%甲醛）。

（2）贝克（Baker）改订液。配方为：福尔马林（37% ~40%甲醛）10ml，无水氯化钙的10%溶液（10克/100ml水）10ml，蒸馏水80ml。上述三种溶液混合即可。

（3）酒精-甲醛混合液。配方为：70%酒精100ml加甲醛6~10ml混合。

（4）酒精-醋酸-甲醛混合液（FAA）。配方为：50%或70%酒精90ml和冰醋酸5ml以及甲醛5ml混合。

### 二、保持绿色的浸渍液

（1）醋酸铜浸渍液：能保色，但略带蓝色。

把醋酸铜晶体逐渐加入50%的醋酸中，至不溶解为止。使用时以此为原液，用水稀释3~4倍。稀释后加热至沸，后投入标本，标本绿色被漂去，经3~4min恢复绿色后，将标本取出，用清水漂净，保存于2% ~4%甲醛溶液中。

（2）硫酸铜浸渍液：用于保存绿色叶片的效果较好，但注意密封瓶口，必要时可每年换液1次。处理方法为：先配制1% ~4%的硫酸铜溶液。将标本放入溶液中浸渍24h，取出后用清水洗净，然后保存于亚硫酸溶液中（亚硫酸配法：浓硫酸20ml，水98ml，配制时要使浓硫酸慢慢地加入水中，并不断用玻璃棒搅拌，混合后加入16g 亚硫酸钠)。

### 三、浸渍标本应注意的事项

(1) 标本应保持沉浸状态，漂浮者可绑在玻片后沉没。

(2) 浸渍标本的玻璃瓶口要密封，避免药剂挥发或被氧化而失去作用。

封口法：用蜂腊及松香各1份，分别熔化混合，加入少量凡士林，涂于瓶盖边缘，然后将盖盖入压紧。

(3) 标本浸渍好后，标本瓶上要贴上标签，注明科名、种名、采集日期、地点、采集者以及签定者，并注明浸渍液的名称及配方。

(4) 浸渍标本瓶应置于阴凉处，不能放在阳光照得到的地方。

## 第七节　常用的显微化学鉴定及染料和离析液的配制方法

### 一、显微化学鉴定方法

**(一) 植物细胞壁纤维素的鉴定——碘硫酸法**

植物细胞壁的主要成分是纤维素，纤维素由于硫酸和碘的作用，呈蓝色反应。

将1%碘液滴于要测定的材料上，然后加一滴70%硫酸。纤维素被硫酸水解后，遇碘则呈蓝色反应，已木质化的细胞壁，因木质素的掩盖，不能与纤维素发生作用，因此细胞壁不呈蓝色反应。

试剂配制方法：

1%碘液：将1.5g 碘化钾溶于100ml 的蒸馏水中，待完全溶解后，加入1g 碘，震荡溶解。

70%硫酸：7份浓硫酸加入3份蒸馏水配制而成。配制时要使浓硫酸慢慢地加入水中，并不断地用玻璃棒搅拌，否则会因急剧发热，而使容器炸裂。

**(二) 植物细胞壁木质素的鉴定——盐酸间苯三酚反应法**

盐酸间苯三酚反应法是鉴定细胞壁木质素最常用的方法。其试剂配制方法是：

取间苯三酚5g，溶于100ml95%酒精中，由于间苯三酚对木质素的反应在酸性条件下才起作用，所以在染色前先在材料上滴一滴浓盐酸，过3~5min 后再滴以间苯三酚。此试剂作用于木质素时呈现桃红色反应。此液配制后使用不宜超过3个月。

**(三) 植物细胞中淀粉和蛋白质的鉴定——碘液测试法**

碘液能将淀粉染成蓝色，蛋白质染为黄色。碘液的配制方法是：

2g 碘化钾放入5ml 蒸馏水中，加热使其完全溶解，然后加入1g 碘，完全溶解后用蒸馏水稀释至300ml，放入具有毛玻璃塞的棕色玻璃瓶中，置于暗处保存。

测定时，还要将上述溶液稀释2～10倍，这样染色不致过深，效果更好。

**（四）植物细胞中油和脂肪的鉴定——苏丹Ⅲ反应法**

苏丹Ⅲ可将细胞中的脂肪、栓质、角质染为橘红色。因此可用此染料显示出上述物质在细胞中的分布和位置，其配制方法是：将苏丹Ⅲ0.5g溶于100ml 70%酒精中。

## 二、染料的配制方法

**（一）番　红**

番红为碱性染料，用于木化、角化和栓化细胞壁的染色，也可用于染色体和核仁等的染色，配制方法：

（1）番红水溶液（1%）：1g番红溶于100ml蒸馏水中。

（2）番红酒精溶液：1g番红溶于100ml 50%酒精中。

**（二）中性红**

中性红为中性染料，用于染活体材料，显示生活细胞的结构，配制方法是：将0.01g中性红溶于100ml蒸馏水中。

**（三）醋酸洋红**

醋酸洋红为压片法中常用的染料，染色体被染成深红，细胞质被染成浅红，且长久保持不褪色，配制方法是：先将100 ml 45%醋酸水溶液放于烧瓶中煮沸，移去火焰，停止加热，然后缓慢加入1g洋红粉末，全部加入后再煮沸1～2min，此时可将一枚生锈铁钉用棉线悬入溶液中约1min后取出（铁为媒染剂），静置12h后经过过滤，放入磨口玻璃塞棕色瓶中保存备用。

**（四）石碳酸-品红**

石碳酸-品红也是压片法中常用的染料，它是一种优良核染色剂，将细胞核和染色体染为红紫色，细胞质一般不着色，背景清晰，其配制方法有二：

配方Ⅰ：

原液A：取3g碱性品红溶于100ml的70 %酒精中（此液可长期保存）。

原液B：取10ml原液A，加入90ml的5 %的石炭酸（酚）水溶液中（可保存两周）。

染色液：取55ml原液B，加6ml冰醋酸和6ml的37%甲醛。

此染色液因含有较多的甲醛，可使原生质硬化，而能保持其固有的形态。但也因此不易使组织软化，因而不太适用于植物组织的染色体压片染色（本染色液适于植物原生质体培养中使用）。在此基础上加以改进的配方Ⅱ，则可普遍地用于一般植物组织的染色体压片的染色。

配方Ⅱ：

取配方Ⅰ中的染色液20ml加80ml或45%醋酸和1.8g山梨醇。

染色液配制后为淡品红色，如立即使用，染色较浅。放置2周后，染色能力显著增强，而且放置时间越久，染色效果越好。

## 三、植物组织离析液

**（一）酪酸-硝酸离析液**

为了观察某一组织中的一个细胞完整的立体形态结构，常用化学方法溶解细胞壁的中层物质（果胶质），使细胞分离。此溶液适用于离析坚硬的组织，即木化的组织，如导管或纤维。离析前先把材料洗净，用刀切成5mm长的小块，或撕成细丝，然后浸于盛有离析液的小玻璃瓶中，塞紧瓶塞，放于30～40℃温箱中。浸渍时间因材料性质而异，一些叶片或幼嫩的根和茎组织，3～4h即可，而有些次生结构（如木质部）则需要更长的时间。离析情况应随时检查，检查的方法是取少许离析材料，放在载玻片上，加一滴水，加上盖玻片，然后用解剖针尖轻轻敲打，如果材料分离则表明浸渍时间已够。浸渍时间超过一天以上时，应更换离析液一次。离析时间已够的材料，用水洗净后放入50%或70%酒精中保存。

离析配方：

10%铬酸—1份

10%硝酸—1份

两种溶液应在使用时才混合，混合均匀后再使用。

**（二）盐酸-草酸铵离析液**

适于离析草本植物的薄壁组织，如髓、叶肉等，先将小块材料放入3份70%酒精和1份浓盐酸中，如材料中有空气，用抽气的方法除去空气，再换一次新鲜溶液浸24h后，用水充分洗净，放入0.5%草酸铵水溶液中，视材料的性质隔数日后，可用解剖针轻轻撕开使细胞分离。

# 第八节　植物的营养繁殖技术

植物的营养繁殖是指通过植物营养体即根、茎，叶的某一部分，从母体分离开来（有时暂不分离），进而直接形成一个独立生活的新个体的繁殖方式。营养繁殖之所以成为可能，是因为每一个生活的植物细胞都含有发育成为一个植物体的全部遗传信息，脱离母体的部分营养体，在适宜的条件下，能够再生出不定根和不定芽，从而生长发育为新的独立生活的植株。

在农林业、园艺和果树生产上，常采用各种营养繁殖方法来保存植物的优良品系，创造新的品种和大量迅速繁殖苗木。对一些不能产生种子或产生的种子是无效的植物，如香蕉、无花果、柑橘、葡萄等，无性的营养繁殖是主要的繁殖措施。有些植物种类，如蔷薇科的一些植物，虽能用种子繁殖，但用营养繁殖比用种子繁殖容易、快速且经济。另外，有些长期进行营养繁殖的植物，它们有性生殖的能力较弱，利用营养繁殖不仅可以达到繁殖的目的，还可以克服种子萌发力弱、寿命短、用种子繁殖使开花结实有所推迟等缺点。生产实践中常采用的营养繁殖措施有扦插、嫁接、分离和压条等。

## 一、扦插繁殖技术

扦插繁殖是从植物的母体上切取茎、根或叶的一部分，插入湿润的土壤或其他排水良好的基质中，经过一段时间后，可以从插入的部分长出不定根，并由原来的芽体或新形成的不定芽发展为新个体。这是繁殖观赏灌木、花卉、某些果树、落叶与常绿阔叶树种以及针叶树种的一个最重要的方法。对易扦插成活的植物，用少量的母本植株在不大的场所就能够育出很多新个体。这种方法不仅简单、迅速和经济，而且繁殖出来的植株有较大的一致性。

然而，不同的植物种和品种间扦插再生能力的强弱不同，能否扦插成活受许多因素的影响。

(1) 扦插基质。一般在湿润、疏松、空气流通、排水良好和温度适中（18~21℃）的基质中成活率较高。常选用沙土、泥炭藓、珍珠岩、蛭石等原料，可根据不同的要求，制作不同比例的混合基质，如碎泥炭藓与等量的沙土混合，常作为生根基质。

(2) 插穗的选取。扦插选取的材料和时间依植物种类而异。一般讲，用从幼龄实生苗上所取的茎或根扦插，比从成年植株上所取插穗生根容易，而且侧枝比顶梢易生根。另外，新枝条基部作插穗生根最多。落叶种类硬枝插条可在冬季休眠期采取。带叶或半木质化插条可在生长季节采取。

(3) 插穗的处理。扦插成活的关键，取决于不定根能否及时形成。易生根的植物，如杨、柳、绣球花、茉莉等，插穗不需特殊处理就易成活；而一些难生根的植物，如油桐、油茶、苹果、梅、李等，常用生长素等物质来处理插穗，以促进不定根的形成和发育，例如把插条浸入0.01%~0.001%的高锰酸钾溶液，2%的蔗糖溶液或不同浓度的一些类生长素（如2，4-D、吲哚丁酸IBA、萘乙酸NAA，或等量IBA和NAA溶液的混合液）的溶液内若干小时，然后再插入基质中，对加速不定根的形成有显著效果。ATB生根粉对提高扦插成活率有显著作用。另外，维生素$B_1$、矿质元素、有机和无机含氮物质等，也有显著的促根作用。

(4) 环境条件。一般来讲，高湿度、适宜温度（白天21~27℃，夜温15℃）和低光照适宜于大多数种类的插条生根。温室的扦插苗床，常雾化喷水，以增加湿度。生根部位处于无光的黄化条件下，有利生根。还有一些植物如杜鹃、冬青和木兰等，在插穗基部进行环剥或切口等刻伤处理，有利于不定根形成。另外，扦插时要注意插穗的极性，要将原来枝条的下端插入基质中。

扦插种类按其插穗所取植株的部位分为茎扦插（包括硬枝插、草质茎插）、叶插（包括叶芽插和叶插）和根插。

### （一）茎扦插

#### 1. 落叶树种硬枝插

落叶树种多采用该方法，如杨、柳、连翘、忍冬、葡萄、石榴等。这种方法插穗易准备，不易腐烂，可长距离运输。在生根期间不需要特别装置，方法简单且经济。

（1）插穗取材。在休眠季节（晚秋、冬季或早春）从上一年生长的枝条上剪取至少包括两个节的长10~50cm、粗0.6~2.0cm的插穗，使基部切口恰好在节下面，并作好标记，以区别插条的顶部与基部。

（2）扦插前的处理。在冬季较暖的地区，可将插穗的头部朝一边放在冷凉、湿润的地方；也可埋在沙土、沙或锯末里面保存。冬季严寒在0℃以下的地区，可将插穗贮藏在0℃以上的低温地窖中；如有冷冻室，插条可在4.5℃左右条件下安全渡过愈伤组织形成期直到扦插。对于易生根的种类，将休眠期采取的插条，用厚纸或塑料薄膜连同微湿的泥炭一起包裹，放在-4.5℃下直至春季直接插入苗圃内。也可在早春直接采取插条，及时插入苗床中。冬季温暖的地区，可在秋天剪取插条立刻插在苗圃内。这样，在休眠季节开始前就能形成愈伤组织，并有可能生根，或至下年春季，根和新梢同时形成。

**2. 常绿针叶树种硬枝插**

这类插穗带有叶子，必须在潮湿条件下保存。一般在秋末至冬末之间采插条，长为9~18cm。温室内保存要求有较强的光照和较高湿度。为防止病害入侵，插条可用杀菌剂浸蘸。多采用沙（或珍珠岩）与泥炭土1：1的混合基质。

**3. 半硬枝插**

多用于常绿树种如茶花、海桐、冬青、卫矛等，在春季迅速生长后采取当年的半木质化枝作插穗。一般在早晨剪取，长7~13cm，保留上端叶片。插条剪下后要立即装入塑料袋中，扦插前不要见太阳。基质用珍珠岩和泥炭土（1：1）混合物。

**4. 绿枝插**

以落叶或常绿树种春季刚长出来的柔嫩多汁新梢作插穗。如紫丁香、连翘、木兰、绣线菊等观赏植物可用此法。最好在上午采取，长7~11cm，含2个以上节。采后要保持高湿度和冷凉，切勿曝晒。大多数草本花卉如菊花、香石竹等，可用其草质茎扦插，与绿枝插一样要保持水分。

### （二）叶 插

秋海棠、柠檬、柑橘、虎尾兰、非洲紫罗兰等常用叶扦插。例如虎尾兰，可将叶子切成几段，每段长6~9cm，插入沙土基质中，深度为叶片本身的3/4。经过一段时间后，在叶片段基部就形成一新植株。秋海棠的叶片可用打孔器将其切成直径为2cm的圆盘，一个叶子可得到40~50个圆盘，每个圆盘扦插后，将来就发育成一个新植株。在扦插生长过程中，要保持高湿条件。

### （三）根 插

猕猴桃、合欢、凌霄花、构树、无花果、海棠花属、银白杨、刺槐、蔷薇、泡桐、漆树等常用根扦插来繁殖。

在冬末或早春，当根部贮藏了很多养分而未开始新的生长时，从幼年母本植株上取幼嫩根，切成8~9cm长的根段，直扦或平放在温室或温床的沙土或筛过的细土中，根上覆盖1cm左右厚的细土或沙土，浇水后上面覆盖塑料薄膜，防止干燥，直至开始萌动。充分生长后移植。一些易产生不定芽的植物，在春天可直接扦插于露天苗圃中，插穗顶部与土面平齐或稍低于土面。

## 二、嫁接繁殖技术

将一株植物体上的枝条或芽体（称为接穗），移接在另一株带根的植株上（称为砧木），使二者彼此愈合，共同生长在一起，这一方法称为嫁接。用嫁接方法培育的苗木称嫁接苗。嫁接是植物繁殖的重要方法之一，不仅对缺乏种子（如一些葡萄、柑橘品种）或扦插生根困难的植物极为必要，并且还能保持母本优良性状、提早结实，影响树木大小，增强植株对不良环境条件（寒、旱、病虫害等）的适应能力。建立林木种子园、果园与发展经济林，一般都采用嫁接苗。对树体的缺枝部位或受伤害的枝干，可用嫁接进行补救，使之恢复树势，对经济价值低的树木可用高接换种的方法改劣为优。嫁接还是良种选育和加速良种繁育常用的手段，特别是在通过嫁接改良植物品质和提高产量等方面，是其他营养繁殖所不及的。

**（一）嫁接成活原理**

接穗和砧木之间的亲和力如何，是嫁接成功的前提。亲和力是指砧、穗在组织结构、生理和遗传性等方面差异程度的大小。亲和力强的砧穗间易嫁接成活，能正常生长发育。不亲和力或者亲和力差的组合就不能成活，或虽能成活但生长发育不良，甚至死亡。影响亲和力的因素很多，一般亲缘关系相近的树种亲和力较强。同种间嫁接亲和较好，称为共砧（本砧）嫁接。随着种属关系的递远，亲和力也递减。

相互亲和的植物之间的嫁接成活率，主要决定于砧穗双方形成层细胞的再生能力和形成愈合组织的条件。嫁接成活的过程是，首先由砧穗结合部位切面上的形成层细胞或薄壁组织细胞脱分化进行分裂，形成愈伤组织，并充满接合部位的空隙，使砧穗双方愈伤组织的薄壁细胞相接；然后再继续分化出次生维管组织，将二者维管系统连接起来；最后愈合外部的细胞分化成木栓细胞，与砧穗结合部的皮层相合，形成一个新的植株。

**（二）砧穗的选择**

（1）砧穗要有良好的亲和力。

（2）按照栽培目的选择砧木，有些砧木能使嫁接树长成高大乔木，这类砧木称为乔化砧，一般的实生砧木多属于此类型，例如用海棠嫁接的苹果树。另有些砧木使嫁接树形成矮小的树体，这类砧木称为矮化砧，如从国外引入苹果矮化砧或半矮化砧。矮化砧一般是用无性繁殖培育的。所以，通过选用不同类型的砧木进行嫁接来达到培育乔化树或矮化树的目的。

（3）必须选择适应当地环境条件的砧木种类，如用枫杨作砧木嫁接的胡桃树可耐水湿，而用胡桃楸作砧木的则比较耐寒。

（4）选择抗病虫力强的树种作砧木，如利用美洲葡萄作砧木嫁接的葡萄，可提高其抗根瘤蚜的能力。

（5）不能用带病毒的砧木或接穗进行嫁接。

(6) 按栽培目的选择适于当地条件的树种和品种（或类型）作接穗材料。选择品质优良、生长健壮，无检疫病虫害的植株采取接穗，一般多用1年生或当年生枝。春季枝接，需在休眠期采接穗。夏秋季芽接则随接随采。

另外，砧穗在贮藏、运输及假植过程中，要保持适当的湿度和低温（0～5℃），以防止失水、萌动或霉烂，确保其有良好的生命力。常用蜡封接穗或用保温材料（湿润的蛭石、苔藓、鲜锯末等）保存接穗。

**(三) 嫁接方法**

嫁接方法依据接穗不同而分为芽接、枝接。依取砧木的不同，分为根接和子苗砧接。

**1. 枝　接**

以带有2～3个芽的枝段作接穗进行嫁接，称为枝接。其中用休眠期采集的接穗在春季砧木萌芽前后进行嫁接称为硬枝接；用当年生新枝（未充分木质化的）作接穗在生长季节进行嫁接称为嫩枝接，多用于常绿树种或观赏植物。凡与接穗等粗的砧木或多年生较粗的砧木，均宜用枝接。枝接有多种方法，这里仅介绍几种常用的方法：

(1) 劈接。将接穗基部削成楔形，削面长2.5～3.0cm，削面要平滑，外侧稍厚些。将砧木用劈接刀从中间劈开插入接穗，稍厚一侧朝外，对准形成层。接好后用塑膜包扎或埋土保湿。这种方法适于砧穗等粗细或砧木直径大于接穗时用。

(2) 皮下接。又称插皮接。剪砧后纵向切开一段砧木皮层，从皮层与木质部中间插入接穗。接穗削面长3～5cm，可到或略过髓心。插入后要包扎好。此法适用于直径3cm以上的砧木，并宜在砧木离皮时嫁接。另一种方式是将接穗削成尖形，砧木皮层不切开，只将皮层与木质部之间用光滑的竹签撬开一小孔，插入接穗（长削面朝外）。插好后，砧木皮层仍不破裂，接穗似置于袋中，故此方法又称袋接，多适于皮层韧性较好的树种（如桑树）或较粗的砧木。

(3) 腹接。将接穗从砧木（不剪断的）一侧插入，又称腰接或皮下腹接。多用于树体缺少枝条的部位插枝补空。有多种方法，如“T”形腹接，即在砧木树皮上开“T”形接口，沿形成层插入接穗；另一常用方法是嵌腹接（或称撕皮腹接），即将砧木皮层切口切成“冂”形，撕开皮部嵌入接穗，接穗切面最好与砧木的切面一样宽和长，这样易使二者形成层紧密相贴，之后绑缚牢固、保护好。此法特别适于盆栽小植物和常绿实生苗的嫁接。

(4) 舌接与搭接。二者的共同点是将接穗和砧木均削成等长（3～5cm）的马耳形削面，不同点是搭接直接将砧穗的削面贴合，对准形成层，绑缚紧密即可（又称合接），而舌接则是在砧穗削面各自1/8处顺直纵切一刀呈舌片状，接合时将砧穗削面上的舌片相互插入，这样既加大了形成层的结合面，又嵌夹牢固，有利成活。搭接适用于较细的砧木和接穗，而舌接适用于1～8cm粗的砧木，如二者粗细不一致时，可使一侧的形成层相接。

(5) 靠接。将需要嫁接的二植物枝条彼此靠拢，各在相对一侧削成切面，然后贴紧，缚好，涂蜡。待活后，剪去砧木茎梢及接穗根段。此法较费事，但易成活，适于嫁接成活较困难的珍稀树种。

（6）髓心形成层对接。此法多用于针叶树种。砧穗均用1年生枝顶梢，砧木截取顶梢，接穗从顶芽基部以下2cm处沿髓心向下纵切长6cm的削面，砧木则沿形成层纵切，切面与接穗削面相当，接合时使接穗髓心与砧木形成层相对，并使二者的形成层相接。待活后及时剪去砧木顶芽。

**2. 芽 接**

取芽作接穗嫁接在砧木上，称为芽接。此法简单易行，工效高，愈合快，且节省接穗枝。在整个生长季节都可进行，但以春末夏初或夏末为好。春季芽接成活后应立即剪砧。夏末秋初芽接，为不使接芽当年萌发，多在翌春萌芽前剪砧。常用的芽接方法有“T”形芽接、块状芽接等。

（1）“T”形芽接。又称盾形芽接。操作时，先在砧茎杆上划一“T”形的接缝，将切口皮层挑开，嵌入盾形的、带有腋芽的一小部分皮层及木质部（即芽片，切去腋芽下方的叶片，仅留一大段叶柄）。注意使芽体正好在砧木切缝正中央的位置，二者的形成层紧密结合。之后用宽1cm左右的塑料条紧绑缚接口，只露芽和叶柄即可。此方法在皮层易剥离时进行，以1~3cm直径的砧木为宜。

（2）贴皮芽接（块状芽接）。切取长3.0~3.5cm，宽1.5~2.0cm的方形块状芽片，接于相应大小的砧木切口中。该方法接芽与砧木接触面大，利于成活，多用于一般芽接成活率较低的树种。操作时，在砧木上开切口，常有三种形式。①双开门。纵切口开于横切口中间，呈“工”形。②单开门。纵切口开于横切口的一侧，呈“匚”形。③块状。在砧木上取下与芽片同样大小的皮层，嵌入芽片。前二种切口在嫁接时，均为撬开皮层，嵌入芽片。

**3. 根 接**

它是剪取根段作砧木的嫁接方法，可用劈接、舌接或皮下接等方法进行。注意须将根的形态学上端与接穗的形态学下端相结合。

**4. 子苗砧接**（种芽嫁接）

主要适应于胡桃、板栗等大粒坚果类树种的嫁接。用种子发芽后第一片叶将展开的芽苗作砧木进行枝接。接穗取一年生枝，粗度与芽苗的径轴相当，接穗削成楔形。然后在子叶柄以上约0.5cm处截断嫩茎。从横断面中央向下纵切接口（长1.5cm），将接穗对准形成层插入芽砧接口，之后用麻皮绑缚接口。该方法成苗快，省去了培育砧木苗的时间，成活率高，操作简便，可当年育出嫁接苗。

**5. 二重接**

这是培育中间砧嫁接苗的方法，即在实生苗砧木与栽培品种接穗之间加接一段具有特定用途的砧木枝段（矮化、抗病、抗寒等）。如培育红星苹果的矮化中间砧苗，就在实生海棠砧上嫁接苹果矮化砧枝段，再于矮化砧枝段上嫁接红星苹果接穗，成活后即成红星矮化中间砧果苗。两次嫁接既可一次完成，也可分别进行。

## 三、分离与压条繁殖技术

**(一) 分离繁殖**

由植物体的根茎、根蘖、匍匐枝等器官长成的新植株，人为地加以分割，使与母体分离，分别移栽在适当场所，任其发育长大，称为分离繁殖。多种木本植物如洋槐、杨树、花楸、苹果、樱桃、银杏、杉树及某些观赏花卉（雏菊、萱草、珍珠梅、玫瑰等）的繁殖是采用根蘖进行的。这些植物根部长出的不定芽能发育成为萌蘖枝，再把它们连同母根的一段一同及时移栽，即可长成新的植株。其他如香蕉、小麦、水稻等，也可采用分离法繁殖。

**(二) 压条繁殖**

压条繁殖是指将母株的枝条弯曲压入土中，待被压的部位长出新根后，使其脱离母体进行分株，从而发育成一个新植株。此法常使用于生根缓慢的植物种类，方法简单，一般在天气转暖、雨量充沛的早春季节进行。常用方法有以下几种：

(1) 单枝压条。选择靠近地面的枝条，弯曲至地面，部分覆以松土，单留枝顶露出土面。可在处理的部分割掉半圈树皮或进行其他刻伤，以促进不定根的产生。覆土要经常保持湿润。充分生长后，可分离移植。葡萄、悬钩子、蔷薇、连翘、茶等植物，常用这一方法。

(2) 重复压条。将一长枝条，一段覆土，另一段不覆土，方法同前。在生根之后或生长季节末，将这压条分割成段（每一段各含有新枝和新根）。如圆叶葡萄、藤萝等植物可用该方法大量繁殖。

(3) 培土压条（萌蘖压条）。在冬季休眠期剪掉地上部分，春季在新生长的枝周围培土促其生根。充分生长后，方可分离移植。凡是短硬，不易弯曲的枝条，并能年复一年地在根颈处生长许多枝条的植物，特别适用该方法，如苹果砧木无性系、醋栗等。

(4) 空中压条。适用于植株高大、枝条坚硬，不易向下弯曲触及地面的植物种类。在枝条适当部位，剥去一圈树皮或切一裂痕，伤口用生根基质包裹，基质必须保持湿润，等割皮或裂痕处长出新根，即可将枝条从割皮处下方截断，移栽土中。很多名贵的观赏植物和果树，如紫玉兰、白兰花、桂花、荔枝等，可用这一方式繁殖。

## 四、利用特化茎和根进行繁殖

植物的一些特化器官，即变态根和茎（如鳞茎、球茎、块茎、块根、根茎等），既具有贮存营养物质的功能，又可用来进行营养繁殖。

**(一) 鳞　茎**

借助鳞茎繁殖的植物种类很多，例如百合、水仙、慈姑、鸢尾、郁金香、大蒜、君子兰、朱顶红等单子叶植物。

鳞茎主要由多肉的鳞片叶组成，鳞叶内贮有大量养分，是次年开花结实时的养料。鳞叶叶腋内能够产生小鳞茎，长大后成为旁蘖。有些植物在地面部分叶腋内形成珠芽。

鳞茎有两种类型：①膜被鳞茎。以洋葱、水仙、郁金香为代表，在鳞茎外层具有干的膜状鳞片，起保护作用。②无膜被鳞茎。以百合为代表，鳞茎外层没有干的外皮包裹，鳞片是分离的连接在鳞茎盘上。

利用鳞茎繁殖的常用方法有以下几种：

(1) 分离旁蘖。这是最简单、可靠和应用最多的方法。如郁金香，可在秋季按鳞茎大小分级种植。

(2) 分离珠芽。如卷丹，能在地上茎叶腋内形成珠芽。在母茎开花后，珠芽自然脱落，要在脱落前，及时采下并保存，然后种植于田间。当花芽形成时，除掉花芽能诱导产生更多的珠芽。

(3) 鳞茎扦插。把一个母鳞茎纵切成 8 ~ 10 块，每块都包含有一部分鳞茎盘和 3 ~4 片鳞片的片段。将其垂直包埋在泥炭藓、沙等生根基质中。尖端刚露出地面，几周内就可从鳞片间发育出新的小鳞茎，并长出新根。如水仙、石蒜、朱顶红等可用该方法来繁殖。

(4) 鳞片繁殖。从母鳞茎上把鳞片一片片分开，放在适宜的生长条件下，在每一鳞片的基部能长出不定小鳞茎，每一鳞片可发育出 3 ~ 5 个小鳞茎。几乎所有的百合都可采用此法。鳞片栽植于苗床或温床内，深度不要超过 0.7cm，3 年后可生长成商品鳞茎。另一方法是把鳞片插在装有湿沙、泥炭藓、蛭石的浅盘或浅苗床里，在 18 ~20℃条件下经过 6 周，在基部就可形成小的鳞茎和根，再移植到露地或栽在花盆内，翌年春再定植到田间。

### (二) 球 茎

球茎是茎轴基部膨大部分，表面被干燥的鳞片状叶片包裹，顶部是一个顶生芽，将发育出叶子和花葶。球茎每节上产生腋芽。唐菖蒲、藏红花、慈菇是典型的球茎类植物。例如唐菖蒲，在生长季新枝开始生长时，其新枝基部逐渐加粗，在老球茎的上部就开始形成新球茎，当老球茎的营养物质因开花而用尽时便解体。开花后，叶片制造的养分便贮藏在新球茎中。到夏末，叶子干枯，新球茎便成熟。另外在老球茎与新球茎之间还能发育出小球茎（或称子球茎）。在秋季(开花后 1 个月左右)，掘出新茎，除去枯叶，掰开母球茎四周新球茎和小球茎，分级贮藏过冬至翌春栽植。也可采用球茎分切法，大的球茎可切成小块，每块有一个芽，植入适当基质中，可发育成一个新球茎。

### (三) 块 茎

块茎是在一个生长季节内，由地下横向生长匍匐茎的近顶端膨大形成，其上端有顶芽和腋芽。冬季保持休眠，翌春萌动形成新枝开始一个新的周期。用块茎繁殖的常见植物有马铃薯、菊芋、花叶芋、秋海棠等。

繁殖时，可用整个块茎进行种植，也可分切成块进行种植。切块时每块要含一个或几个芽。块茎切块后须贮藏在较高温度（20℃）和较高湿度（相对湿度为 90%）的条件下，2 ~3 天才能栽植。这时，切块表面愈合（栓化），能有效地防止干燥与损伤。

另外，秋海棠和山药 *Dioscorea batatas* 在叶腋间能形成小的地上块茎，称为小块茎，可在秋季将其采下，贮藏过冬，春季种植。

**（四）块 根**

利用块根进行繁殖的植物有甘薯、大丽菊及某些多年生草本植物。块根含有大量的储藏营养物质，它是在一个生长季内由侧根顶端膨大形成的。繁殖时，可用整块根栽植，在适宜条件下，能产生不定茎和新的不定根，从而成为一新植株。甘薯的块根经苗床培育，可在母块根上长出许多不定茎，且在不定茎的基部产生新的不定根。根形成后，将不定茎（萌蘖）从母块根上拔下，移栽到田间。大丽菊常采用分割株丛（由同一个块根上长出的植株组成）的方法，秋季冰冻前掘起株丛贮藏越冬（2～10℃），春季分割株丛，使每个块根至少有一个新芽，栽植室外。块茎秋海棠的多年生块根也可用分割法繁殖。

**（五）根 茎**

可利用根茎繁殖的植物有竹、甘蔗、香蕉、姜、藕及一些花卉（如马蹄莲、鸢尾、铃兰、美人蕉等）。根茎主要有两种类型：

（1）肥厚型。如姜，根茎肥厚、肉汁、短粗，像是由短小独立的段块组成的一个多分枝丛。它是有限生长，即每个根茎丛顶端有一个花轴，只能从侧枝继续生长。

（2）细长型。如竹等，根茎细长，有长的节间，能无限生长，即根茎顶端与侧枝不断生长，多数节上有侧芽，几乎全部保持休眠。它不能产生根茎丛，但能在某一段上广泛蔓延。

繁殖时，常采用根茎分割的方法。肥厚型者，从根茎连接点分开，顶端截断，用切下来的茎段进行移栽。细长型者，取下单个的侧生萌蘖进行移栽。分割常在早春或夏末、秋季进行。产生根茎的草皮草类，切断移栽最易成活。

**（六）假鳞茎**

许多兰花的种类能产生假鳞茎。不同兰花种具有不同形状的假鳞茎，这是鉴别兰花种的依据之一。繁殖时，可将节上生长出的萌枝（带有新根）从母株上分割下来盆栽，如石斛属 *Dendrobium*。多数兰花则用根茎分割法，在新的生长期开始之前进行分割，用小刀在距顶端一定距离处，切下含有4～5个假鳞茎的切割段盆栽，从假鳞茎基部和节上开始生长新植株。新植株生长到一个生长季，就能在下一年取下分植。

# 第二章

# 植物的细胞和组织

细胞不仅是生物体的基本构造单位，而且是生命活动的功能单位。一方面，由于细胞的组合和分化，形成了生物体的各种组织和器官，使生物体表现出各种形态特征；另一方面，由于细胞的生命活动，使生物体能够生存，能够生长和发育。绿色植物生活细胞的基本构造都是一样的，都有细胞壁和原生质体两大部分，而细胞生命活动的方式却是多种多样的，如胞质运动、原生质代谢、细胞的分裂、生长和分化等，这些都是细胞生命活动的综合表现。

一群形态、结构相似，在个体发育中来源相同，担负着一定生理功能的细胞组合起来就形成了组织。组织是生物在发生和发展过程中为适应环境的变化，细胞进行分工而形成的。高等植物由于细胞的分化、由于各种组织的形成，而能够适应各种环境。通常，植物的进化程度越高，组织分化就越严密，适应性就越广。

构成植物体的组织种类很多，通常根据功能和形态结构的不同分为分生组织、基本组织、保护组织、机械组织、输导组织和分泌组织。后五种组织都是在器官形成时由分生组织分裂所产生的细胞，经过生长和分化后形成的，也称为成熟组织。各类组织的形态结构特点各不相同，因此担负的功能也不一样。

本章实验的目的主要有：

(1) 通过对植物细胞基本构造和一些生命现象的观察，加深对植物细胞概念的理解，加深对生命活动的本质和规律的认识，为今后进一步认识植物生长、发育等方面的内在规律性打下基础。

(2) 通过对植物组织形态结构特点的认识，加深对植物组织的概念、结构和功能的相关性以及植物对环境的各种适应性的理解。

(3) 通过实验，初步掌握显微镜的使用方法、生物绘图方法和临时标本片的制作方法，为今后的学习和进行科学研究打下基础。

**本章内容和教学方式安排表**

<table>
<tr><th></th><th>教学内容</th><th>主要教学方式</th><th>辅助教学方式</th></tr>
<tr><td>实验一</td><td>植物细胞的基本结构和生命现象</td><td rowspan="2">穿插第一章第二节、第三节和第四节的内容；永久切片训练显微观察以及辨识细胞和组织形态结构的能力，临时制片训练动手能力，实物观察增加感知能力</td><td rowspan="2">配合多媒体显微镜和多媒体系统对实物标本进行演示，并对学生制作的标本进行展评</td></tr>
<tr><td>实验二</td><td>植物组织的形态和结构</td></tr>
</table>

# 实验一　植物细胞的基本结构和生命现象

## 第一节　植物细胞的基本结构

### 一、预习和复习

(1) 了解本实验的各个环节和内容。

(2) 预习显微镜的构造和使用方法（见本书第一章第二节）。

(3) 预习生物绘图方法（见本书第一章第三节）。

(4) 预习临时标本片的制法（见本书第一章第四节）。

(5) 复习教科书中有关植物细胞基本结构的内容。

### 二、实验材料

洋葱 *Allium cepa* L. 鳞片叶、空心菜 *Ipomoea aquatica* Forsk. 或甘薯 *Ipomoea batatas*（L.）Lam. 叶片、红辣椒 *Capsicum frutescens* L. 果实、紫万年青 *Tradescantia spathacea* Sw. 或吊竹梅 *Tradescantia zebrina* Hort. 叶。

### 三、用　品

生物显微镜、镊子、解剖针、刀片、载玻片、盖玻片、吸球、吸水纸、纱布；蒸馏水、1%番红水溶液、中性红水溶液。

### 四、内容与方法

#### （一）洋葱鳞片叶表皮细胞的结构

取洁净的载玻片，于其中央滴中性红（或1%番红）水溶液一滴，然后取一片洋葱肉质鳞片叶、在其凹下的一面用刀片划一个0.5cm×0.5cm左右的小方格，接着用镊子轻轻刺入方格边缘的表皮层，捏紧镊子夹住表皮，并朝一个方向撕下，撕下的表皮为无色透明的一层细胞，以撕开的一面朝上立即平铺在载玻片的染色液中，用镊子轻夹盖玻片之一侧，让另一侧先触及载玻片上的染色液，然后慢慢放下整个盖玻片，使之覆盖到材料上，这样不致产生气泡。如仍有少量气泡，可用镊子轻轻抵住盖玻片的一侧，用解剖针在另一侧把盖玻片轻轻挑起，随即盖下，重复数次就可以把气泡赶掉。如染色液太多时，可用吸水纸从一侧吸去，如染色液不足时，可在盖玻片的一侧滴入染色液，多余的染色液用吸水纸吸去。把做好的临时装片先放在低倍镜下观察，可见许多排列整齐的长形细胞。移动载玻片，找出完整而清晰的部位，移至视野中央，然后直接转动物镜转换器，用高倍镜继续观察。其一个细胞的组成部分可以观察到下列各部分（图2-1）：

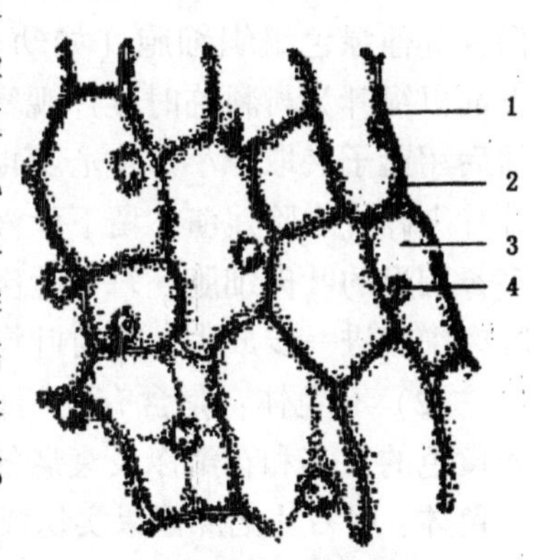


图2-1　洋葱鳞叶表皮细胞
1. 细胞壁　2. 细胞质
3. 液泡　4. 细胞核

(1) 细胞壁：包被在细胞的原生质体外面，

被中性红或1%番红水溶液染成红色，每一个完整的表皮细胞就像一长而扁的盒子（很像铅笔盒），通常有六面壁。但在视野中，不能看到细胞的立体形态，只能看到平面上长方形的轮廓。我们所看到的细胞壁，是相邻两细胞所共有的，由三层所组成，包括两层初生壁和夹在中间的胞间层。

（2）细胞质：细胞壁以内为原生质体，包括质膜、细胞质和细胞核。细胞质是细胞核以外的原生质，其外表有质膜，和细胞壁紧密相接。由于分辨能力有限，在光学显微镜下不能看到细胞质里面有结构的细胞器，只能看到无色透明而带粘稠性的胶状物质。

（3）液泡：在已成熟的表皮细胞中，可以看到细胞中体积最大的是液泡，它把细胞质和细胞核等挤到外围与细胞壁紧贴在一起。液泡中的细胞液为溶解各种物质的水溶液，在光学显微镜下看不出什么结构。

（4）细胞核：近似圆球形、沉没在细胞质里，因折光率较大，在显微镜下容易观察到。在成熟的细胞中，它总是位于细胞的边缘。但有时也会发现有的细胞核位于细胞的中央，这是为什么？在细胞核中还可以看到一、两个或更多个颜色较深的圆球形颗粒，为核仁。

在观察的视野里，有的表皮细胞中看不到细胞核。这可能有两种原因，一是因为在撕表皮的过程中把这些细胞撕破，有些结构已从细胞中流出；二是由于细胞为立体结构，在你调焦的视野里，细胞核可能隐藏在某个角落而看不到。

在显微镜下对洋葱鳞片叶表皮结构观察清楚后，选一两个有代表性的细胞，绘图表示其结构，绘图方法见本书第一章第三节生物绘图方法的介绍。

在观察上述内容时，应该明确以下几点：①任何细胞的外形都是立体的。②细胞的形态、构造是不断变化的。③细胞既有分离，又是互相联系的，形成了植物的整体性。

**（二）质　体**

质体是绿色真核细胞所特有的细胞器，在显微镜下一般都能观察到，可根据颜色和功能的不同分为叶绿体、有色体和白色体三种。

（1）叶绿体：是植物进行光合作用的绿色质体，主要存在于叶肉细胞内，但在其他绿色组织细胞（如幼茎的外皮层细胞和表皮的保卫细胞）中也存在。下面以绿叶为材料临时装片观察叶绿体：取洁净的载玻片，加清水一滴于中央。然后用镊子夹取一小片空心菜叶（或甘薯叶）置于载玻片的水滴中，用镊子把叶片夹碎，去除残渣，留下汁液，盖上盖玻片，放在低倍镜下观察，可以看到许多长圆形的叶肉细胞，每个叶肉细胞中的绿色颗粒就是叶绿体。可以转高倍镜把叶肉细胞进一步放大，这时叶绿体更清晰可见。

（2）有色体：是含有类胡萝卜素的质体、形态多种多样、主要存在于红色和黄色的果实和花瓣以及衰老的叶片中。下面以红辣椒果实为材料临时装片观察有色体：用刀片把辣椒果实切成薄膜状，然后放在滴有蒸馏水的载玻片上，盖上盖玻片，先在低倍镜下观察，可见到果肉细胞中有许多纺锤状、圆球形或弯曲成镰刀形的橘红色小颗粒，这就是有色体。可以转高倍镜进一步放大观察。

（3）白色体：是不含可见色素的无色质体。主要存在于地下贮藏器官，种子的胚以及少数植物叶的表皮细胞中。下面以紫万年青或吊竹梅叶片表皮为材料临时装片观察白色体：用镊子轻轻刺入紫万年青或吊竹梅叶片的下表皮，捏紧镊子夹住表皮层，并朝一个方向撕下，立即平铺在预先滴有水液的载玻片上，盖上盖玻片，置低倍镜下观察，可见到细胞核的周围有些圆球形，无色透明的小颗粒则为白色体，转换高倍镜观察，看得更清楚。

**五、作　业**

绘洋葱鳞叶表皮细胞一个，示细胞的基本结构。

**六、思考题**

为什么在成熟的表皮细胞中，有的细胞核位于细胞的中央？

## 第二节　植物细胞的生命现象

**一、预习和复习**

（1）预习本实验的各个环节和内容。

（2）复习胞质运动的概念、无丝分裂和有丝分裂的特点、原生质的新陈代谢过程和细胞的后含物、胞间连丝的概念。

**二、实验材料**

轮藻属植物的“叶”；紫鸭跖草和吊竹梅等鸭跖草科植物的花器；红辣椒果实；柿 *Diospyros kaki* L. f. 胚乳制片；新鲜韭菜 *Allium tuberosum* Rottler ex Sprengel 全株；洋葱 *Allium cepa* L. 根尖纵切片；洋葱幼根；马铃薯 *Solanum tuberosum* L. 块茎；花生 *Arachis hypogaea* L. 种子；蓖麻 *Ricinus communis* L. 种子；洋葱干枯鳞片叶；紫鸭跖草或吊竹梅叶；夹竹桃 *Nerium indicum* Mill. 叶横切片。

**三、用　品**

用具同本实验第一节。药品为：稀度碘化钾水溶液、醋酸-纯酒精（1:3）固定液、95%酒精、70%酒精、1mol/L 盐酸、醋酸洋红染色液、苏丹Ⅲ染色液、0.03%龙胆紫。

**四、内容与方法**

**（一）原生质运动**

原生质运动是细胞生命现象的一种表现。在一般情况下，细胞中的原生质处于溶胶状态，当细胞内和细胞间不断进行物质代谢、交换和能量传递的时候，原生质就在不断地运动着。运动的快慢主要由环境条件的不同来决定的。当环境中的水、温、光、气等因子适宜时，细胞的新陈代谢旺盛，原生质的运动就快，也比较明显，容易观察。当外界条件不大适宜时，细胞的新陈代谢减弱，原生质的运动就慢，甚至停止。当外界条件极端不利的情况下，原生质有可能被破坏，失去生命活性，就不会表现出生命现象，下面以轮藻叶或紫万年青和吊竹梅的花丝毛为材料观察原生质流动：

1. 观察轮藻属植物的“叶”

轮藻是一种构造比较复杂的多细胞绿藻，生活在水沟、池塘、稻田和湖泊等处。植物体有简单的分化，有一直立的主枝，上有“节”和“节间”之分，“节”上有一轮分枝，分枝的“节”上又轮生短枝，称为“叶”。以单列细胞分枝的假根固着于水底泥中。

观察时可自植株上取一片幼嫩的“叶”，然后将它放在滴有水滴的载玻片上，盖上盖玻片，放在低倍镜下观察，可以看到细胞内的叶绿体、淀粉粒或其他颗粒均随着细胞质在细胞中有规则地流动。我们知道，叶绿体、淀粉粒或其他颗粒本身是不会运动的，我们所看到的叶绿体、淀粉粒或其他颗粒的运动，只是它们被动地被原生质的运动所推动而已（图 2-2）。

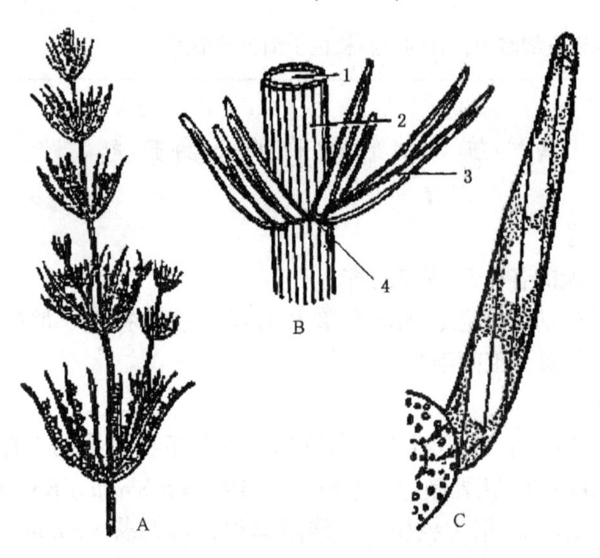


图 2-2 轮藻属植物体外形和假叶细胞中原生质的流动

A. 外形 B. 短枝一部分放大 C. 一片假叶

1. 节间细胞 2. 皮层细胞 3. 假叶 4. 节细胞

### 2. 观察紫万年青或吊竹梅的花丝毛

用镊子夹取鸭跖草科植物紫万年青或吊竹梅的花丝毛置于滴有水滴的载玻片上，盖上盖玻片，然后放在低倍镜下观察。可以看到花丝毛由一列椭圆形的细胞所组成，细胞中有许多无色小颗粒（细胞质的内含物）沿着细胞壁或液泡的边缘单方向与多方向移动。这些小颗粒的移动是由于原生质的运动而被携带前进的。转高倍镜把细胞进一步放大，这时原生质的运动更加明显（图 2-3）。（由于紫万年青和吊竹梅通常都在上午开花，午后即凋谢，故本材料适宜在上午观察）。

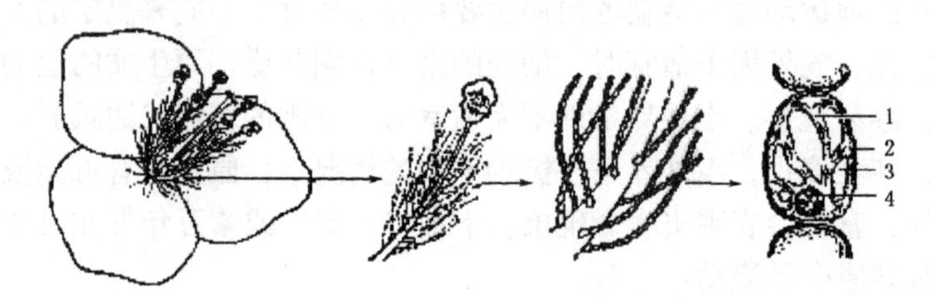


图 2-3 鸭跖草科植物花丝毛细胞中原生质流动

1、2. 原生质 3. 液泡 4. 细胞核

### （二）胞间连丝

原生质不仅能在细胞内运动，而且也可以在细胞之间进行流动。细胞间的流动主要借助于相邻细胞间的丝状结构——胞间连丝进行的。胞间连丝是穿过细胞壁的细胞质细丝，是细胞间物质和信息的传递通道，下面以两种材料来观察胞间连丝：

（1）取柿胚乳横切面标本片，先在低倍镜下观察，然后转高倍镜进一步观察：柿胚乳组织的细胞壁很厚，厚度约占细胞直径的一半，加厚部分主要由半纤维素组成，是一种贮藏物质；中央是原生质体，着色较深，有些细胞的原生质体在制片时脱落，只剩下细胞壁和中央的空腔；在厚厚的细胞壁上的细丝即为胞间连丝（图2-4）。

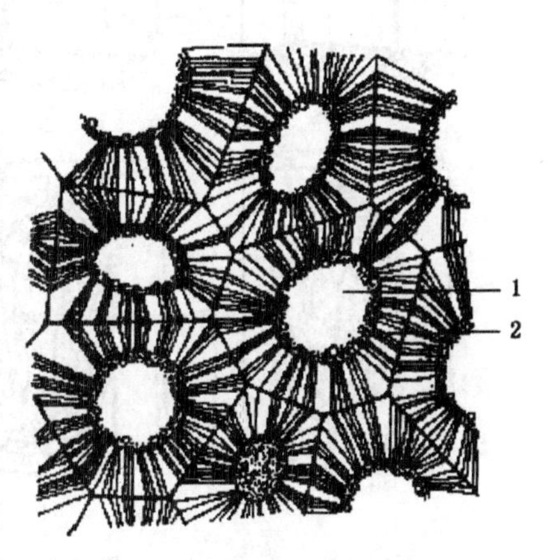

图2-4　柿胚乳细胞的胞间连丝
1. 细胞腔　2. 胞间连丝

（2）取红辣椒果实，用刀片切下一小块（含果皮），果皮朝下放在桌面上，把近果皮的果肉用刀片轻轻割去，只剩下薄薄的透明的一层果皮，然后置于预先滴有一滴水的载玻片上，加少量龙胆紫染色，盖上盖玻片，放在低倍镜下观察，可以看到细胞中央的原生质体被染成蓝色，没有染上色的部分是相邻细胞的细胞壁和胞间层。还可以看到穿过细胞壁和胞间层的细丝——胞间连丝。转换高倍镜观察，胞间连丝更加明显。观察后和柿胚乳细胞的胞间连丝作一下比较。

### （三）细胞分裂

细胞分裂是细胞生命现象的重要表现，通过分裂，细胞数目不断增加；通过分裂，植物体才能生长、发育；通过分裂，植物体才能进行世代交替，才能演化发展。植物的细胞分裂有无丝分裂、有丝分裂、减数分裂和细胞的自由形成等不同方式。本实验只涉及植物分生组织细胞的有丝分裂和无丝分裂，其余两种分裂方式将在花器官的实验中出现。

1. 植物分生组织细胞的有丝分裂（间接分裂）

这是植物中最普遍、最常见的分裂方式，是植物生长发育的基础，在胚体、根、茎等分生组织部位，都能见到这种分裂。有丝分裂包含两个过程，第一个过程是核分裂；第二个过程是细胞质分裂。一个细胞经过一次有丝分裂，产生染色体数目和母细胞染色体数目相同的两个子细胞，下面以洋葱根尖为材料观察细胞的有丝分裂：

（1）观察洋葱纵切面标本片：取洋葱根尖纵切面标本片，首先用肉眼或扩大镜观察标本片中的根尖纵切面，认清根冠、分生区、伸长区和成熟区（根毛区）四部分，然后放在低倍镜下观察，并将分生区移至视野的中央，可见到许多具圆形细胞核的短径细胞为分裂间期，从中再寻找正在分裂的各个时期，并转高倍镜观察，同时注意如下特征（图2-5）：

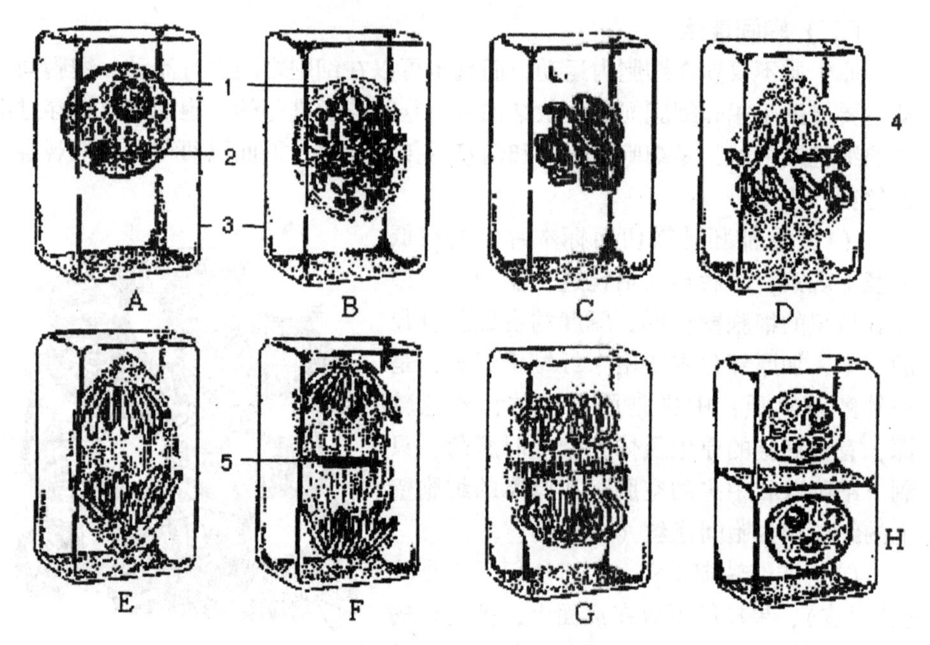


图 2-5 细胞有丝分裂示意图

A. 静止核 B. 早前期 C. 晚前期 D. 中期 E. 后期 F. 早末期 G. 晚末期 H. 子细胞
1. 核膜 2. 核仁 3. 细胞壁 4. 纺锤丝 5. 细胞板

①前期：核内的染色质凝缩成染色体，核仁核膜逐渐消失，纺锤丝开始出现（标本片上不易观察到纺锤丝，下同）。

②中期：染色体以着丝点排列在赤道板上，纺锤丝和染色体的着丝点连成纺锤体。

③后期：每条染色体的两条染色单体在着丝点处分开，在纺锤丝的牵引下，分别向两极移动。

④末期：染色单体分别到达两极，并松驰成染色质，慢慢失去形态，纺锤体消失，核膜核仁重新出现。

⑤胞质分裂：在早末期或晚后期，细胞中央出现成膜体。并进一步形成细胞板，把母细胞的细胞质分隔开来，完成胞质分裂，形成两个子细胞。

（2）根尖细胞压片法：用刀片截取一小段（5mm 为宜）已培养好的洋葱鳞茎长出的幼根根尖，放入醋酸—纯酒精（1：3）固定液中固定 15～30min，然后用 95% 酒精洗净醋酸，移入 70% 酒精中，再用水冲洗后转入 1mol/L 盐酸中，在 60℃下水解 10min，水洗 1～2 次即可压片观察。（上述步骤可以由教师预先做好，学生只要了解一下过程即可。下面步骤则由学生完成。）

压片时，取已处理好的根尖放在载玻片上，用解剖刀或刀片，把根尖自伸长区以上部分切去，只剩下 1～2mm 长的一段，滴一滴醋酸洋红溶液染色，约 10min 后，根尖染为暗红色即可，染色后加上盖玻片，在平坦桌面上，用大拇指压盖玻片，使根尖细胞分散开，即可在显微镜下观察。

由于上述方法没有经过切片，因此每个细胞都是完整的，便于观察染色体，观察时要特别注意细胞分裂的中期，洋葱体细胞具有 16 条染色体，用压片法制片，可将中期的染色体压散，看出各条染色体的形态，试观察各条染色体的形状和着丝点的部位。

2. 无丝分裂（直接分裂）

这种分裂方式在低等植物中较常见，高等植物主要出现在快速生长的部位，如水稻、小麦等禾本科植物茎的居间分生组织；葱和韭菜叶子基部的居间分生组织；甘薯块根和马铃薯块茎等膨大较快的部位；旺盛生长的茎尖和根尖的顶端分生组织。无丝分裂时，不出现纺锤丝，首先是核仁分裂为二，接着细胞核伸长，中部溢陷，最后在溢陷处断裂成二核，在二核间产生新壁，形成两个子细胞，下面以两种材料观察无丝分裂：

（1）取正在生长的韭菜叶鞘表皮细胞一小块，放在滴有番红染色液的载玻片上，盖上盖玻片，放在低倍镜下观察，可以看到正在分裂的细胞，细胞核有的变成长形，有的成为哑铃形，有的核已一分为二，这就是无丝分裂的过程，从中可以看出：无丝分裂的过程比有丝分裂快，所花时间短，消耗能量少。

（2）显微镜下观察洋葱根尖纵切面标本片中细胞的无丝分裂，注意核的变化特点。

**（四）后含物**

新陈代谢是细胞生命的基本特征之一。植物细胞在新陈代谢过程中，不仅为生长和分化供应营养物质和能量，同时也产生贮藏物质、代谢中间产物和废物等，这些物质称为后含物。后含物在结构上属于非原生质的物质。下面所要观察的是一些常见的后含物：

1. 贮藏组织中的淀粉

淀粉是细胞中最普遍的贮藏物质，常呈颗粒状，又称淀粉粒。禾本科作物籽实的胚乳细胞，薯类作物的薯块等贮藏器官的贮藏薄壁细胞中，都有很多的淀粉粒，现在就以马铃薯块茎为材料制片观察淀粉粒：

从切开的马铃薯截面上，用镊子夹取少量淀粉浆液，涂于预先滴有稀度碘液的载玻片上，盖上盖玻片（或用徒手切片法把马铃薯切成薄片，制成临时封片），放在低倍镜下观察，可见许多被染成蓝色的淀粉粒。转高倍镜把淀粉粒进一步放大，可以看到脐点和偏心轮纹，所观察到的淀粉粒主要是单粒，而复粒和半复粒很少（图2-6）。

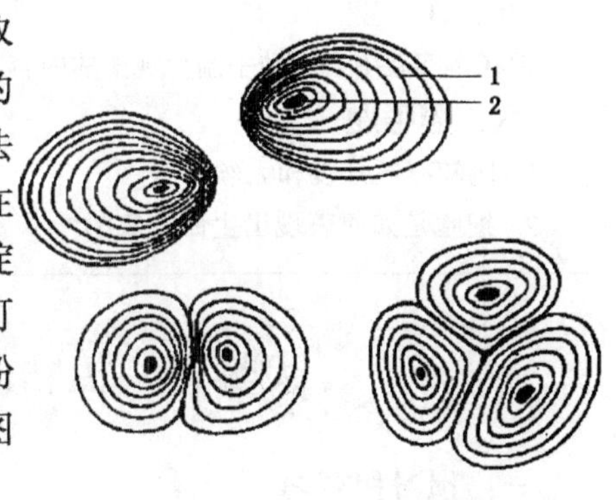


图2-6　马铃薯的单粒淀粉和复粒淀粉

1. 轮纹　2. 脐

2. 贮藏组织中的糊粉粒（贮藏蛋白）

贮藏蛋白质以多种形式存在于贮藏组织的细胞质中，如禾谷类作物，蛋白质以糊粉粒的形式分布在糊粉层细胞内，颗粒较小；而有些植物的糊粉粒较大，如蓖麻的糊粉粒，是一团无定形的蛋白质（胶层）包藏着1至几个球晶体和拟晶体组成的颗粒。现在就以蓖麻为材料观察糊粉粒：

取一粒蓖麻种子，剥去外面坚硬的外种皮，并用刀片轻轻割去膜质的内种皮，露出的便是胚乳，用刀片切下一薄片胚乳细胞，置于预先滴有一滴稀度碘液的载玻片上，放在低倍镜下观察，可以看到胚乳细胞中被染成黄色的糊粉粒，然后转高倍镜，可以观察到糊粉粒中的球晶体和拟晶体。

3. 贮藏组织中的脂肪

在油料植物的种子中，含有大量贮藏脂肪。脂肪往往以微小的小滴液分布在胞基质中，在显微镜下不易观察到。因此，必须把细胞破坏，使脂肪小滴变成大滴，而且用专门的染色液—苏丹Ⅲ，把脂肪滴染成红色，这样才能看清脂肪的形状。

取浸软的花生种子，用刀片切下一薄片子叶细胞，放在预先滴有一滴苏丹Ⅲ染色液的载玻片上，盖上盖玻片，置低倍镜下观察，可以看到被染成红色的圆形油滴。

4. 结晶体

草酸钙是细胞代谢的废物，它不溶于水，并且不参加植物的代谢作用，而作为废物堆积在细胞中，形成各种形状的结晶。下面以三种材料观察结晶体：

(1) 用镊子撕取一小片紫鸭跖草或吊竹梅叶子的表皮，放在预先滴有水滴的载玻片上，盖上盖玻片，置低倍镜下观察，可以发现有的细胞中分布有针状或平行束状的结晶体。

(2) 显微镜下观察夹竹桃叶横切标本片，可以看到有的细胞中具有透亮的花朵似的晶簇。

(3) 用镊子夹取一小块（0.5cm×0.5cm 左右）洋葱干枯鳞片叶，放在预先滴有水滴的载玻片上，盖上盖玻片，置低倍镜下观察，可以看到表皮细胞中分布的三棱柱状的结晶体。

## 五、作　业

把在本实验中自己动手制片观察的内容和结果作记录，可用简图表示，也可用文字叙述。

## 六、思考题

1. 比较有丝分裂和无丝分裂。
2. 细胞是如何表现出生命现象的？

# 实验二　植物组织的形态和结构

## 一、预习和复习

(1) 预习本实验的各个环节和内容。

(2) 复习组织的概念。

(3) 复习各类组织的形态、结构和功能。

## 二、实验材料

(1) 保护组织材料：甘薯 *Ipomoea batatas* (L.) Lam. 或空心菜 *Ipomoea aquatica* Forsk. 叶片；水稻 *Oriza sativa* L. 或其他禾本科 GRAMINEAE 植物叶片；

胡颓子 *Elaeagnus Pungens* Thunb. 表皮毛标本片或烟草 *Nicotiana tabacum* L. 腺毛新鲜材料；马褂木 *Liriodendron chinense*（Hemsl.）Sarg. 或银合欢 *Leucarna glauca*（L.）Benth. 等其他木本植物的枝条；南洋楹 *Albizzia falcataria*（L.）Fosberg. 等木本植物的厚树皮；接骨木属 *Sambucus* L. 植物或桑 *Molus alba* L. 或樟 *Cinnamomum camphora*（L.）Presl. 茎等示皮孔构造横切标本片。

（2）输导组织材料：南瓜 *Cucurbita moschata*（Duch.）Poir. 茎横切标本片；南瓜茎纵切标本片（或木质部纵切示导管和韧皮部纵切示筛管标本片）；松属 *Pinus* L. 植物茎三切面标本片（或松属植物茎管胞纤维标本片）。

（3）机械组织材料：茎横切示厚角组织标本片；茎横切示厚壁组织标本片；黄麻 *Corchorus capsularis* L. 茎横切标本片；梨属 *Pyrus* L. 植物果肉切片。

（4）分泌结构材料：柑橘属 *Citrus* L. 植物叶横切标本片（或柑橘属植物果皮纵切标本片）；松属 *Pinus* L. 植物茎（或叶）横切标本片；茎纵切示乳汁管标本片；烟草 *Nicotiana tabacum* L. 叶。

## 三、用　品

同实验一。

## 四、内容与方法

### （一）保护组织

保护组织处于植物体的外表，由一层或数层细胞构成，有防止水分过度蒸腾，抵抗病虫侵害和防止机械损伤的作用。

*1. 初生保护组织——表皮*

植物体幼嫩器官外表的一层细胞，包含表皮细胞、气孔器的保卫细胞和副卫细胞、表皮毛或腺毛等几种不同的细胞类型。下面观察两种材料：

（1）双子叶植物初生保护组织：取甘薯叶或空心菜叶一小片，用镊子轻轻刺入叶片的下表皮，捏紧镊子夹住表皮层，并朝一个方向撕下一小块，平铺在预先滴有一滴1%番红染液的载玻片上，盖上盖玻片，放在低倍镜下观察，然后转高倍镜放大观察，可以看到表皮细胞形状不规则，排列紧密，细胞中无叶绿体。在表皮细胞间分布着由两个肾状形的保卫细胞组成的气孔，保卫细胞含有叶绿体，靠气孔处的细胞壁较厚（图2-7）。当保卫细胞吸水膨胀时，即向壁薄的方向弯曲，气孔就开放；缺水时，保卫细胞萎软，气孔就闭合。

（2）禾本科植物初生保护组织：取新鲜水稻叶（或其他禾本科植物叶），放在载玻片上，一手拿住或压住叶片的一端，另一手用刀片轻轻地刮，把一面的表皮和内部的组织刮掉，只剩下一面的表皮，看去透明无色。然后用刀片截取刮好的一段放到另一张预先滴有一滴2%番红染液的载玻片上，加盖玻片。先置低倍镜下观察，然后转高倍镜观察，可以看到表皮细胞包括一种长细胞和两种短细胞，两种短细胞一大一小相间排列，大的为栓质细胞，小的为硅质细胞。表皮细胞的侧壁呈钝锯齿状，相嵌排列得很紧密，细胞中无叶绿体。气孔器除了由两个长哑铃形的保卫细胞组成之外，在保卫细胞的外侧还有一对近似三角形的副卫细胞。保卫细胞两端膨大，壁薄，中部胞壁特别增厚（图2-8）。当保卫细胞吸水膨胀时，薄壁的两端膨大，互相撑开，气孔就开张，缺水时，两端萎软，气孔就闭合。

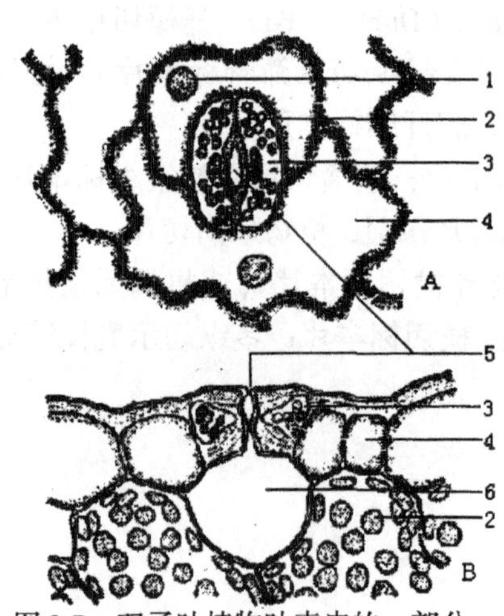


图 2-7　双子叶植物叶表皮的一部分，示表皮细胞和气孔器

A. 表皮顶面观　B. 叶横切面的一部分

1. 细胞核　2. 叶绿体　3. 保卫细胞　4. 表皮细胞　5. 气孔　6. 孔下室

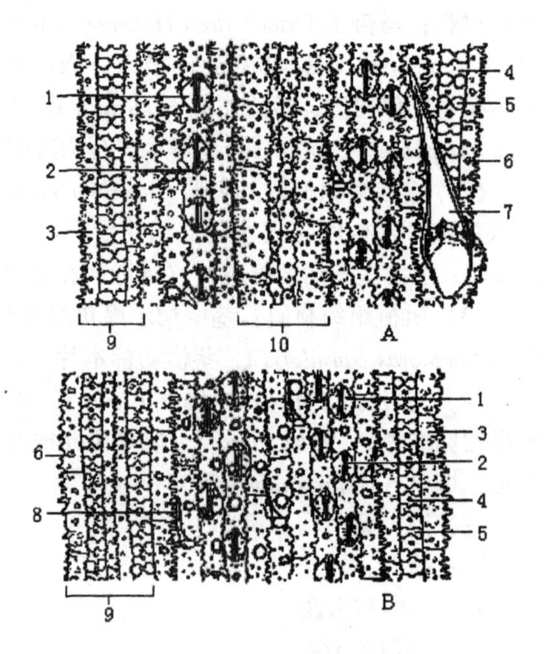


图 2-8　水稻叶的表皮

A. 上表皮　B. 下表皮

1. 副卫细胞　2. 保卫细胞　3. 长细胞　4. 栓细胞　5. 硅细胞　6. 乳突　7. 刺毛　8. 表皮毛　9. 叶脉上部　10. 泡状细胞

2. 次生保护组织

有些植物的根和茎，能不断长粗，当表皮被挤破后，即由木栓组织所代替。木栓组织是由木栓形成层产生的，不透水、不透气，所以木栓以外的生活细胞因缺乏物质供应而死亡脱落。木栓形成层向内产生栓内层，这是一层生活的薄壁细胞，茎的栓内层常具叶绿体。木栓层、木栓形成层和栓内层总称周皮。较老的树干上，周皮和韧皮部，即维管形成层以外的部分，常被称为树皮。木栓组织出现后，原来气孔所在的部位，就由皮孔所代替。皮孔是由一群球形、排列疏松的补充细胞所组成。次生保护组织在根和茎次生构造实验中为重点内容之一，具多次观察机会，下面只观察几个内容：

（1）显微镜下观察接骨木属植物或桑或樟茎等示皮孔构造横切标本片。外围部分为周皮。其中细胞扁平的 1～2 层细胞为木栓形成层。在木栓形成层的外方，细胞壁较厚的 1 至数层细胞为木栓层。有些标本因木栓形成层刚发生不久，其外方尚有表皮和部分皮层存在。在木栓形成层内方的一至数层细胞为栓内层。向外突出的裂口为皮孔，是植物体内部组织与外界进行气体交换的通道（图 2-9）。

（2）观察马褂木、银合欢（或其他木本植物）枝条上灰白至锈褐色粒状小突起为皮孔的外形。

（3）观察南洋楹或其他木本植物的厚树皮。树皮是从维管形成层所在位置剥下来的，主要包括周皮和韧皮部。外面颜色较深的部分主要是周皮，内侧颜色较浅的部分主要为韧皮部（大部分为次生韧皮部），有些植物在周皮和韧皮部之间可能尚有残留的皮层。

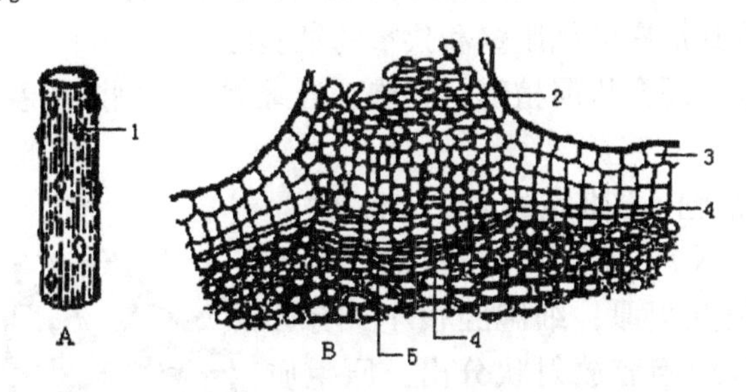


图 2-9　接骨木属植物皮孔的结构

A. 茎外表具皮孔　B. 皮孔的结构

1. 皮孔　2. 补充细胞　3. 表皮　4. 木栓形成层　5. 栓内层

### （二）机械组织

机械组织是巩固、支持植物体的组织，其特点是细胞壁局部或全部加厚，根据机械组织细胞的形态和细胞壁的加厚方式，分为厚角组织和厚壁组织两类。

#### 1. 厚角组织

由活细胞构成，常含叶绿体，细胞壁常在角隅加厚，主要成分仍然是纤维素，故有一定坚韧性，并具有可塑性和伸延性，所以普遍存在于幼茎或经常摇摆的部位（如叶柄和花梗等）。厚角组织既可以支持器官的直立，又适应于器官的生长。现以南瓜茎为材料观察如下：

取南瓜茎横切片（或茎横切示厚角组织标本片）置低倍镜下观察，可见到紧靠表皮的外皮层细胞在角隅处有纤维素增厚壁，这就是厚角组织（图 2-11）。转高倍镜观察，加厚特征更加明显。由于制片过程中，叶绿体大多丢失，所以细胞中很少看到叶绿体。

#### 2. 厚壁组织

由死细胞构成，细胞中的原生质体已消失，细胞壁均匀地加厚且木质化，细胞腔很小，机械支持力量很强，无可塑性和伸延性，通常存在于韧皮部和木质部以及皮层部位。厚壁组织可分为纤维和石细胞两种。

（1）纤维：是引长的细胞，两端尖削呈长纺锤形，并以尖端穿插连接，形成器官内坚强的支柱。纤维分为韧皮纤维和木纤维两种。韧皮纤维主要存在于韧皮部和皮层，壁的木质化程度较低，富含纤维素，故坚韧而有弹性。木纤维存在于木质部，壁的木质化程度高，无弹性，脆而易断。木纤维可分为纤维管胞和韧型纤维两种类型。纤维管胞是管胞和纤维之间的过渡类型，细胞腔较大、长度较短，通常单纹孔和具缘纹孔并存，但具缘纹孔小而少，而管胞则以具缘纹孔为主；韧型纤维的形态很接近韧皮纤维，故称之，韧型纤维的细胞壁较厚，长度较纤维管胞长，壁上的纹孔只有单纹孔，现观察如下：

①用镊子夹取离析好的黄麻（或其他植物）韧皮纤维材料少许，置预先滴有水液的载玻片上，盖上盖玻片，放在低倍镜下观察，可以看到韧皮纤维两端尖锐，细胞壁很厚，细胞腔很窄，原生质体已消失，还可看到壁上的纹孔（单纹

孔）。

②显微镜下观察黄麻茎横切片（或其他植物茎横切片），找出韧皮部的韧皮纤维，可以看到加厚的细胞壁和狭窄的细胞腔。

③显微镜下观察松属植物茎管胞、纤维制片，判断所看到的是管胞、纤维管胞或韧型纤维。

（2）石细胞：石细胞的形状多种多样，有等径的，有长形的，有分枝状的，也有星状的。细胞壁很厚，细胞腔很小，有分枝的纹孔道从细胞腔放射状分出，原生质体已消失，是仅具坚硬细胞壁的死细胞，具有坚强的支持作用。石细胞的分布很广，茎、叶、果实和种子中都可见到。梨果实中的沙粒物就是石细胞群聚而成，现观察如下：

①用镊子取梨属植物果肉中的小颗粒放在滴有一滴浓盐酸的载玻片上，用镊子头将其压碎，加少许间苯三酚染液染色，盖上盖玻片，置低倍镜下观察被染成红色的石细胞，可见次生壁高度加厚，细胞腔很小，壁上有分枝或不分枝的纹孔沟。

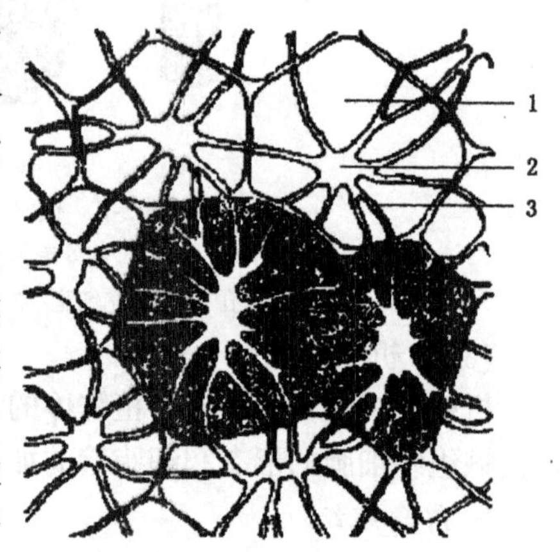

图 2-10 梨的石细胞切面，表示厚壁上的分枝纹孔

1. 细胞壁 2. 细胞腔 3. 分枝纹孔

②取梨属植物果肉切片（永久标本片）置显微镜下观察，可见石细胞的加厚壁被染成浅红色，细胞腔很小，由于染料的渗入而呈深红色，分枝的纹孔道也由于染料的渗入呈现深红色（图 2-10）。

**（三）输导组织**

输导组织是植物体内专门负责运输水溶液及同化产物的组织，它贯穿于植物体的各器官中。输导组织根据运输物质的不同，分为两大类。一类存在于木质部，专门负责水分和无机盐运输的组织，包括导管和管胞；另一类存在于韧皮部，专门负责运输同化产物的组织，包括筛管和伴胞及筛胞（被子植物无筛胞，这里从略）。

1. 导管、筛管和伴胞

这是被子植物特有的输导组织。导管由许多长管状的、细胞壁木化的死细胞（导管分子）纵向连接而成。导管壁的木化增厚有环纹、螺纹、梯纹、网纹和孔纹五种方式。环纹和螺纹导管发育较早，口径较小，见于原生木质部。梯纹、网纹和孔纹导管发育较迟，口径较大，见于后生木质部和次生木质部。筛管由一些管状活细胞（筛管分子）连接而成。筛管的端壁特化为筛板，其上存在着一至多个筛域，筛域中分布有成群的筛孔。筛管的细胞质特化成丝状联络索，通过筛孔上下相连，形成运输同化产物的通道。成熟筛管的细胞核已解体。每一个筛管旁边有一至数个细长、两端尖削、细胞核较大、细胞质较浓的薄壁细胞称为伴胞。伴胞与筛管由同一个母细胞分裂而来，两者紧密连接。并有胞间连丝相互贯通。

下面以南瓜茎为材料观察和了解输导组织的分布和形态结构：

（1）取南瓜茎横切片，先用扩大镜观察：南瓜茎的横切面呈梅花状，中间是星状的髓腔，表皮与髓腔之间的组织中一般有10个维管束，5个较大的和5个较小的，这些维管束中主要是输导组织（图2-11）。

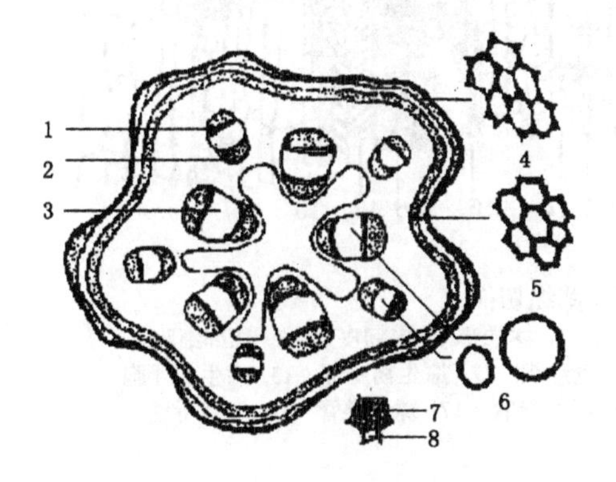


图2-11　南瓜茎的横切面示输导组织、机械组织存在的部位

1. 外韧皮部　2. 内韧皮部　3. 木质部　4. 厚角组织　5. 厚壁组织　6. 导管　7. 筛管和伴胞

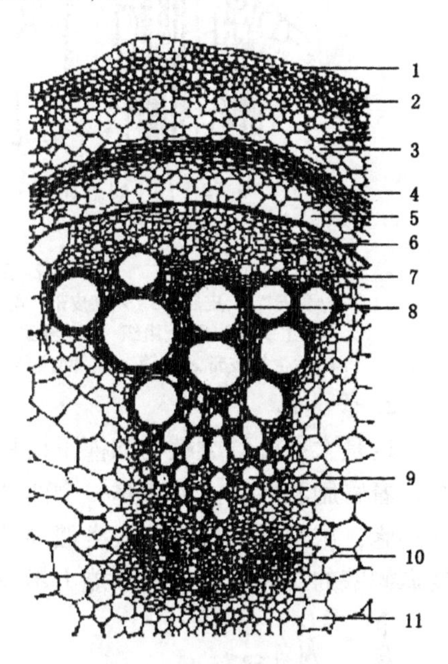


图2-12　南瓜茎的部分横切面，表示双韧维管束

1. 表皮　2. 厚角组织　3. 薄壁组织　4. 纤维带　5. 薄壁组织　6. 外韧皮部　7. 维管形成层　8. 后生木质部　9. 原生木质部　10. 内韧皮部　11. 薄壁组织

置南瓜茎横切片于低倍镜下观察，在维管束的木质部中可见到几个大的孔。其细胞壁被染成红色，这是导管。周围有木质化的薄壁细胞，木质部外面（远离髓腔）被染成蓝绿色壁较薄的组织是韧皮部（外韧皮部）。而在木质部的内侧也有壁较薄的被染成蓝绿色的组织为内韧皮部。这样的维管束称为双韧维管束。外韧皮部与木质部之间有几层扁平的薄壁细胞为形成层（图2-12）。

筛管为多边形的薄壁细胞，其旁侧的小细胞为伴胞，有的筛管正好被切在筛板处故可见到筛板和筛孔，韧皮部还有韧皮薄壁细胞，其细胞口径比筛管小。

（2）取南瓜茎纵切片，在低倍镜下观察，可以看到成熟的木质部导管口径最大，导管分子的端壁有穿孔相通，侧壁的加厚是梯纹或网纹状。较早发育的导管（即原生木质部的导管）口径较小，次生加厚的壁呈环状或螺旋状（图2-13，图2-14）。导管周围还有一些木质化的薄壁细胞。

成熟的韧皮部筛管分子的口径也比较大，上下相连的筛管分子之间的端壁（即筛板）上有筛孔。筛管分子中的黏液体，常因材料处理不当而集在筛板处，在筛管分子中间则收缩，这是人为的现象，并不代表其生活状态。筛管分子旁侧有一个或数个径较小两端尖削的薄壁细胞即为伴胞（图2-13，图2-15）。

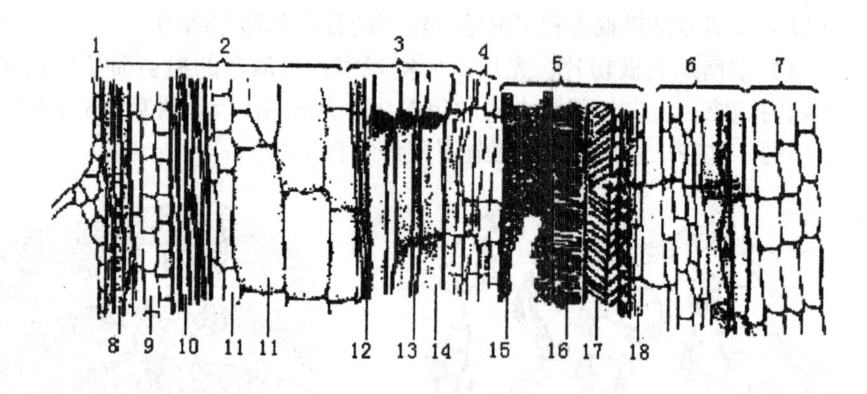


图 2-13 南瓜茎纵切面

1. 表皮 2. 皮层 3. 外韧皮部 4. 形成层 5. 木质部 6. 内韧皮部 7. 髓部细胞 8. 厚角组织 9. 薄壁组织 10. 纤维 11. 薄壁组织 12. 原生韧皮部 13. 后生的伴胞 14. 后生韧皮部之筛管 15. 网纹导管 16. 梯纹导管 17. 螺纹导管 18. 环纹导管

2. 管 胞

这是大部分蕨类植物和裸子植物的惟一输水机构。多数被子植物木质部同时存在着管胞和导管。管胞是一个两端斜尖、径较小、壁较厚、端壁不形成穿孔的死细胞，次生壁的加厚方式类似导管。管胞以偏斜的两端互相穿插连接，输水主要靠侧壁的纹孔进行，输导能力不及导管。现以裸子植物松茎为例观察如下：

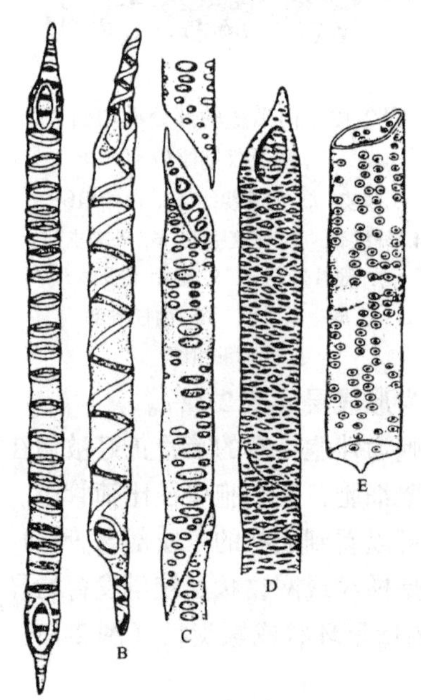


图 2-14 导管类型

A. 环纹导管 B. 螺纹导管 C. 梯纹导管 D. 网纹导管 E. 孔纹导管

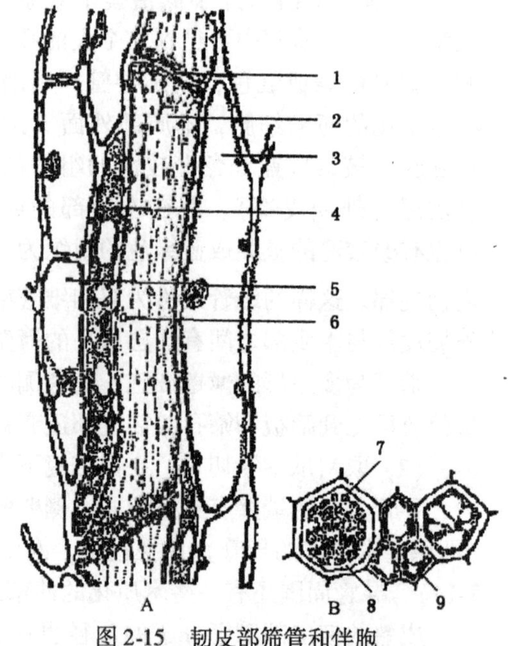


图 2-15 韧皮部筛管和伴胞

A. 纵切面 B. 横切面 1. 筛板 2. 筛管 3. 韧皮薄壁细胞 4. 伴胞 5. 韧皮薄壁细胞 6. 筛管质体 7. 筛孔 8. 筛板 9. 伴胞

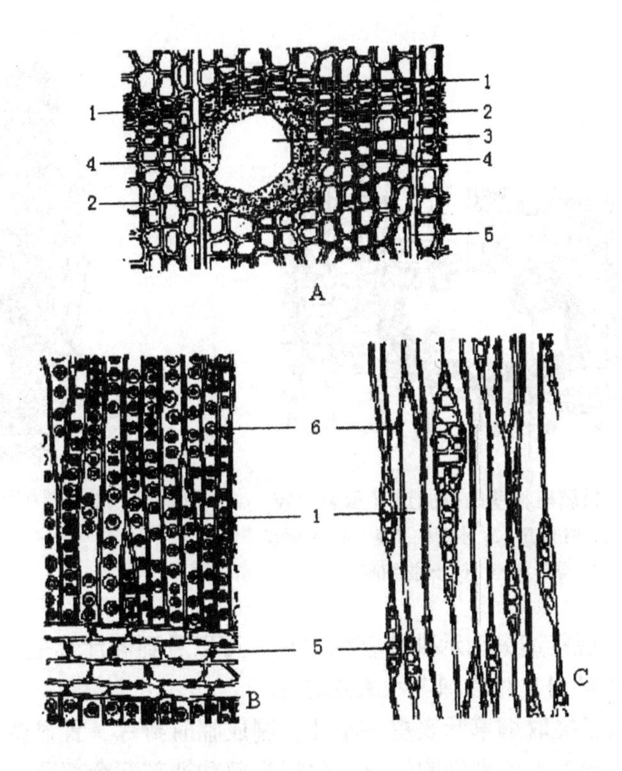


图 2-16　松属茎三切面

A. 横切面　B. 径向切面　C. 切向切面

1. 管胞　2. 木薄壁细胞　3. 树脂道　4. 分泌细胞　5. 木射线　6. 具缘纹孔

（1）显微镜下观察松茎贯心纵切片（径向切面），可看到许多两端斜尖呈长梭形的死细胞即为管胞，其侧壁上有木质化的次生壁加厚纹理，并分布呈同心圈的具缘纹孔（图 2-16B）。

（2）显微镜下观察松茎管胞、纤维制片，再次判断所观察到的是管胞、纤维管胞或韧型纤维。它们的具体特征在机械组织部分已述及。

**（四）分泌组织**

分泌组织是与产生、贮藏、输导分泌产物（如挥发油、树脂、乳汁、蜜汁等）有关的细胞组合，也称为分泌结构。把分泌产物排到体外去的分泌组织称外分泌组织，如腺毛、腺鳞、蜜腺和排水器等，把分泌产物积贮于植物体内的分泌组织称内分泌组织，如分泌腔、分泌道和乳汁管等。

1. 按显微镜先低倍后高倍的要求取标本片观察下面一些主要的分泌组织

（1）观察松属植物茎（或叶）横切标本片的松脂道。松脂道由一层具有分泌作用的上皮细胞围成，所分泌的松脂就存于松脂道中，松脂道也是一种内分泌组织（图 2-16A，图 2-17）。

（2）观察柑橘属植物叶横切标本片（或柑橘属植物果皮纵切标本片）的分泌腔。分泌腔是由分泌细胞溶解以后形成的腔囊，是一种内分泌组织（图 2-18）。

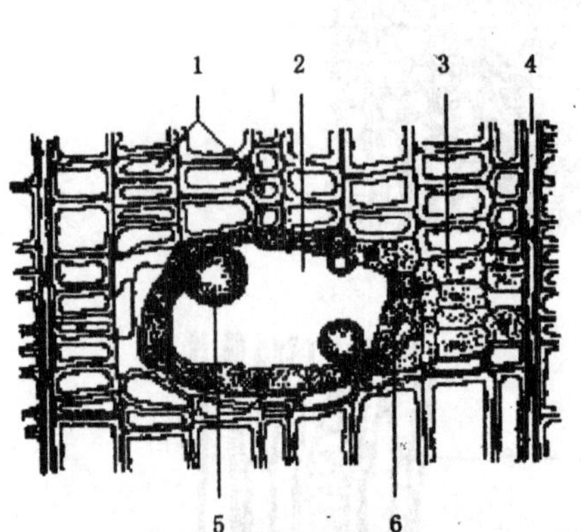


图 2-17 松属植物茎的树脂道（示裂生腔）

1. 管胞 2. 树脂道 3. 木薄壁细胞 4. 木射线
5. 球形树脂 6. 分泌细胞

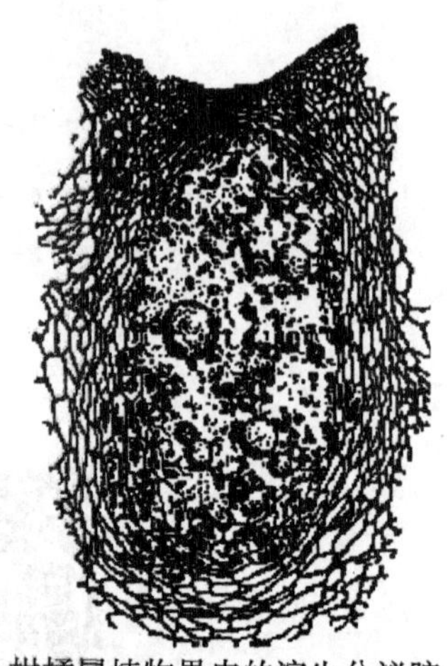

图 2-18 柑橘属植物果皮的溶生分泌腔

（3）观察茎纵切示乳汁管标本片，可以看到乳汁管是一个连通的管道系统。

2. 临时制片观察烟草叶表皮腺毛

用镊子夹取烟草叶表皮一小片，制成临时封片，置显微镜下先低倍后高倍观察，可见腺毛由单列细胞组成，包括头部和柄部两个部分，头部由 1 至数个分泌细胞组成，腺毛也是一种初生保护组织。

## 五、作　业

把你在本实验中所观察到的内容作一记录，可用简图表示，也可用文字叙述。

## 六、思考题

1. 比较表皮、周皮和树皮。
2. 比较导管和筛管。
3. 比较厚角组织和厚壁组织。

# 第三章

# 植物的营养器官

被子植物营养器官的发育始于种子的萌发。种子萌发时，胚根向下伸长，扎根土壤，吸收水分和营养物质；胚轴和胚芽向上生长，伸出土面，形成地上的茎叶系统。茎起支持作用，绿叶利用阳光进行光合作用制造有机养分，供植物生长发育所需。由于各器官的密切合作，使幼苗渐渐长大，形成高大的植物体，进而开花、结果、产生新一代的种子。从种子萌发形成幼苗至长成高大植物体的过程，也就是三大营养器官（根、茎、叶）的生长过程，这个过程称为营养生长期。在这个时期，植物体一般可以区分为根、茎、叶等部分。这些部分共同担负着植物体的营养生长活动，因而把它们称为营养器官。

本章实验的目的在于通过对植物营养器官的形态和结构的观察，明确被子植物在营养生长过程中，营养器官的形态和结构如何日趋成熟和完善以及营养器官的形态、结构与生理功能有何相关性。

**本章内容和教学方式安排表**

| | 教学内容 | 主要教学方式 | 辅助教学方式 |
|---|---|---|---|
| 实验三<br>实验四<br>实验五<br>实验六 | 根的形态和结构<br>茎的形态和结构<br>叶的形态和结构<br>营养器官的变态 | 永久切片训练显微观察和辨识器官结构的能力，临时制片训练动手能力，实物观察增加感知能力。 | 配合多媒体显微镜和多媒体系统对实物标本进行演示，并对学生制作的标本进行展评。 |

## 实验三　根的形态和结构

### 第一节　根系、根尖外形和分区、根的初生结构

**一、预习和复习**

（1）了解本实验的各个环节和内容。

（2）复习根尖纵切面构造特点。

（3）复习不同类型根的初生构造。

**二、实验材料**

直根系和须根系标本；洋葱 *Allium cepa* L. 或水稻 *Oriza sativa* L. 或玉米 *Zea mays* L. 根尖纵切标本片；水稻或玉米幼苗；棉属 *Gossypium* L. 植物、花生 *Arachis hypogaea* L. 、柑橘属 *Citrus* L. 植物、蚕豆 *Vicia faba* L. 等双子叶植物幼根横切标本片；小麦 *Triticum aestivum* L. 、水稻、玉米、甘蔗 *Saccharum sinensis*

Roxb. 、韭菜 *Allium tuberosum* Rottler ex Sprengel 等单子叶植物根横切标本片。

## 三、用 品

显微镜、扩大镜。

## 四、内容与方法

### （一）根系的类型

（1）直根系：观察双子叶植物的直根系。它有一条自胚根发育而来明显的主根，主根上有侧根，为一级侧根，一级侧根上有二级侧根……（图 3-1）。

（2）须根系：观察禾谷类植物的须根系。禾谷类植物种子萌发后胚根形成的主根长出后不久即停止生长，而由胚轴和茎下部的节上生出许多不定根。主根和不定根一起组成了须根系，它的每条根的长短和粗细都相差不大，无明显的主根（图 3-2）。

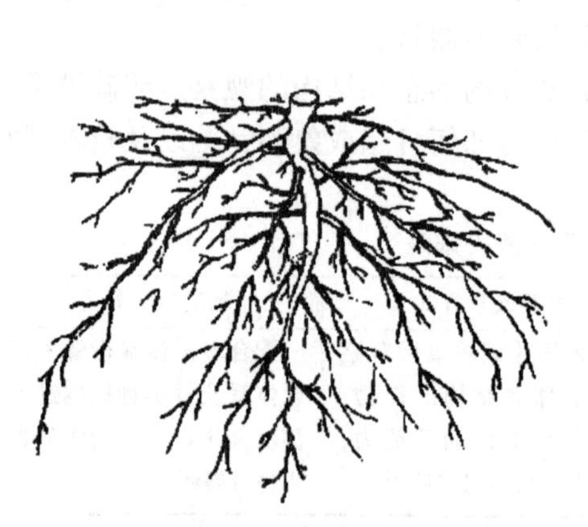

图 3-1 直根系

图 3-2 须根系

### （二）根尖的外形和分区

取水稻或玉米等植物长有根毛的新鲜根尖材料，用扩大镜观察根尖外形，最先端的部分为根冠，略带黄色；生有根毛的部分为根毛区，外观上为白色棉毛状；在根冠和根毛区之间为伸长区和分生区，伸长区较光滑透明，分生区位于根冠和伸长区之间，长度较短，又有根冠包围着它，不易辨认。

取洋葱或水稻或玉米根尖纵切标本片置低倍镜下观察如下结构：

（1）根冠：处于根最先端，由薄壁细胞组成，帽状，主要功能是保护根尖的生长点。

（2）分生区：在根冠之内，仅 1 ~ 2mm，大部分被根冠包围着，是产生新细胞的主要地方故又称为生长点。分生区是典型的顶端分生组织，包含有原分生组织和初生分生组织，其细胞形状为多面体，排列紧密，胞间隙不明显，细胞壁薄，细胞核大，细胞质浓密，液泡很小，故其外观不透明。

（3）伸长区：位于分生区上面细胞逐渐伸长的部分是伸长区。此区细胞已停止分裂，细胞伸长迅速，液泡明显，细胞质成一薄层位于细胞的边缘，故其外观透明而光滑，可与生长点相区别。

（4）根毛区：位于伸长区上方。此区表面密被根毛，是根吸收水分的主要部分，其内细胞已分化为各种成熟组织，故亦称为成熟区。

### （三）根的初生结构

1. 双子叶植物根的初生结构

分别取棉属植物或花生、柑橘、蚕豆等双子叶植物幼根横切面标本片，先用低倍镜观察，然后转换高倍镜观察下列各部分（图3-3）：

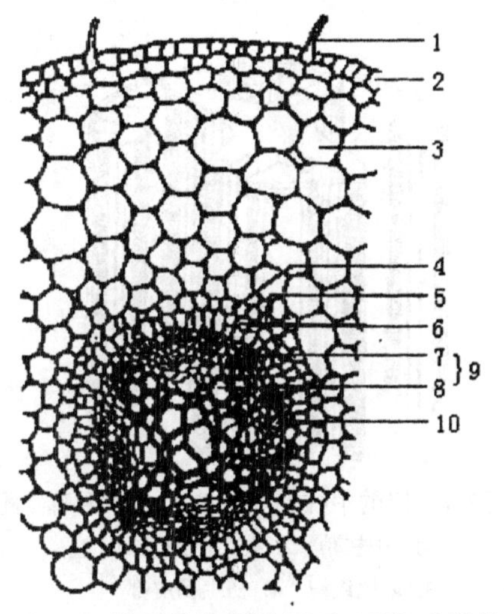


图3-3　棉属植物根横切面，示初生结构
1. 根毛　2. 表皮　3. 皮层薄壁组织
4. 凯氏点　5. 内皮层　6. 中柱鞘
7. 原生木质部　8. 后生木质部
9. 初生木质部　10. 初生韧皮部

（1）表皮：是成熟区最外面的一层细胞，由原表皮发育而成，这层细胞排列紧密而整齐，无胞间隙。有些细胞外壁向外突出形成根毛。

（2）皮层：处于表皮和中柱之间，由多层薄壁细胞组成，所占比例较大。皮层分为外皮层、皮层薄壁细胞和内皮层三部分：

①外皮层：是皮层最外的一层细胞，细胞较小，排列紧密，常栓质化，当表皮破坏后，可代替表皮起保护作用。

②皮层薄壁细胞：位于外皮层之内，由多层薄壁细胞组成，细胞体积较大，细胞壁薄，排列疏松，细胞间隙明显并且互相贯通使根内通气，皮层薄壁细胞内常贮藏有后含物。

③内皮层：是皮层最内的一层细胞，内皮层的细胞壁在径壁和横壁上有一条木化栓质的带状增厚，称为凯氏带，由于观察的材料是很薄的切片，横壁常被切去，则只见径向壁上增厚的部分呈点状，又称为凯氏点，有时候因凯氏带加厚不多，凯氏点就不易看到。内皮层细胞的原生质体牢固地附着在凯氏带上，使根吸收的水及其溶质必须通过内皮层细胞的原生质体才能进入中柱的输导组织，因而凯氏带起着加强控制根内物质转移的作用。

（3）中柱：是内皮层以内的中央部分，由中柱鞘、初生木质部、初生韧皮部和薄壁细胞几部分组成（图3-4，图3-5）：

①中柱鞘：紧靠内皮层，为一层排列紧密的细胞，但在对着原生木质部处的中柱鞘常有2～3层细胞。中柱鞘细胞具有潜在的分生能力。侧根、维管形成层的一部分及木栓形成层皆由此发生。

②初生木质部：位于根横断面之中央成辐射状排列。主要由导管和管胞组成，在制片中被染成红色。靠近中柱鞘的初生木质部细胞分化较早，直径较小，为原生木质部；靠近轴心的初生木质部细胞分化较晚，直径较大，为后生木质

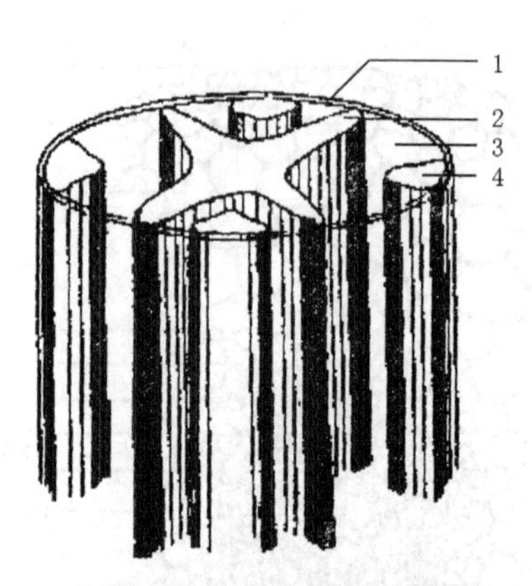

图 3-4 根的中柱初生结构的立体图解
1. 中柱鞘 2. 初生木质部
3. 薄壁组织 4. 初生韧皮部

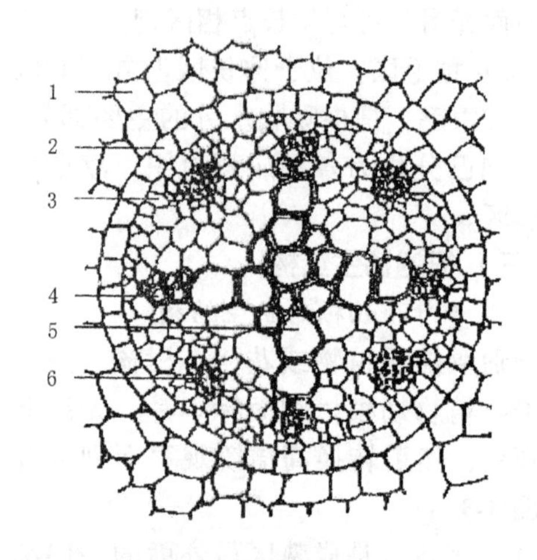

图 3-5 根横切面的一部分（示初生结构中的中柱）
1. 皮层 2. 内皮层 3. 中柱鞘
4. 原生木质部 5. 后生木质部 6. 初生韧皮部

部。初生木质部是幼根内主要输送水分及无机盐的组织。

③初生韧皮部：与初生木质部相间排列。主要由筛管和伴胞组成。韧皮部的分化顺序也是自外向内，因此也有原生韧皮部与后生韧皮部之分，不过在横切面上不易分辨。初生韧皮部是幼根中输导同化产物的组织。

④薄壁细胞：是位于初生木质部和初生韧皮部之间的几层细胞，排列紧密，在中柱的中央部分也由薄壁细胞组成，一般双子叶植物的这部分细胞常分化为后生木质部，若不分化为后生木质部，此部分薄壁细胞就称之为髓。

2. 单子叶植物根的结构

单子叶植物根的基本结构，与双子叶植物一样，也可分为表皮、皮层、中柱三个基本部分。但在结构上也有其特点，尤其是在它的一生中都没有维管形成层和木栓形成层的产生，因而没有次生生长和次生结构。下面以韭菜和禾本科植物水稻、小麦、玉米、甘蔗等植物的根为例，观察单子叶植物根的结构特点：

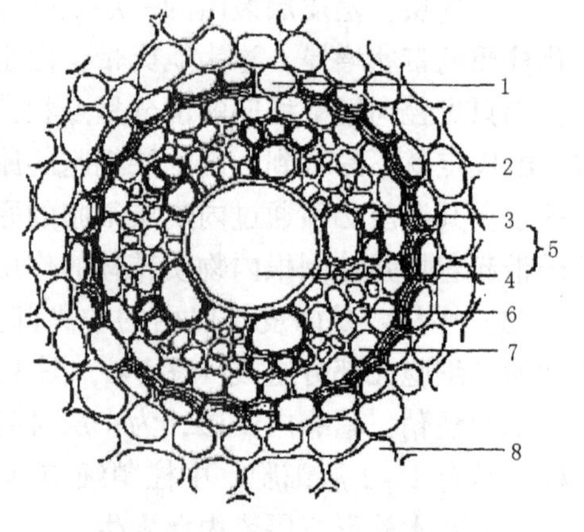

图 3-6 根横切面部分结构图
1. 通道细胞 2. 内五面加厚的内皮层细胞
3. 原生木质部 4. 后生木质部 5. 初生木质部
6. 初生韧皮部 7. 中柱鞘 8. 皮层薄壁组织

（1）韭菜根的结构：取韭菜根横切面片，先用低倍镜观察，然后转换高倍镜观察表皮、皮层和中柱的结构，并与花生、柑橘等双子叶植物根作比较。主要不同的地方是它的内皮层细胞为内五面壁加厚，只有外切向壁是薄的，在横切面上它的增厚部分为马蹄铁形或“U”

形，所以也称为马蹄铁形加厚或“U”形加厚，在对着原生木质部处的内皮层细胞常有1～2个薄壁细胞，为通道细胞，是皮层与中柱之间物质转移的通道。皮层的水分和溶质只能由通道细胞进入初生木质部，缩短了输导的距离（图3-6）。

（2）禾本科植物根的结构：

①分别取水稻幼根和老根横切面标本片，先用低倍镜观察，然后转换高倍镜观察，并注意以下各部分的结构特点：

a. 老根的表皮往往解体而脱落。

b. 根在发育后期、外皮层往往转变为厚壁的机械组织，起着支持和保护作用。

c. 幼根中的皮层薄壁细胞呈明显的同心辐射状排列，细胞间隙较大，这是适应淹水条件下的一种有利的结构。

d. 老根皮层有明显的气腔，由细胞解体而成。根的气腔与茎叶相通，形成良好的通气组织。叶片进行光合作用所释放的氧，可从气腔进入根部、供给根部呼吸的需要，所以，水稻能够适应生长于湿生的环境。

e. 皮层在发育后期，其细胞壁常呈内五面增厚。只有外切向壁是薄的，在横切面上，增厚的部分呈马蹄铁形或“U”形。在对着原生木质部处有1～2个薄壁细胞，叫通道细胞，是水分及其溶质进入中柱的通道。有些老根的内皮层见不到通道细胞，这是由于通道细胞的五面壁也增厚的缘故。

f. 水稻根的初生木质部是多原型的。每束原生木质部由几个小型导管组成，每束的内侧有一个大型的后生木质部导管与其相连，或者在二束原生木质部的内侧部分只共同并列着一个后生木质部导管。

g. 水稻的原生韧皮部通常只有一个筛管和两个伴胞，与原生木质部相间排列；在原生韧皮部的内方有1～2个大型的后生筛管。

h. 水稻老根的中柱内，除韧皮部外，所有的组织都木化增厚，整个中柱既保持输导的功能，又有坚强的支持、巩固作用。

②分别取小麦、玉米和甘蔗根横切片，先置低倍镜下观察，然后转换高倍镜观察，可以看到其结构与水稻类似，其中甘蔗根的皮层也有明显的气腔，但其形状和大小与水稻不一样。小麦和玉米根的皮层没有气腔（图3-7）。

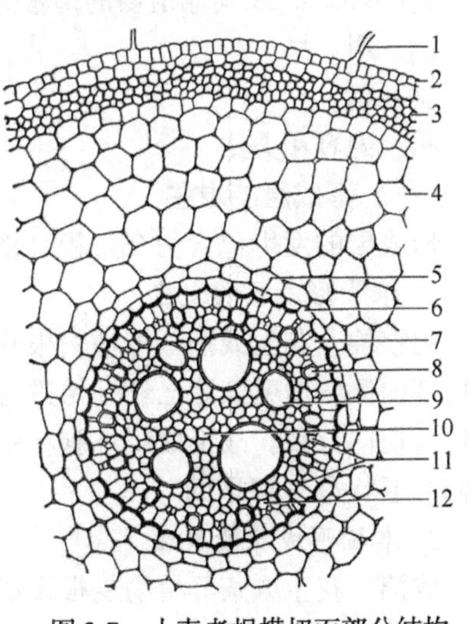

图3-7　小麦老根横切面部分结构

1. 根毛　2. 表皮　3. 厚壁组织　4. 皮层薄壁组织　5. 内皮层　6. 通道细胞　7. 中柱鞘　8. 原生木质部　9. 后生木质部　10. 髓　11. 原生韧皮部　12. 后生韧皮部

**五、作 业**

绘花生（或蚕豆、柑橘、韭菜等植物）幼根横切面简图和部分详图。

**六、思考题**

1. 比较双子叶植物根与单子叶植物根的结构。
2. 根的初生结构是如何产生的?

## 第二节 根的次生结构、侧根、根瘤和菌根

**一、预习和复习**

（1）了解本实验的各个环节和内容。

（2）复习双子叶植物根的次生生长和次生结构。

（3）复习侧根的发生、根瘤和菌根的内容。

**二、实验材料**

棉属 *Gossypium* L. 植物或蚕豆 *Vicia faba* L. 根横切片示维管形成层的发生；花生 *Arachis hypogaea* L.、茶 *Camellia sinensis* O. Ktze.、柑橘属 *Citrus* L. 植物或其他植物根横切片示次生构造；根横切片示侧根的发生；蚕豆等豆科 Leguminosae 植物根瘤新鲜或液浸标本；根瘤横切片；松属 *Pinus* L. 植物、桃 *Prunus persica*（L.）Batsch. 或其他植物的菌根。

**三、用 品**

显微镜。

**四、内容和方法**

**（一）形成层的发生**

形成层的发生包含两个过程（图 3-8）：

1. 维管形成层的发生

观察棉、花生或蚕豆等植物根开始具有形成层的横切片，可以看到位于初生韧皮部内侧的薄壁细胞已经开始进行分裂活动，成为维管形成层的部分，由于主要进行切向分裂，故形成层细胞在横切面上，其径向壁短于切向壁，通常我们说它们的形状是“扁平的”。

2. 木栓形成层的发生

取棉、花生或茶等植物老根横切片置低倍镜下观察，可以看到由于维管形成层的活动，已经产生了大量次生维管组织，并引起了皮层和表皮的破裂。这时，中柱鞘细胞开始进行分裂活动，成为木栓形成层，并产生了 3～4 层细胞，切面上为排列紧密的扁平细胞。由于主要进行切向分裂，所以在横切面上，其径向壁短于切向壁，呈扁平状。其中靠外面的 2～3 层细胞已开始木栓化，成为木栓层，靠里面的一层细胞为木栓形成层，有些标本在木栓形成层内侧已有 1～2 层栓内层产生，但有的标本尚未看到栓内层的产生，因此，内侧紧靠木栓形成层的为韧皮部。转换高倍镜进一步观察木栓形成层的细胞形态。

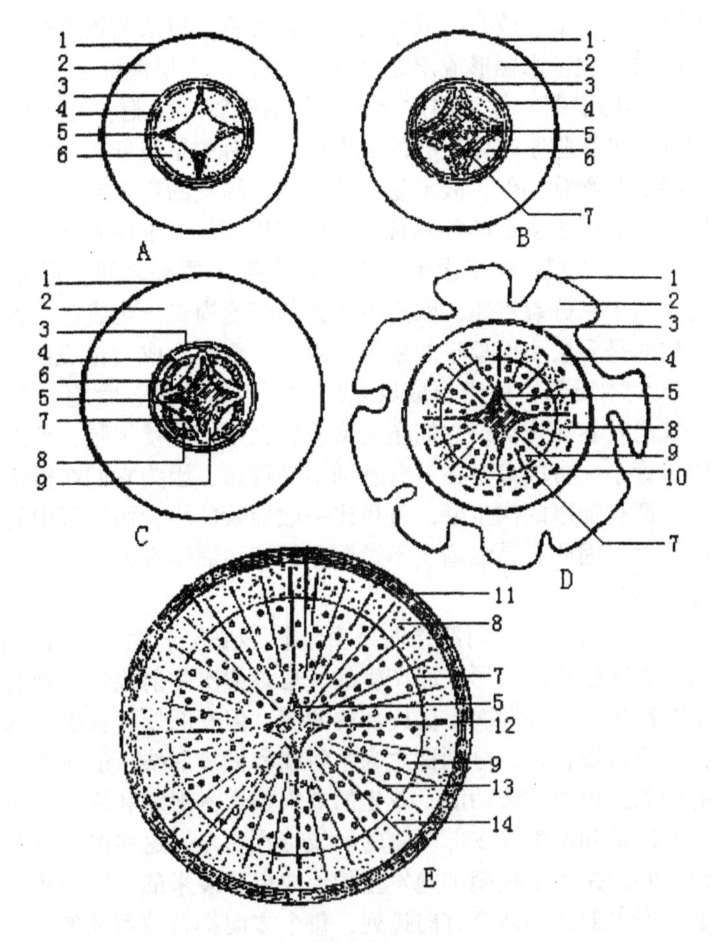


图 3-8　根的次生生长过程

A. 根的初生构造　B. 形成层片段出现　C. 形成层呈波浪状环形
D—E. 形成层呈圆环状　D. 并示皮层的破毁　E. 并示根的次生结构简图
1. 表皮　2. 皮层　3. 内皮层　4. 中柱鞘　5. 初生木质部　6. 初生韧皮部
7. 形成层　8. 次生韧皮部　9. 次生木质部　10. 被压挤的初生韧皮部
11. 周皮　12. 射线　13. 木射线　14. 韧皮射线

## （二）双子叶植物老根的结构

### 1. 花生老根的结构

取花生老根横切片置低倍镜下观察（细胞较小的部位可转换高倍镜放大观察），可见表皮和皮层已经脱落，次生结构已成为根的主要结构。自外向内包括下列各部分（图 3-8E）：

（1）周皮：是老根外面的几层组织，它包括三部分：

①木栓层：处在最外面的几层细胞。横切面上呈扁平的长方形，径向壁短于切向壁；排列紧密；细胞壁栓化，被染成黄褐色；无原生质体。木栓层为次生保护组织。

②木栓形成层：木栓形成层只有一层细胞，位于木栓层之内侧，由于它主要进行切向分裂，因此它常比木栓层细胞更扁一些，同时具有原生质体；细胞壁不

栓化，因紧靠木栓层，故有时候也被染成黄褐色，但颜色较木栓层浅。

③栓内层：位于木栓形成层之内侧，约有2～3层薄壁细胞，属于基本组织。

（2）次生韧皮部：位于周皮之内，包括筛管、伴胞、韧皮纤维及韧皮薄壁细胞，韧皮纤维细胞壁较厚，有的成束出现，有的星散分布，韧皮薄壁细胞在横切面上的特征与筛管相似，故不易辨认，靠近周皮的初生韧皮部，已被挤毁，失去完整性。在次生韧皮部的外侧常可看到被挤毁的初生韧皮部细胞的残迹。

（3）维管形成层：位于次生韧皮部和次生木质部之间。形成层实际上只为一层细胞，由于它分裂迅速，刚产生不久的细胞尚未分化成熟，因此，在横切面上常常看到的是多层小而扁平的细胞，由这些细胞组成“形成层区”。

（4）次生木质部：位于形成层之内侧，包括导管、管胞、木纤维及木薄壁细胞，导管比较容易辨认。它们是大型或较大型的厚壁细胞，被染成红色。纤维的直径比导管小，常成束存在，管胞则不易辨认，因为它们在横切面上的特征与导管相似，都有加厚的次生壁，直径比一般导管的小，而导管中的环纹、螺纹导管也并不很大，因此容易混淆，不过管胞的横切面略带方形。在上述组织之间有许多木薄壁细胞。

（5）射线：在根中，射线指的是由维管形成层产生的呈径向排列的薄壁细胞，它是随着次生构造的形成而产生的，也称为次生射线或维管射线，根的射线通常分布在次生木质部和次生韧皮部的两侧。但有时候，在次生木质部和次生韧皮部中，也有射线存在，分别称之为木射线和韧皮射线。射线具有横向运输水分和养料的功能，也有贮藏功能，花生的老根中，木射线和韧皮射线不明显，而分布在次生木质部和次生韧皮部两侧的射线特别明显，这些射线正对着初生木质部的辐射角，它们是由中柱鞘细胞发生的形成层分裂来的，因为花生根初生木质部为四原型，所以射线朝四个方向排列，每个方向都有数列细胞，呈放射状。

在切片中，可以明显看到，被射线所隔开的次生维管组织呈束状，其中次生韧皮部位于外方，次生木质部位于内方，两者之间还有维管形成层，因此，可以把它们所组成的束状结构称为无限外韧维管束。

（6）初生木质部：为四原型，其辐射角对着射线，外方直径较小的细胞为原生木质部，内方直径较大的细胞为后生木质部。后生木质部已经分化到根的中心部分，髓已经不存在。

2. 柑橘老根的结构

取柑橘老根横切片置低倍镜下观察（细胞较小的部位可转换高倍镜放大观察），它的结构与花生老根的结构基本相似，自外至内也可分为周皮，次生韧皮部、维管形成层、次生木质部和初生木质部几个部分，但各部分的结构有其特点，具体表现在如下几方面：

（1）周皮：细胞层数更多。

①木栓层：最外面染成红褐色的几层细胞。

②木栓形成层：木栓层内方的几层扁平细胞。由于它分裂迅速，刚产生不久的细胞尚未分化成熟，因此所看到的常是多层扁平的细胞，由这些细胞组成“木栓形成层区”。

③栓内层：处于木栓形成层内方数层薄壁细胞，细胞中含有贮藏物质。

（2）次生韧皮部：位于周皮之内，其中韧皮纤维成束出现，大部分细胞含有贮藏物质，在次生韧皮部和栓内层之间，可以看到被挤毁的初生韧皮部的残迹。

（3）维管形成层：位于次生韧皮部和次生木质部之间，由数层扁平细胞组成“形成层区”。

（4）次生木质部：所占的比例很大，约为半径的三分之二，细胞全部染成红色。

（5）初生木质部：处于最中心的部分，细胞也被染成红色，仔细观察可以看到多个辐射角，为多原型初生木质部，常见的为六原型。

（6）射线：次生木质部分布有大量木射线。次生韧皮部也有韧皮射线存在，但数量较少。由次生木质部和次生韧皮部所构成的维管束排列很密，束间的射线（即由中柱鞘细胞发生的形成层分裂来的射线）只含1～2列细胞，而束中的每条射线（主要为木射线）也只含1～2列细胞，因此，维管束之间的界限很难分辨出来。

### （三）侧根的发生

侧根发生于中柱鞘，称为内起源。

（1）观察蚕豆（或其他植物）幼苗的根，注意侧根在主根上分布的规律性。

（2）取根横切示侧根发生的标本片，在低倍镜下观察，可以看到侧根发生于中柱鞘正对原生木质部放射角的部位。有些标本片中，侧根原基刚形成；有些标本片上，侧根已突破皮层和表皮伸出主根外面，明显可见其木质部已与主根的木质部相连（图3-9）。

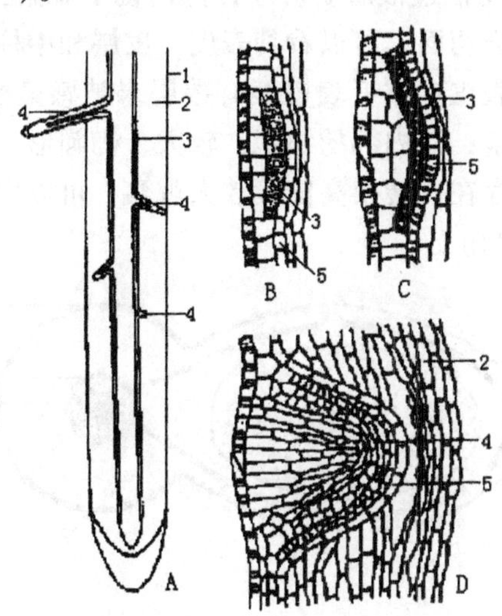


图3-9　侧根的发生

A. 侧根发生的图解　B～D. 侧根发生的各期

1. 表皮　2. 皮层　3. 中柱鞘　4. 侧根　5. 内皮层

### （四）根瘤与菌根

1. *根　瘤*

根瘤是根与根瘤菌的共生体，是由于根的皮层细胞受根瘤菌的刺激进行畸形分裂形成的。在根瘤中，根瘤菌一方面从皮层细胞吸取水分和养料，另一方面它能固定空气中的游离氮，转变成能被植物利用的含氮化合物，成为植物氮素营养的一个来源。

（1）观察大豆或其他豆科植物根瘤的外形。可以看到，根瘤是根上球形的瘤状突起物，表面比较粗糙，且高低不平，大小不一。它们大多分布在主根和一级侧根上（图 3-10）。

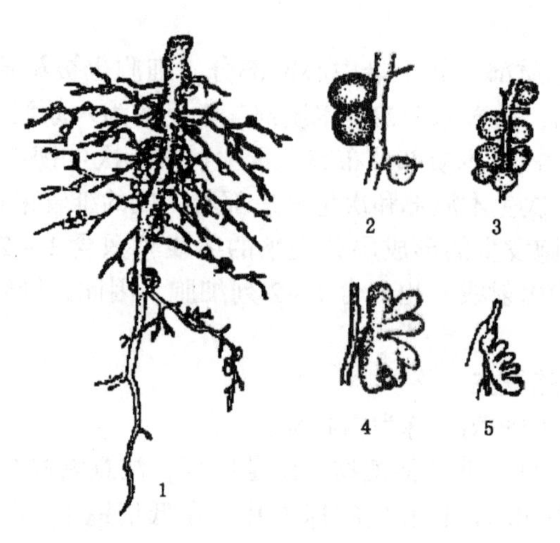


图 3-10 几种豆科植物的根瘤

1. 具有根瘤的大豆根系 2. 大豆根瘤 3. 蚕豆根瘤 4. 豌豆根瘤 5. 紫云英根瘤

（2）取蚕豆或其他植物根过根瘤横切片置低倍镜下观察，可以清楚地看到：在标本片上，一边是根的横切面，可以看到表皮，皮层和中柱等部分；另一边是根瘤的横切面，最外面是表皮；靠近表皮处有数层未被感染的皮层细胞，较小，长扁形，细胞中没有根瘤菌；而内部的细胞，较大、椭圆形，是被根瘤感染的皮层细胞，细胞中有根瘤菌存在，转换高倍镜放大观察，可以发现埋藏于细胞质中的短杆状的根瘤菌（图 3-11）。

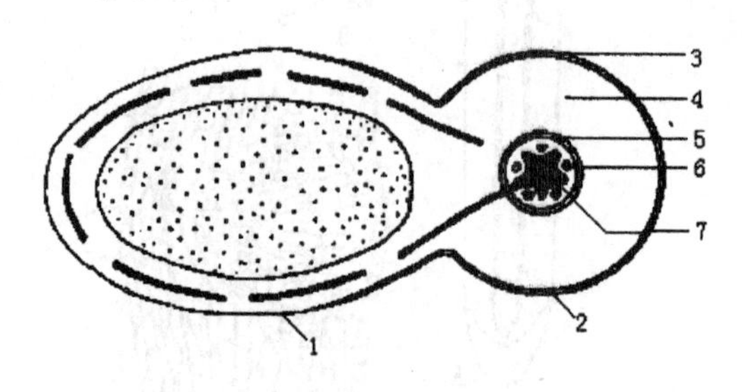


图 3-11 蚕豆根通过根瘤的切面

1. 根瘤 2. 根 3. 表皮 4. 皮层 5. 中柱鞘 6. 初生韧皮部 7. 初生木质部

2. 菌 根

菌根是根与真菌的共生体。在这个共生体中，真菌的菌丝从根细胞内吸收所需的有机营养，反过来，它又供给植物体以水分和无机盐以及一些生长活跃性物质，有些真菌还有固氮作用。菌根可分为外生菌根和内生菌根两类。前者的菌丝大部分生长在幼根的外表，只有少数菌丝侵入根皮层的细胞间隙中；后者的菌丝大部分侵入幼根的活细胞中。

观察松树（或其他植物）的菌根，可以看到许多根毛状的菌丝包在根的外面，松树的菌根属于外生菌根。

**五、作　业**

绘花生老根横切面简图。

**六、思考题**

1. 根的次生结构是如何产生的？
2. 根瘤是如何形成的？

# 实验四　茎的形态和结构

## 第一节　茎尖的结构、双子叶植物茎的初生结构和次生结构

### 一、预习和复习

（1）了解本实验的各个环节和内容。

（2）复习茎尖纵切面的构造特点。

（3）复习双子叶植物茎的初生生长和初生结构。

（4）复习双子植物茎的次生生长和次生结构。

### 二、实验材料

甘薯 *Ipomoea batatas*（L.）Lam. 或柑橘属 *Citrus* L. 植物叶芽（或其他植物茎尖）纵切片；花生 *Arachis hypogaea* L. 幼茎横切片；花生较成熟的茎的横切片；棉属 *Gossypium* L. 植物茎的横切片；椴树 *Tilia tuan* Szyszyl. 或其他木本植物茎的横切片；桃 *Prunus persica*（L.）Batsch. 幼茎和较成熟的茎的横切片；梨属 *Pyrus* L. 植物幼茎和较成熟的茎的横切片。

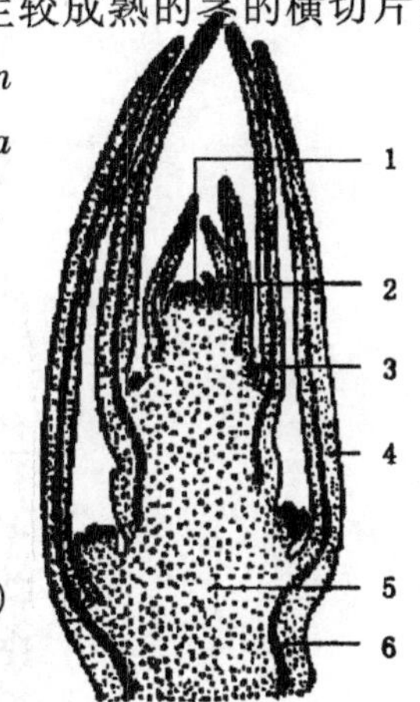

图3-12　叶芽纵切面结构简图

1. 生长锥　2. 叶原基　3. 腋芽原基　4. 幼叶　5. 芽轴　6. 原形成层

### 三、用　品

显微镜。

### 四、内容与方法

#### （一）茎尖的结构

显微镜下观察甘薯或柑橘叶芽（或其他植物茎尖）的纵切面标本片，并注意下列各项（图3-12）：

（1）茎尖分区：茎尖可分为三个部分，即分生区、伸长区和成熟区。

①分生区：由原分生组织和初生分生组织组成，在茎尖可以看到一个圆锥形或半球形的结构，这是生长锥，由原分生组织构成，具原套和原体的分层结构。原套是位于

表面1~2层排列整齐的细胞，它们只进行垂周分裂，扩大表面积而不增加细胞的层数。原体是原套包围着的一团不规则排列的细胞，它们可沿各个方向分裂，增大体积。原分生组织下方即为初生分生组织，它是由原分生组织衍生来的，包括原表皮、基本分生组织和原形成层。原表皮是外围的一层细胞，以后分化为表皮；里面的许多大型细胞为基本分生组织，以后发展为基本组织（皮层、髓和髓射线）；在基本组织之间，有两束细长的细胞，为原形成层，以后能进一步分化成维管束。

②伸长区：位于分生区下方（注意所观察的标本片有否切到伸长区）。伸长区的细胞除体积增大外，并有初步分化，可以看到原生木质部导管的加厚纹理。

③成熟区：位于伸长区之下（所观察的标本片大多没有切到成熟区）。成熟区已有各种组织的分化，具体构造见茎的初生结构和次生结构的内容。

（2）叶原基：是生长锥两侧的突起，以后发展成叶。

（3）幼叶：叶原基长大，初步分化为幼叶，它位于叶原基的下方。

（4）腋芽原基：是幼叶的叶腋生出的突起，以后发展为腋芽，由腋芽发展为侧枝。

## （二）双子叶植物茎的初生结构

1. 花生茎的初生结构（草本植物茎类型）

取花生幼茎横切片置显微镜下观察，它由表皮、皮层、中柱三大部分组成（图3-13）。

（1）表皮：为幼茎最外的一层细胞，由原表皮发育而来。细胞外壁角质化。表皮上有少数气孔分布，气孔保卫细胞较其他表皮细胞小；有些保卫细胞旁侧尚可见到副卫细胞，比保卫细胞略大，稍向外方突出。注意茎的表皮和根的表皮有何区别。

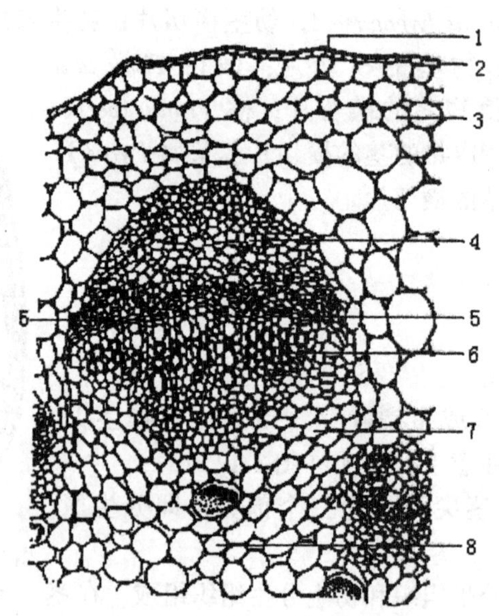


图3-13 花生幼茎横切面初生结构的部分详图

1. 角质膜 2. 表皮 3. 皮层薄壁组织 4. 初生韧皮部 5. 束中形成层 6. 初生木质部 7. 髓射线 8. 髓

（2）皮层：为表皮以内中柱以外的部分，由基本分生组织发育而来，靠近表皮几层较小的细胞是厚角组织，有的细胞中可看到叶绿体，其内方是数层薄壁细胞，属于基本组织。皮层最内一层细胞含有淀粉粒，这层细胞特称为淀粉鞘。注意茎的皮层和根的皮层有何区别。

（3）中柱：内皮层以内的所有部分，包括：

①维管束：由原形成层发育而来，维管束在横切面上互以一定的距离排成一环。每个维管束包括初生韧皮部，初生木质部和束中形成层三部分，初生韧皮部位于外侧，初生木质部位于内侧，束中形成层位于上述两者之间，这种维管束称为无限外韧维管束，很多双子叶植物茎的维管束属这一类型。初生韧皮部细胞较小，有别于皮层。束中形成层细胞扁平且着色浅，有的标本片中的束中形成层已开始进行分裂活动，故所看到的是由数层扁平细胞组成的"形成层区"。初生木质部中最明显易见的是被染成红色的导管，导管常呈辐射状排列，发育方式为内始式，内方较小的为原生木质部，外方较大的为后生木质部，初生木质部除导管外，还有一些小型的薄壁细胞。

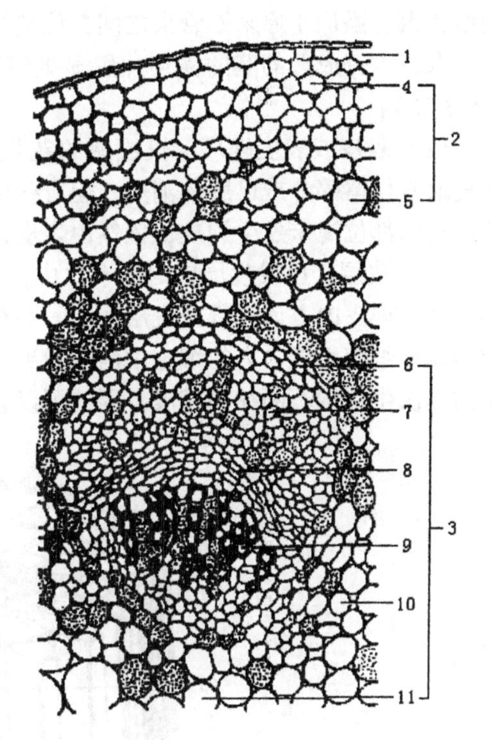


图3-14　梨幼茎（木质茎）横切面初生结构部分详图

1. 表皮（外有角质膜）　2. 皮层　3. 维管柱　4. 厚角组织　5. 薄壁组织　6. 韧皮纤维　7. 初生韧皮部　8. 束中形成层　9. 初生木质部　10. 髓射线　11. 髓

②髓：是茎最中心的基本组织，由多数薄壁细胞组成，占比例很大，髓是由基本分生组织发育来的。

③髓射线：是各维管束之间的基本组织，其内端与髓相连，外端与皮层相连，有的标本片中连接束中形成层的髓射线细胞已恢复分裂性能，变为束间形成层，并已开始进行分裂活动，该处已可以看到2～3层刚分裂不久的小而扁平的细胞。

在观察上述中柱的结构时，要注意它与根中柱的结构有何区别。

2. 梨和桃茎的初生结构（木本植物茎类型）

分别取梨和桃幼茎横切片置显微镜下观察，它们的初生结构也是由表皮，皮层和中柱三大部分组成，但梨和桃茎的维管束排列较紧密，髓射线很狭窄（图3-14）。

观察时要注意上述双子叶植物茎的两种类型（草本型和木本型）的初生结构有何主要区别。

### （三）双子叶植物茎的次生生长和次生结构

1. 花生茎的次生生长和次生结构（多数草本植物茎的类型）

在观察花生茎初生结构的时候，可以看到有的标本片中，束间形成层已经发生，并和已恢复分生能力的束中形成层连成一环，共同构成维管形成层。随后，它们将继续进行分裂活动，进行次生生长而形成次生结构。在进行次生生长的过程中，束中形成层分裂产生的次生韧皮部和次生木质部，增添于维管束内，使维管束的体积增大；而束间形成层所分裂出来的次生韧皮部和次生木质部则组成新的维管束，添加于原来维管束之间，使整个维管束环直径扩大。

取花生较成熟的茎的横切片置显微镜下观察，从外到内可以看到如下结构（图3-15）：

（1）表皮或表皮碎片：较成熟的花生茎的外表往往是由周皮起保护作用，表皮通常仅留碎片或已脱落消失。但有些标本由于次生生长刚发生不久，因而制片所切的部位尚未发生周皮，依然由表皮行使保护作用。

（2）皮层：已发生周皮的标本片中，可以看到周皮外方还残留表皮和皮层的碎片，周皮内方尚有部分皮层存在。尚存表皮的切片标本中，靠近表皮的外皮层为厚角细胞组成，有的细胞中尚可看到叶绿体；厚角细胞内侧为薄壁细胞。由于内方次生结构不断往外扩展，因此可以看到许多皮层细胞已被挤坏。

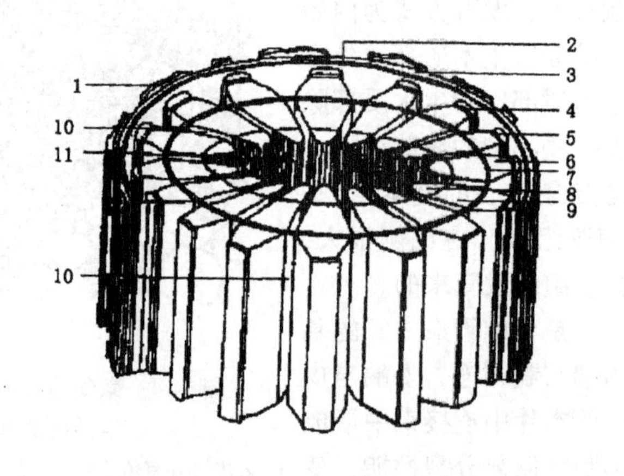


图3-15 双子叶植物茎次生结构的立体图解

1. 皮层和表皮的碎片 2. 木栓形成层 3. 木栓层 4. 韧皮纤维 5. 初生韧皮部 6. 次生韧皮部 7. 形成层 8. 初生木质部 9. 次生木质部 10. 髓射线 11. 髓

（3）初生韧皮部：在皮层内侧可以看到成堆出现的初生韧皮纤维，初生韧皮部的其他成分已被挤坏，不易辨认。

（4）次生韧皮部：根据来源可分为两部分，一部分由束中形成层产生，它们位于初生韧皮部的内侧，细胞较小，可较明显地看到呈辐射状排列的韧皮射线；另一部分由束间形成层产生，它们处于髓射线的位置，细胞较大，但韧皮射线不如前者明显。这两部分次生韧皮部在横切面上连成一环。

（5）维管形成层：为次生韧皮部内方的1～2层（或2层以上）扁平细胞，其内方被染成红色的属于木质部部分。

(6) 次生木质部：根据来源可分为两部分，一部分由束中形成层产生，它们的内方与初生木质部相连，可见到许多口径较大排列较不整齐的导管，也可以明显地看到呈辐射状排列的木射线；另一部分由束间形成层产生，它们的内侧与髓部相接，几乎没有导管分布，但也可以看到木射线。在次生木质部中，因为所有成分基本上都发生木化，连木薄壁细胞也常发生木化并具较厚的次生壁，故在横切面上，除了导管和木射线可以辨认外，其他成分都不大容易分辨。

(7) 初生木质部：请同学根据在花生茎的初生构造中所观察到的内始式的特征自己辨认。

(8) 髓：为茎中心的大型薄壁细胞，属于初生构造的部分，较老的茎的中央可看到有些细胞已破裂形成髓腔。

(9) 髓射线：由于新的维管束产生于原先髓射线的部位，这样就使原先的髓射线仅保留在新维管束的内外及两侧的一小部分。如果与幼茎的髓射线对照来看，就会发现有些髓射线细胞已被挤毁消失。

2. 桃（或梨）茎的次生生长和次生结构（多数木本植物茎的类型）

取梨（或桃）老茎横切片置显微镜下观察，从外向内包括下列各部分（图3-16）：（观察时，要注意同上述花生较成熟的茎和梨（或桃）幼茎的结构作比较，找出相同点和不同点）。

(1) 周皮：桃（或梨）茎的周皮已经产生，最外方为数层被染成红褐色的叠生的木栓层细胞；其内方有一层不甚着色的扁平细胞为木栓形成层；木栓形成层内侧为栓内层。木栓层与栓内层由木栓形成层向外向内分裂产生，所以由某一个木栓形成层细胞所产生的木栓层及栓内层细胞，在径向上常排成一列。理解了这一点，便容易将周皮与其内方的其他细胞区分开。

(2) 厚角组织：为周皮内方的几层细胞。根据这一情况，请同学们想想，桃（或梨）茎的木栓形成层最初是在哪里产生的？

(3) 皮层薄壁细胞：位于厚角组织内方，由几层较大的薄壁细胞组成。

(4) 初生韧皮部：成堆的初生韧皮纤维被染成红色或蓝色；韧皮纤维内方还可以看到一些小型的薄壁细胞，其中也有筛管和伴胞，但不易辨认。

(5) 次生韧皮部：位于初生韧皮部与形成层之间，可较明显地看到呈辐射状排列的韧皮射线。根据这一点，就可以将次生韧皮部与其外方的初生韧皮部细胞区分开。

(6) 维管形成层：为次生韧皮部内方的几层扁平细胞，着色较浅。

(7) 次生木质部：可以看到口径较大的导管和辐射状排列的木射线，其他细胞成分不大容易分辨。

这里要注意的是，桃（或梨）茎的次生木质部和次生韧皮部主要来源于束中形成层。因为从上面梨（或桃）幼茎的初生构造中可以看到，维管束排列很密，几乎成为连续的圆筒，维管形成层的主要部分是束中形成层。因此，在进行次生生长的过程中，主要由束中形成层分裂产生次生木质部和次生韧皮部。

(8) 初生木质部：请同学根据在梨（或桃）幼茎的初生构造中所观察到的内始式的特征自己辨认。

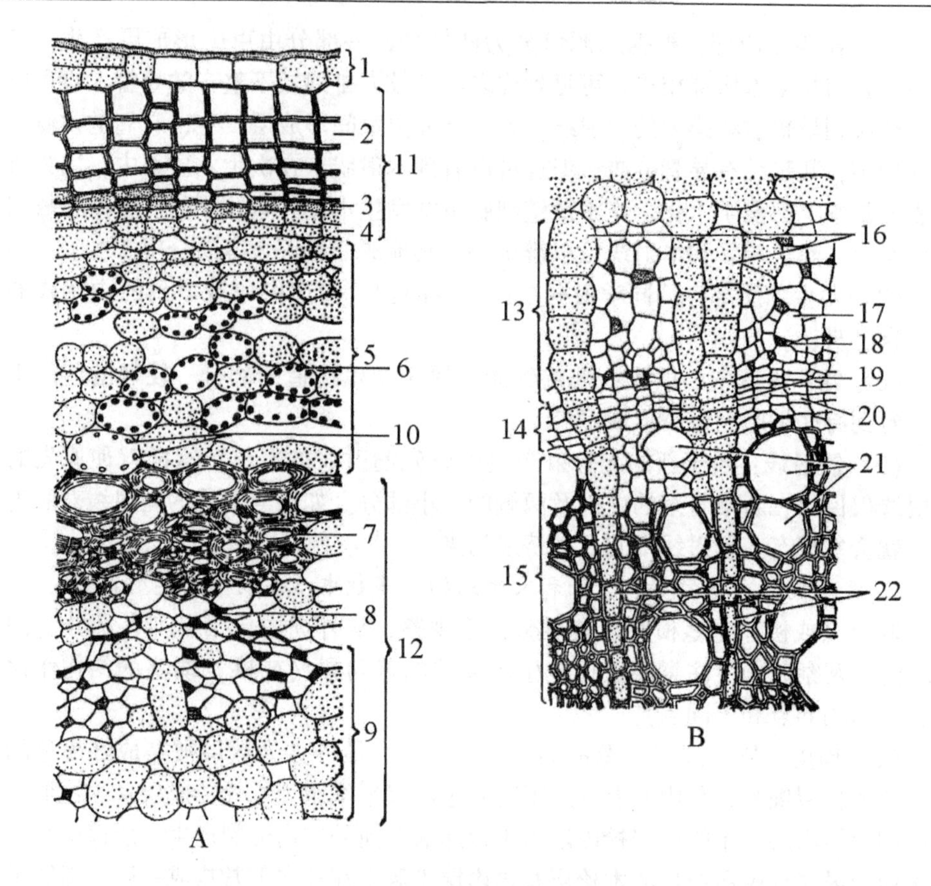


图3-16 桃属茎次生结构

A. 外侧部分 B. 内侧部分

1. 表皮和角质层 2. 木栓层 3. 木栓形成层 4. 栓内层 5. 皮层 6. 叶绿体 7. 原生韧皮部纤维 8. 被挤压的韧皮部 9. 后生韧皮部 10. 淀粉粒 11. 周皮 12. 初生韧皮部 13. 次生韧皮部 14. 形成层 15. 次生木质部 16. 韧皮射线 17. 筛管 18. 伴胞 19. 射线原始细胞 20. 纺锤状原始细胞 21. 导管 22. 木射线

（9）髓：为茎中心的大型薄壁细胞，属于初生构造的部分。

（10）髓射线：处于维管束之间，很狭窄，外端与皮层相连，内端与髓相接，从而使髓与皮层之间物质的运输能够进行，而且也使每一束维管束的范围更加容易分辨。

3. 椴树茎的次生结构

取椴树茎横切片置显微镜下观察，从外向内依次为（图3-17，图3-18）：

（1）周皮：其结构与梨老茎类似。想想，椴树茎的木栓形成层最初是在哪里产生的?

（2）厚角组织：位于周皮内方的几层细胞，被染成黄色。

（3）皮层薄壁细胞：厚角组织内方可看到大量晶簇，这是由许多棱形结晶或角锥形结晶聚集在一起形成的。由于晶簇的形成，使大部分皮层薄壁细胞破裂消失，厚角组织内方还可以看到许多由薄壁细胞围成的分泌腔，其中有的细胞已破裂。

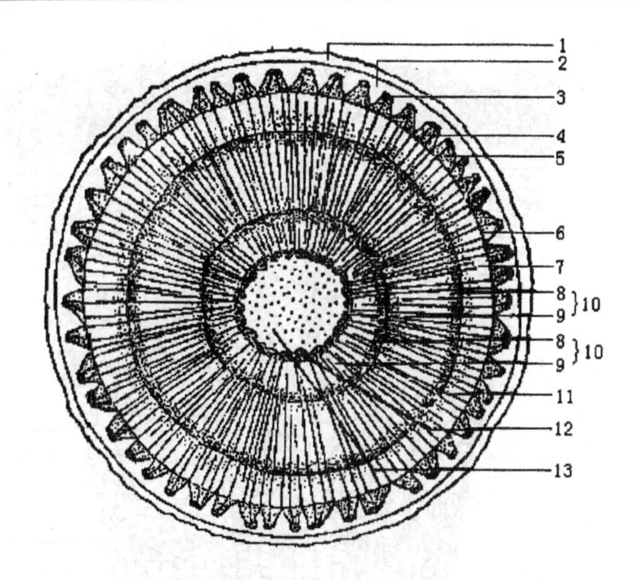


图 3-17　3 年生木本植物茎横切面图解

1. 周皮　2. 皮层　3. 初生韧皮部　4. 韧皮射线　5. 次生韧皮部　6. 形成层
7. 第三年木材　8. 晚材　9. 早材　10. 年轮　11. 木射线　12. 初生木质部　13. 髓

（4）韧皮部：在横切面上呈梯形分布。每束维管束的韧皮部就像梯子，韧皮纤维犹如梯子的横杆，一排排地安插其上，韧皮纤维被染成红色，除了最外面的为初生韧皮纤维外，其余的均属次生韧皮纤维，韧皮部中还可看到韧皮射线。有韧皮射线的部位为次生韧皮部，没有韧皮射线的部位为初生韧皮部。韧皮部的其他成分不易辨认。

（5）维管形成层：为次生韧皮部内方的几层扁平细胞。

（6）木质部：占很大比例，组成成分及其特征同梨茎，除了内侧的一小部分为初生木质部外，其余的都是次生木质部。在次生木质部中可以见到年轮。靠近髓一面的次生木质部是第一年的早材，细胞较大；往外便是第一年的晚材，细胞较小。第一年的晚材与第二年的早材之间有明显的界限。根据年轮，请推算你所看到的是第几年的茎。

（7）髓：除了有大型薄壁细胞外，还可以看到由分泌细胞围成的分泌腔。在近初生木质部处还分布着大量染色较深的黏液细胞。其他一些地方也有黏液细胞分布。

（8）射线：处于韧皮部两侧的射线很宽，呈喇叭形。其他部位的射线很狭窄。喇叭形射线的内方与狭窄的射线相连，成为内外物质运输的通道。这条通道也是相邻维管束之间的分界线。

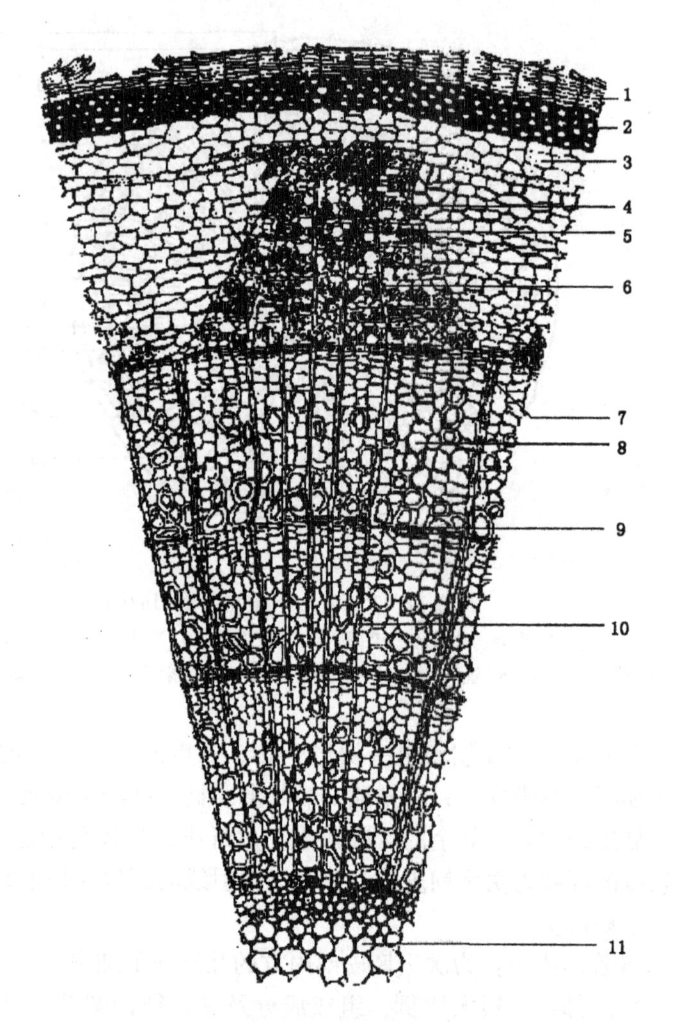


图 3-18 椴树茎横切面部分结构详图

1. 周皮 2. 机械组织 3. 薄壁组织 4. 韧皮纤维 5. 韧皮部 6. 韧皮射线 7. 形成层 8. 木质部 9. 年轮 10. 木射线 11. 髓

## 五、作 业

1. 绘花生幼茎横切面初生结构简图。
2. 绘梨老茎横切面次生结构简图。

## 六、思考题

1. 茎尖和根尖在形态上和结构上有何区别？
2. 比较双子叶植物根和茎的初生结构。
3. 比较双子叶植物根和茎的次生生长和次生结构。

## 第二节　禾本科植物茎节间的初生结构

### 一、预习和复习

（1）了解本实验的各个环节和内容。

（2）复习禾本科植物茎节间的结构特点。

### 二、实验材料

水稻 *Oriza sativa* L. 茎横切片；小麦 *Triticum aestivum* L. 茎横切片；甘蔗 *Saccharum sinensis* Roxb. 茎横切片；玉米 *Zea mays* L. 茎横切片。

### 三、用　品

显微镜。

### 四、内容与方法

禾本科植物属于单子叶植物，一般无形成层，因而也无次生生长和次生结构。它们的茎有明显的节和节间的区分，大多数种类的节间其中央部分萎缩解体，形成中空的杆，如水稻和小麦等，但也有的种类为实心结构，如甘蔗和玉米等，它们共同的特点（也是与双子叶植物茎的初生结构相区别的特点）在于维管束散生分布，没有皮层和中柱的界限，只能划分为表皮、机械组织、基本组织和维管束四个部分。

#### （一）空心茎节间的初生结构

1. 水稻茎的初生结构

取水稻茎横切片置显微镜下观察，它由表皮、机械组织、基本组织和维管束组成。

（1）表皮：从组成来看，水稻的表皮包含有长细胞、短细胞和气孔器。长细胞的细胞壁角化。短细胞的细胞壁硅化或栓化。气孔器由哑铃形的保卫细胞组成，其旁侧还有菱形的副卫细胞。但从横切面来看，表皮是一层形态相似排列紧密的细胞。长细胞和短细胞的形态没有多大区别，但可以看到短细胞硅化的细胞壁向外产生许多突起，副卫细胞稍大，其壁也稍向外方突出，其内侧的保卫细胞往往只看到“哑铃”的柄部，形态很小，有时候因被副卫细胞遮住而看不到。

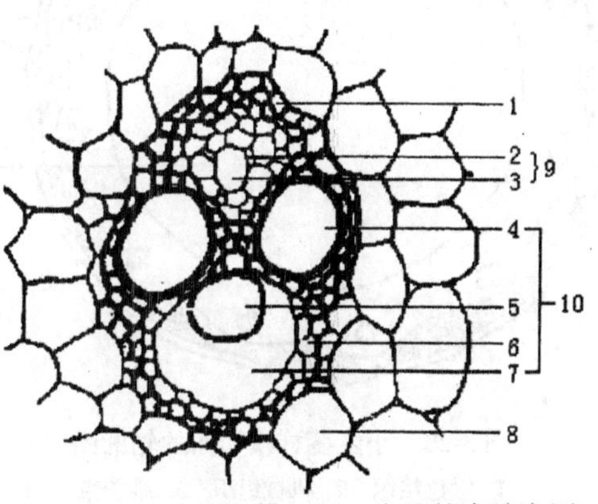

图 3-19　水稻茎横切面一个维管束放大图

1. 维管束鞘　2. 伴胞　3. 筛管　4. 孔纹导管　5. 环纹导管　6. 薄壁细胞　7. 气隙　8. 薄壁组织　9. 韧皮部　10. 木质部

（2）机械组织：位于表皮内方的数层厚壁细胞，呈波浪状排列成一环。

（3）基本组织：分布在机械组织以内，由多数大型的薄壁细胞组成，中央的薄壁细胞已解体，形成了中空的髓腔。

（4）维管束：维管束排列为内外两环。外环的维管束较小，位于茎的边缘，大部分埋藏于机械组织中；内环的维管束较大，周围为基本组织所包围。每束维管束由下列部分组成（图3-19）：

①维管束鞘：为维管束外面的1～2层厚壁细胞；被染成红色。

②初生木质部：位于维管束的近轴部分，整个横切面的轮廓呈V形。V形的基部为原生木质部，包括1～2个环纹或螺纹导管及少量木薄壁组织，从切片中可以看到，内轮维管束中的原生木质部导管大多数已在分化成熟的过程中遭破坏，其四周的薄壁细胞互相分离，形成了一个气隙；外轮维管束中的原生木质部未遭破坏。在V形的两臂上，各有一个后生的大型孔纹导管。在这两个导管之间有薄壁或厚壁细胞，有时也有小型导管或管胞。

③初生韧皮部：位于初生木质部的外方，显微镜中所观察到的几乎都是后生韧皮部，由筛管和伴胞组成，筛管较大，呈多边形，伴胞是处于筛管旁边的三角形或长方形的小细胞。

2. 小麦茎的初生结构

取小麦茎横切片置显微镜下观察（图3-20，图3-21），与水稻茎作比较，主要区别如下：

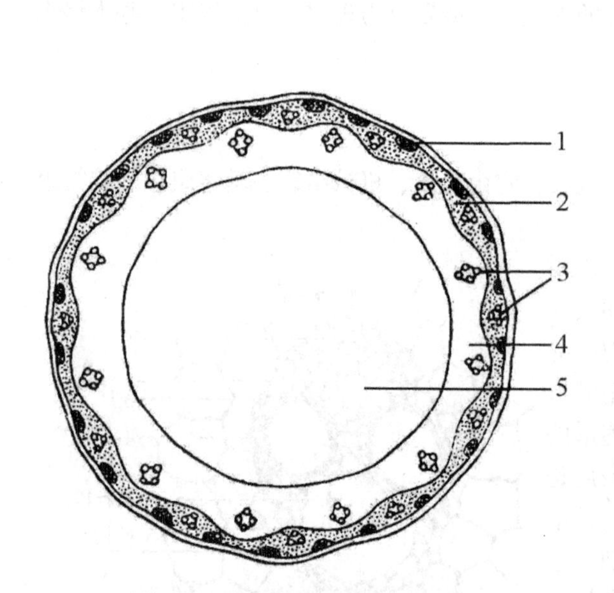


图3-20　小麦茎秆横切面的轮廓图

1. 绿色组织　2. 机械组织　3. 维管束　4. 薄壁组织　5. 髓腔

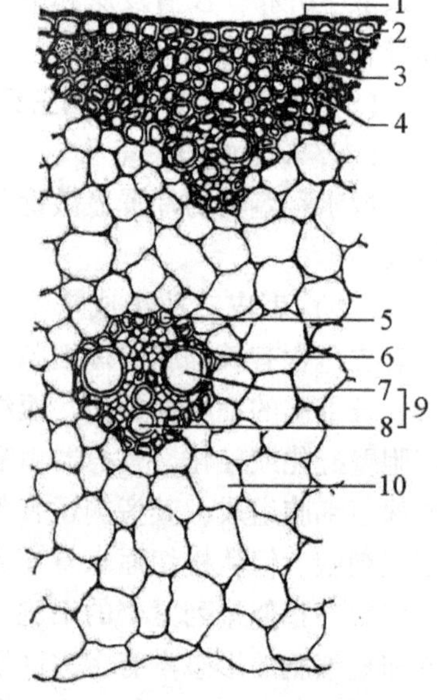


图3-21　小麦茎横切面的一部分

1. 角质层　2. 表皮　3. 绿色组织　4. 机械组织　5. 维管束鞘　6. 初生韧皮部　7. 后生木质部　8. 原生木质部　9. 初生木质部　10. 基本组织

（1）小麦茎表皮硅化程度较低，细胞外壁看不到硅质突起。

（2）小麦茎表皮的气孔器较少，副卫细胞与其他表皮细胞在形态上无多大区别，可以看到哑铃形保卫细胞的臂部或球部。

（3）小麦茎表皮内侧有明显的同化组织，它被波形的机械组织所隔断，细胞内的叶绿体明显可见。

(4) 维管束的原生木质部很少形成气隙。

### (二) 实心茎节间的初生结构

**1. 甘蔗茎的初生结构**

取甘蔗茎横切片置显微镜下观察，与上述两种植物（水稻和小麦）茎的主要区别如下：

(1) 甘蔗茎表皮的角质膜外还覆盖有腊被。

(2) 甘蔗茎的同化组织不是处于机械组织之间，而是在机械组织内侧，围成一环，由 2～3 层细胞组成，有些细胞中还可以看到叶绿体。

(3) 甘蔗茎为实心的结构,茎的内部充满基本组织,维管束分散排列于基本组织中,近边缘的维管束相距较近,靠中央的维管束相距较远。最外方的维管束鞘常由多层厚壁细胞组成。

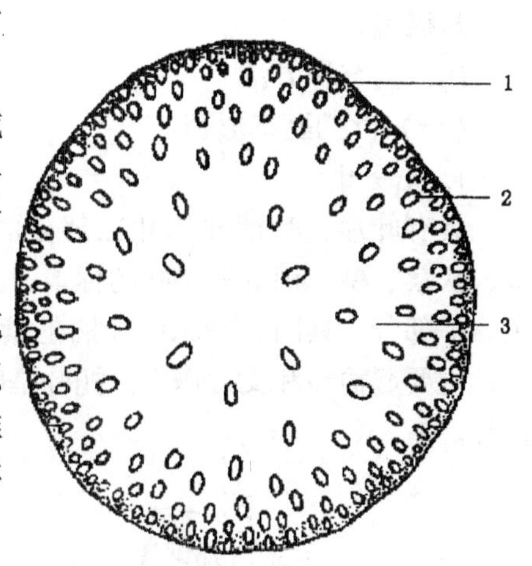


图 3-22　玉米茎节间部分的轮廓图
1. 表皮　2. 维管束　3. 基本组织

**4. 玉米茎的初生结构**

取玉米茎横切片置显微镜下观察（图 3-22），它的结构与甘蔗茎的结构相似，但也有其特点，试把不同之处找出来。

### 五、作　业

绘小麦茎横切面简图和一个维管束详图。

### 六、思考题

谈谈禾谷类植物茎与双子叶植物茎的主要区别。

## 实验五　叶的形态和结构

### 一、预习和复习

(1) 了解本实验的各个环节和内容。

(2) 复习叶的基本形态。

(3) 复习两面叶和等面叶的结构特点。

### 二、实验材料

豌豆 *Pisum sativum* L.、朱槿 *Hibiscus rosa-sinensis* L.、桃 *Prunus persica*（L.）Batsch.、棉属 *Gossypium* L. 植物等完全叶的标本；甘薯 *Ipomoea batatas*（L.）Lam.、空心菜 *Ipomoea aquatica* Forsk.、荠菜 *Capsella bursa-pastoris*（L.）Medic. 和烟草 *Nicotiana tabacum* L. 等不完全叶的标本；水稻 *Oriza sativa* L.、稗草 *Echi-*

*nochloa crusgalli*（L.）Beauv. 和小麦 *Triticum aestivum* L. 带叶的标本；甘蔗 *Saccharum sinensis* Roxb. 和玉米 *Zea mays* L. 带叶标本；棉叶横切片；梨属 *Pyrus* L. 植物叶横切片；甘薯叶横切片；夹竹桃 *Nerium indicum* Mill. 叶横切片；花生 *Arachis hypogaea* L. 叶横切片；沉水植物叶横切片；小麦叶横切片；水稻叶横切片；玉米叶横切片；叶柄离层纵切片。

## 三、用 品

显微镜。

## 四、内容和方法

### （一）叶的基本形态

#### 1. 完全叶

具有叶片、叶柄和托叶三部分的叶为完全叶（图 3-23，图 3-24），观察豌豆、扶桑、桃、棉等完全叶的标本，其叶片是主要进行光合作用与蒸腾作用的绿色扁平部分，具网状叶脉；叶柄是紧接叶片基部的柄状部分，其下端与枝相连接，主要起输导和支持作用；托叶是叶柄基部的附属物，形状随植物种类的不同而异。

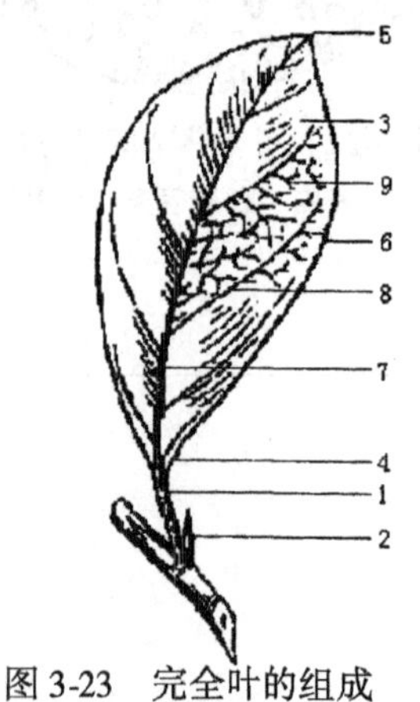


图 3-23 完全叶的组成

1. 叶柄 2. 托叶 3. 叶片 4. 叶基 5. 叶尖 6. 叶缘 7. 主脉 8. 侧脉 9. 细脉

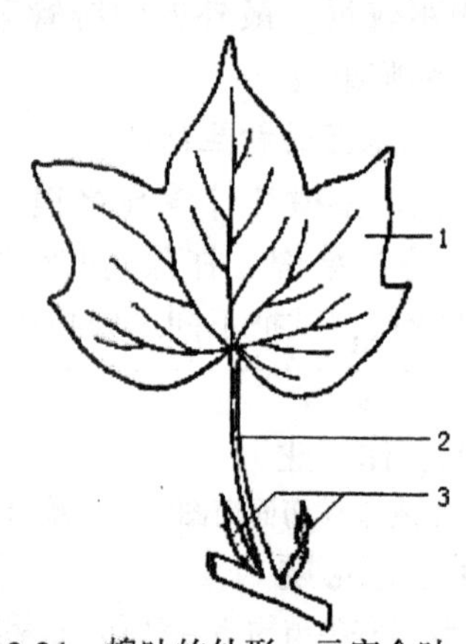


图 3-24 棉叶的外形，示完全叶

1. 叶片 2. 叶柄 3. 托叶

#### 2. 不完全叶

叶片、叶柄、托叶三部分中缺少任何一部分或两部分的叶为不完全叶。观察甘薯、空心菜、荠菜和烟草等植物的叶，注意它们缺少了什么？

#### 3. 禾本科植物的叶

观察水稻的叶，它由叶片、叶鞘、叶舌和叶耳四部分组成，叶片带形，具平行叶脉，主要担负光合作用和蒸腾作用；叶鞘是叶片下方抱茎的部分，具有保护，输导和支持的作用；叶片与叶鞘连接处的外侧为叶颈，也称叶枕；叶片与叶鞘连接处的内侧有膜状的叶舌；叶舌两侧的耳状突起为叶耳。叶耳、叶舌的有无、大小及形状，可作为识别禾本科植物的依据。如水稻的叶舌膜质，叶耳膜质披针形，有毛，而稗草则没有叶耳和叶舌。据此，可区别水稻和稗草。

观察小麦、玉米、甘蔗等禾本科植物的叶舌和叶耳、注意它们各有什么特点？

### （二）叶的结构

1. *两面叶的结构*

（1）棉或梨叶片的结构：观察棉或梨叶片通过主脉的横切制片，由下列各部分组成（图3-25）：

①表皮：表皮复盖整个叶的表面，有上下表皮之分，叶片向茎的一面叫腹面，腹面的表皮为上表皮，叶背面的表皮则为下表皮，叶的主脉在背面隆起，可根据这一特点判断它的上下表皮。

在横切面上，表皮细胞由一层排列紧密的长方形细胞所组成，外壁角质化，具角质层，表皮上分布有气孔，下表皮比上表皮多，在表皮上，有时还可见到表皮毛。

②叶肉：位于上下表皮之间，分化为栅栏组织和海绵组织。

a. 栅栏组织：靠近上表皮，细胞圆柱形，排列紧密，细胞间隙较小，细胞中含多数叶绿体，注意栅栏组织细胞的层数。

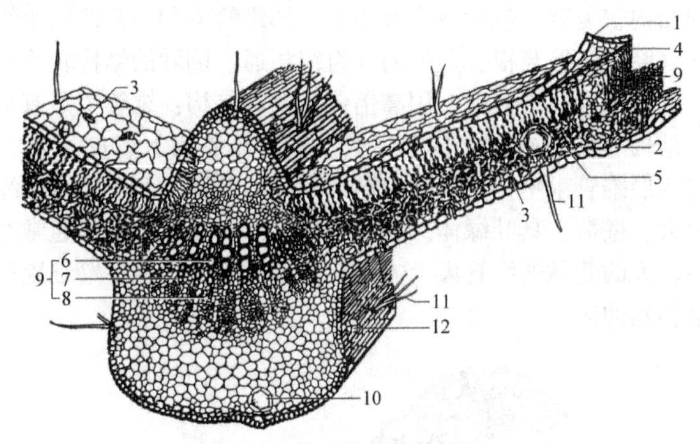


图3-25　棉叶片立体结构图

1. 上表皮　2. 下表皮　3. 气孔　4. 栅栏组织　5. 海绵组织　6. 木质部　7. 维管形成层　8. 韧皮部　9. 维管束　10. 分泌腔　11. 表皮毛　12. 腺毛

b. 海绵组织：靠近下表皮，细胞形状不规则，排列疏松，有较大的细胞间隙，气孔内方的细胞间隙常常较大，形成气室，该组织细胞中的叶绿体比栅栏组织中的少。

③叶脉：观察主脉的结构。在主脉中有一个大的维管束，它主要由木质部和韧皮部组成，木质部靠近腹面，韧皮部靠近背面。二者之间有形成层，但活动微弱，故次生结构不明显，在维管束的周围有数层薄壁细胞，其中有一些被染成黄色的含单宁的细胞，上下表皮的内侧还有数层厚角组织。

在叶肉细胞中有时还可见到维管束的纵切面，为什么？

（2）甘薯叶片的结构：观察甘薯叶片经过主脉的横切制片。其基本结构与棉或梨叶片相似，所不同的是：甘薯叶脉的维管束为双韧维管束，其维管束的木质部上、下方都存在韧皮部。此外，甘薯叶表皮上分布有腺鳞，叶肉细胞中有时可发现星状体样的结晶体（也称晶簇）。

2. 等面叶的结构

（1）水稻叶片的结构：取水稻叶片横切制片，先在低倍镜下观察，区分出表皮、叶肉和叶脉三部分，然后转换高倍镜仔细观察各部分的细胞特征（图3-26）。

①表皮：位于叶片最外的一层细胞，有上、下表皮之分，表皮细胞在横切面近乎方形，细胞外壁硅质化、栓质化或角质化，表皮细胞间还有气孔器，气孔的内侧有气室。上表皮在两个维管束之间的部位，有一些略呈扇形的薄壁细胞称为泡状细胞（也叫运动细胞）。在干旱时，禾本科植物的叶片能向内卷缩成筒，就是泡状细胞失水收缩的结果。

②叶肉：位于上下表皮之间的绿色组织，无栅栏组织和海绵组织之分。细胞形状不规则，细胞壁向内皱折，形成“峰、谷、腰、环”的结构，细胞内含有大量叶绿体、细胞间隙小。

③叶脉：为平行叶脉，包括一条中脉和许多条侧脉，侧脉与中脉平行达叶顶。当横切叶片时，正好横切叶脉，每条叶脉都是横切面观。在低倍镜下观察，可见中脉的结构较复杂，包含数个大小不一的维管束和一些薄壁组织，中央还有大而分隔的气腔，气腔与根、茎的通气组织相通。侧脉的结构较简单通常只含一个维管束。选一个大的维管束，用高倍镜观察其结构：维管束是有限维管束，没有形成层，结构与茎的维管束基本相似，木质部靠近上表皮，韧皮部靠近下表皮，外围有两层维管束鞘，内维管束鞘细胞小，壁厚，几乎不含叶绿体，外维管束鞘细胞较大，壁薄，具叶绿体。在维管束上下方的表皮下面通常有成束的厚壁细胞，一些较大的侧脉的维管束上方还有薄壁细胞，这些厚壁细胞和薄壁细胞总称为维管束鞘延伸区。

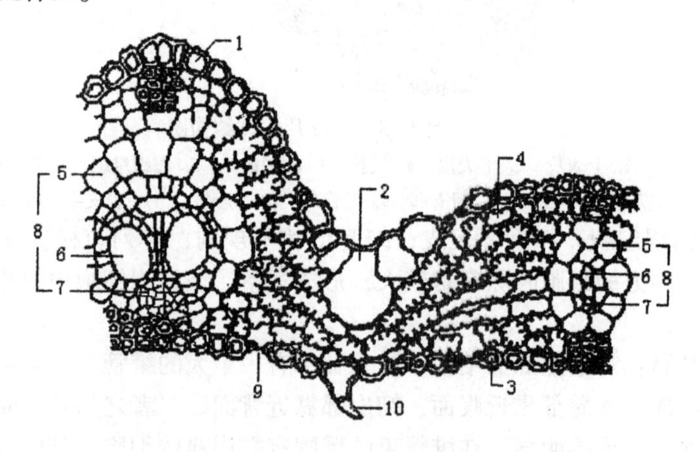


图3-26 水稻叶片横切面的部分结构图

1. 上表皮 2. 泡状细胞 3. 下表皮 4. 叶肉 5. 维管束鞘 6. 木质部 7. 韧皮部 8. 维管束 9. 气孔 10. 表皮毛

（2）小麦叶片的结构：观察小麦叶片横切面标本片，其结构与水稻叶基本相似，但也有不同之处，请同学把不同之处找出来（图3-27）。

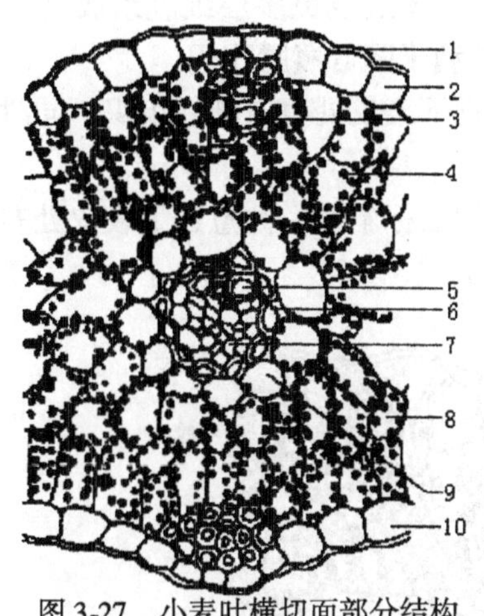


图 3-27　小麦叶横切面部分结构

1. 角质膜　2. 上表皮　3. 机械组织　4. 叶绿体　5. 木质部　6. 内轮维管束鞘　7. 韧皮部　8. 叶肉 9. 外轮维管束鞘　10. 下表皮

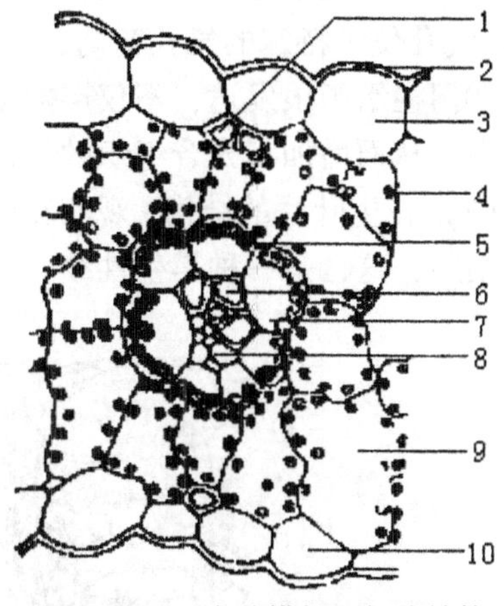


图 3-28　玉米叶横切面部分结构

1. 机械组织　2. 角质膜　3. 上表皮　4. 叶绿体　5. 叶绿体　6. 木质部　7. 维管束　8. 韧皮部　9. 叶肉　10. 下表皮

（3）玉米叶片的结构：观察玉米叶横切面标本片。玉米为 $C_4$ 植物，与上述水稻和小麦（$C_3$ 植物）叶片结构上的主要区别在于：玉米的维管束鞘由单层薄壁细胞组成，其细胞较大，排列整齐，含有许多较大的叶绿体，在维管束鞘外围紧接一圈叶肉细胞，组成了"花环型"结构（图 3-28）。这样的结构特点，在光合作用时，更有利于将叶肉细胞中由四碳化合物所释放出的 $CO_2$ 再行固定还原，从而提高了光合效率。因此，通常把 $C_4$ 植物（如玉米、甘蔗、高粱等）称为高光效植物，而把 $C_3$ 植物（如水稻、小麦、大麦、燕麦等）称为低光效植物。

3. 旱生植物叶片的结构特点

（1）夹竹桃叶片的结构：观察夹竹桃叶片横切面标本片，注意如下旱生结构特点（图 3-29）：

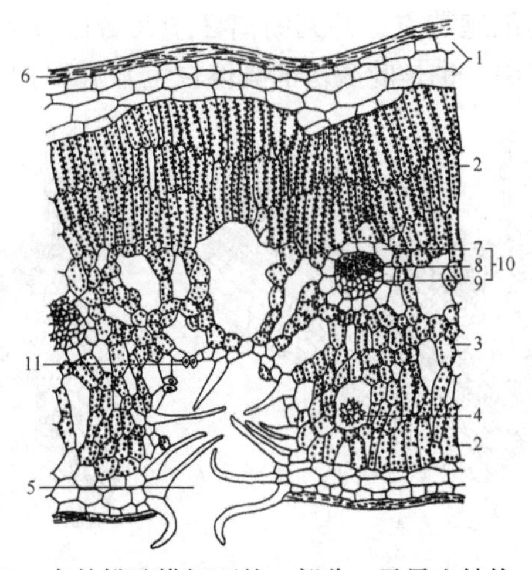


图 3-29　夹竹桃叶横切面的一部分，示旱生结构

1. 复表皮　2. 栅栏组织　3. 海绵组织　4. 晶簇　5. 气孔窝　6. 角质膜　7. 维管束鞘　8. 木质部　9. 韧皮部　10. 维管束　11. 气孔器

①表皮高度角化，角质膜很厚；表皮由2～3层或更多层细胞组成（称复表皮）；气孔位于特殊的气孔窝内，这些特点都利于降低蒸腾作用。

②栅栏组织很发达，不仅层数多，而且近下表皮处也有栅栏组织，同时胞间隙较小，从而增加了光合组织的比例。

（2）花生叶片的结构：观察花生叶片横切面标本片，注意近下表皮处有大型贮水细胞，这也是一种旱生性结构（图3-30）。

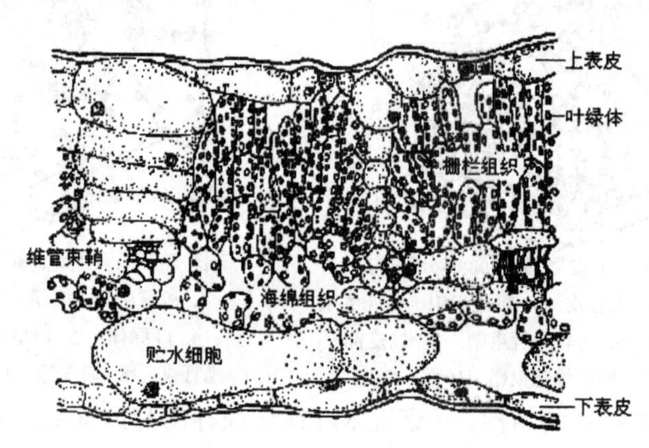


图3-30　花生小叶片横切面的部分结构

4. 水生植物叶片的结构特点

观察沉水植物叶片横切面标本片，可以看到通气组织很发达，但输导组织、机械组织和保护组织都很退化，表皮上无角质膜。

### （三）叶的离区、离层和保护层

观察叶柄纵切面示离层标本片，先找出离区，离区的染色较浅，由多层扁小的薄壁细胞组成，就在离区的范围内进一步产生离层和保护层，叶柄就是从离层处与枝条断离的。保护层位于离层下方，当叶脱落后，则由保护层的细胞行使保护作用，保护层的细胞往往栓质化，以防止外来病菌的侵入和水分的丧失。请同学注意观察离区的细胞特点，并判断离区中是否已分化形成了离层（由于初生壁解体而出现的断层，也是叶脱落的具体位置）和保护层（图3-31）。

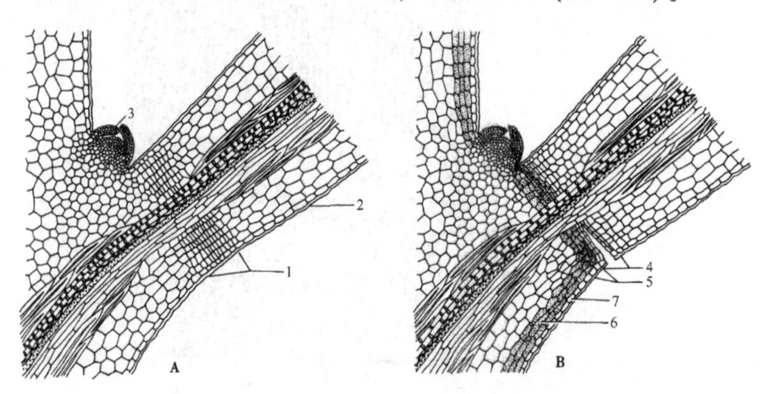


图3-31　叶柄基部纵切，示离层产生

A. 离区形成　B. 离层处分离，保护层出现

1. 离区　2. 叶柄　3. 腋芽　4. 离层　5. 保护层　6. 周皮　7. 表皮

### 五、作　业

绘棉花叶片和玉米叶片横切面部分详图，并注明各部分名称。

### 六、思考题

比较水稻和玉米维管束鞘的结构特点，并分析其特点与光合作用的关系。

## 实验六　营养器官的变态

### 一、预习和复习

（1）了解本实验的各个环节和内容。

（2）复习变态器官的有关内容。

### 二、实验材料

1. 变态根

萝卜 *Raphanus sativus* L. 和胡萝卜 *Duncus carota* L. var. *sativa* DC. 的肉质直根；甘薯 *Ipomoea batatas*（L.）Lam. 块根；甘薯横切片示副形成层；榕 *Ficus microcarpa* L. 或其他植物的气生根；络石 *Trachelospermum jasminoides*（Lindl.）Lem.、薜荔 *Ficus pumila* L. 或其他植物的攀援根；玉米 *Zea mays* L.、甘蔗 *Saccharum sinensis* Roxb. 或其他植物的支持根。

2. 变态茎

禾本科 GRAMINEAE 杂草、竹亚科 BAMBUSOIDEAE 植物、莲 *Nelumbo nucifera* Gaerth. 和姜 *Zingiber officinale* Rosc. 等的根状茎；马铃薯 *Solanum tuberosum* L. 块茎；洋葱 *Allium cepa* L. 鳞茎；芋 *Colocasia esculenta*（L.）Schott.、荸荠 *Eleocharis tuberosa*（Roxb.）Roem. et Schult. 和球茎甘蓝 *Brassica caulorapa* Pasq. 的球茎；仙人掌 *Opuntia dillenii*（Ker.-Gaul.）Haw. 的肉质茎；积雪草 *Centella asiatica*（L.）Urban、草莓 *Fragaria ananassa* Duch. 等植物的匍匐茎；石榴 *Punica granatum* L.、山楂 *Crataegus pinnatifida* Bunge 和柑橘属 *Citrus* L. 植物的枝刺；蔷薇亚科 ROSOIDEAE 植物的皮刺（作为对照）；葡萄 *Vitis vinifera* L. 或葫芦科 CUCURBITACEAE 植物的茎卷须；木麻黄 *Casuarina equisetifolia* L.、文竹 *Asparagus setaceus*（Kunth）Jessop、昙花 *Epiphyllum oxypetalum*（DC.）Haw. 或竹节蓼 *Homalocladium platycladum*（F. Muell. ex Hook.）Bailey 等植物的叶状茎。

3. 变态叶

玉米、三角梅 *Bougainvillea glabra* Choisy、一品红 *Euphorbia pulcherrima* Willd. et Klotzsch. 和菊科 COMPOSITAE 植物的苞叶；一些变态茎上着生的鳞叶；仙人掌的叶刺；刺苋 *Amaranthus* L. 的托叶刺；豌豆 *Pisum sativum* L. 的叶卷须；菝葜属 *Smilax* L. 植物的托叶卷须；台湾相思 *Acacia confusa* Merr. 或耳叶相思 *Acacia auriculiformis* A. Cunn. ex Benth. 的叶状叶柄。

### 三、用　品

显微镜。

## 四、内容与方法

### （一）变态根

变态根是根适应特定环境行使特殊功能逐渐变态而成的。变态根在外形上往往不易识别，常要从形态发生上来加以判断。

1. 肉质直根

(1) 观察萝卜和胡萝卜肉质直根的外部形态。其上部为下胚轴发育而成，不具侧根。下部由主根发育而成，具有纵列的侧根。

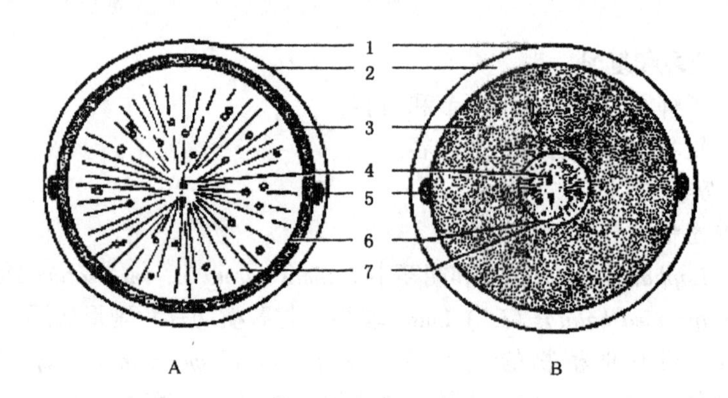


图3-32 萝卜、胡萝卜肉质根横切面图解

A. 萝卜肉质根横切面 B. 胡萝卜肉质根横切面

1. 周皮 2. 皮层 3. 次生韧皮部 4. 初生木质部

5. 初生韧皮部 6. 形成层 7. 次生木质部

(2) 作萝卜肉质根的横剖面并用肉眼观察。从外至内的结构是周皮、皮层、次生韧皮部（此三部分所占比例极少，往往在刨“皮”时被刨掉），维管形成层（处于次生韧皮部与次生木质部之间，由于这两个部分的颜色有所区别，所以维管形成层的位置可以辨别出来），次生木质部（占据根的绝大部分，为食用的主要部分），初生木质部（仅占中央一小部分）（图3-32A）。

(3) 作胡萝卜肉质直根的横剖面并用肉眼观察。从外至内的结构是周皮、皮层（此两部分所占比例极少），次生韧皮部（占据根的绝大部分，为食用的主要部分），维管形成层（处于颜色有明显区别的次生韧皮部和次生木质部之间），次生木质部（位于维管形成层内方，比例较小），初生木质部（中央部分，比例极小）（图3-32B）。

2. 块　根

块根是由不定根（营养繁殖的植株）或侧根（实生苗）经过增粗生长而成的肉质贮藏根，块根中贮藏的物质主要是淀粉，如甘薯和木薯的块根中含有丰富的淀粉；也有贮藏其他物质的，如大丽花的块根中主要贮藏菊糖，下面就以甘薯为例观察块根的结构：

甘薯的块根（图3-33A）通常是在营养繁殖时，由蔓茎上发出的不定根膨大形成的。其膨大过程是维管形成层和许多副形成层互相配合活动的结果。其中维管形成层的活动产生大量木薄壁组织和分散排列的导管，然后由这些分散的导管周围的薄壁细胞恢复分裂能力，产生副形成层，通过副形成层的分裂活动，向外方产生三生韧皮部和乳汁管，向内产生三生木质部，由此而导致块根迅速地增粗膨大。

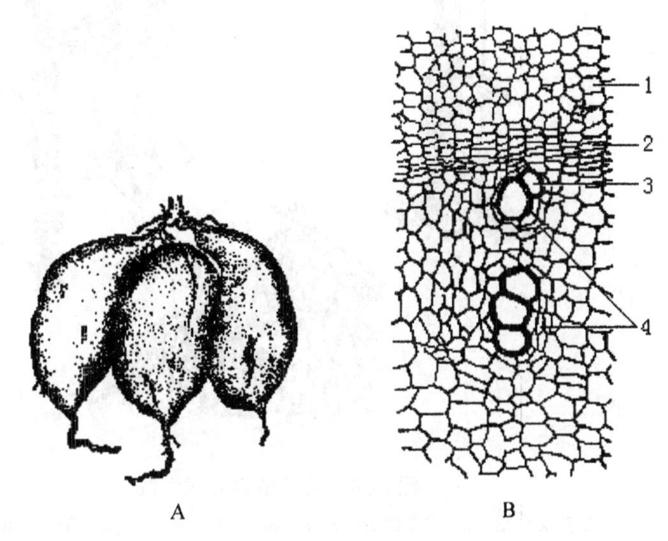


图 3-33　甘薯的块根

A. 甘薯块根的外形　B. 甘薯块根横切面的一部分详图，示副形成层

1. 韧皮部　2. 维管形成层　3. 次生木质部　4. 副形成层

取甘薯块根切成薄片，用肉眼观察，可以看到：最外面容易剥离的是木栓层，剥离的部位通常是在木栓形成层处；其内 1～2mm 厚的是栓内层和次生韧皮部，通常也很容易在维管形成层处把次生韧皮部及其外方的组织剥离；中央食用部分绝大部分是次生木质部，也有一部分三生木质部和三生韧皮部，初生木质部只占中央一小部分。

观察甘薯块根横切片中的副形成层。副形成层处在次生木质部导管周围，由于它分裂迅速，则产生不久的细胞尚未分化成熟，因此所看到的是多层扁平的细胞，由这些细胞组成“副形成层区”（图 3-33B）。

3. 气生根

凡露出地面，生长在空气中的根均称为气生根。

（1）观察甘蔗或玉米茎基部节上所长出来的气生根，其主要作用为支持，又叫支持根（图 3-34A）。

（2）观察络石或薜荔或常春藤从茎一侧所产生的气生根，其主要作用为攀援于它物之上，也叫攀援根（图 3-34B）。

（3）观察榕树的气生根，其作用是吸收空气中的水蒸气，以适应干旱环境。

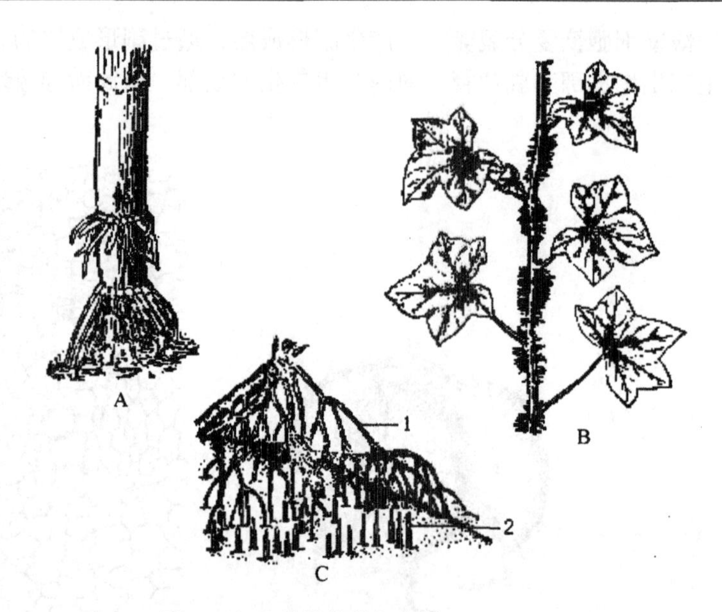


图 3-34　几种植物的气生根

A. 玉米的支持根　B. 常春藤 *Hedera sinensis* 的攀援根　C. 红树的支持根和呼吸根

1. 支持根　2. 呼吸根

## （二）变态茎

变态茎是茎适应特定环境行使特殊功能逐渐变态而成的，虽然它的变异程度

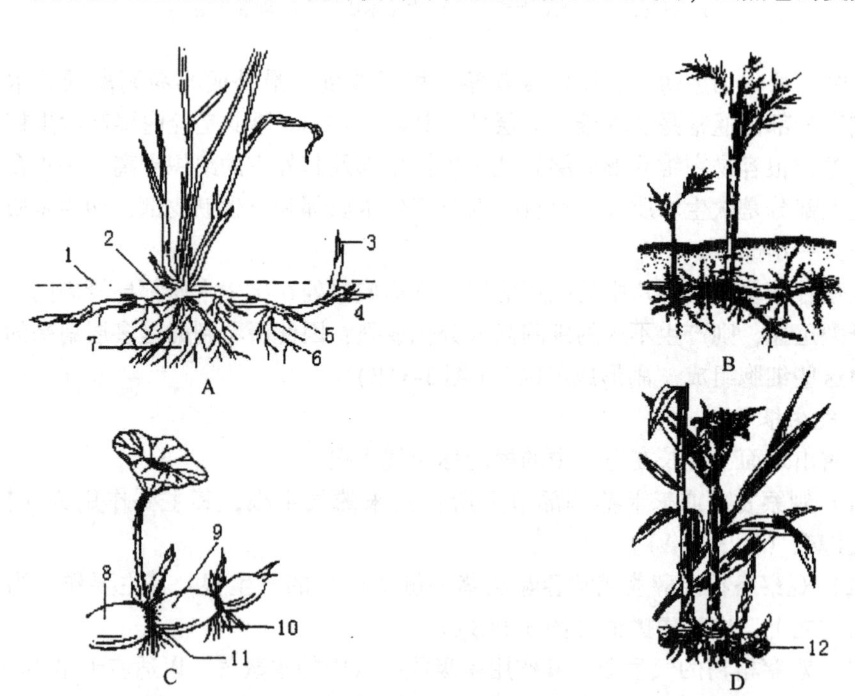


图 3-35　几种根状茎

A. 禾本科杂草　B. 竹　C. 莲　D. 姜

1. 土壤表面　2. 根状茎　3. 根状茎的芽　4. 顶端　5. 节　6. 不定根　7. 须根系

8. 根状茎（藕）　9. 节间　10. 不定根　11. 节　12. 根状茎（姜块）

很大，但依然保持茎的固有特征，即有节和节间之分。在节上有退化呈鳞片状的叶子，或是叶子脱落后留有叶痕，在叶腋还有叶芽，以这些特征可与根相区别。变态茎的形态多种多样，有的与营养物质的贮藏相适应，有的与植物繁殖相适应，有的起保护作用，有的与固着攀援有关。

1. 地下茎的变态

有些植物的部分茎枝生长于土壤中，变为贮藏或营养繁殖的器官，称为地下茎，常见的有下面几种：

（1）根状茎：观察禾本科杂草、竹亚科植物、莲、姜等的根状茎，这些根状茎在地下横向生长，有明显的节和节间，有的可看到节上生有退化（变态）的鳞片叶，有的可看到节处的腋芽及由之发育而成的枝，有的可看到节处着生的不定根，有的还可以看到顶芽（图3-35）。

（2）块茎：观察马铃薯的外形，可以看到四周有许多凹陷的芽眼呈螺旋状排列，每个芽眼内可产生数个芽。除顶芽外，每一芽眼下方有叶痕，称为芽眉，每一芽眼所在处实际上相当于茎节，在螺旋线上相邻的两个芽眼之间即为节间（图3-36A）。

用扩大镜观察马铃薯块茎横切面，最外面的一层“皮”为周皮，近周皮处有一薄层皮层，皮层内侧即为外韧皮部，皮层与外韧皮部之间没有明显的界限。外韧皮部内方为木质部。在木质部中，输水组织被发达的贮藏薄壁组织所隔开，在横切面上可看到输水组织因含水较多而呈透明点状，排列成一圈。块茎的中央也有一部分因含水较多而呈透明状，这就是髓和髓射线，髓居中心。髓射线呈放射状。木质部与髓之间的部分为内韧皮部，占很大比例（图3-36D，图3-36E）。

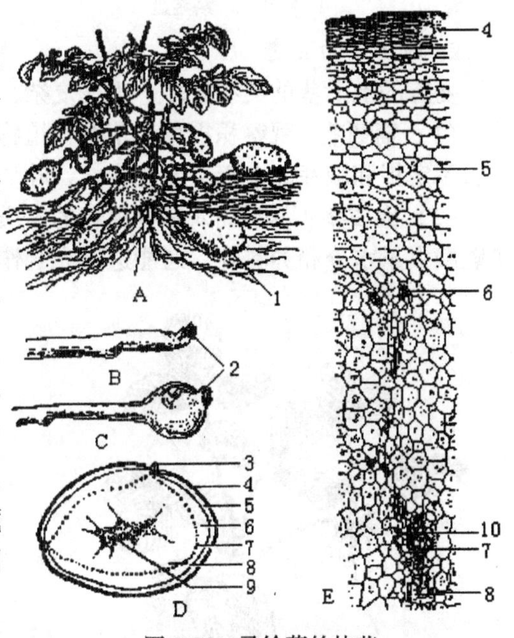


图3-36　马铃薯的块茎
A. 植株外形，示地下部分的块茎
B、C. 地下茎顶端积累养料逐渐膨大形成块茎
D. 块茎横切面的轮廓图　E. 块茎横切面部分详图
1. 块茎　2. 顶芽　3. 芽　4. 周皮
5. 皮层　6. 外韧皮部　7. 木质部
8. 内韧皮部　9. 髓　10. 形成层

（3）鳞茎：观察洋葱鳞茎纵切面，中央的基部有一个圆盘状的鳞茎盘（节间极短的茎），在鳞茎盘的周围着生许多肉质多汁的鳞片叶，每一鳞片叶是地上叶的基部，外面几片叶随地上叶枯死而成为干燥的膜质叶包在外方。在鳞茎盘上有顶芽和夹在鳞片叶之间的腋芽，生长后期，由顶芽发育为花序，在鳞茎盘下面有不定根（图3-37）。

观察蒜的鳞茎，它与洋葱鳞茎为同一类型。但后期鳞片叶枯死呈皮膜质，鳞片叶叶腋间的腋芽肥大，即食用的“蒜瓣”部分。

（4）球茎：观察芋、荸荠（图3-38）和球茎甘蓝等的球茎，它们都具有明显的节与节间，节上生有干膜状的鳞片叶和腋芽，腋芽可发育成枝，芋较大的球茎的旁侧常可见到由腋芽发育来的小球茎（变态枝）。

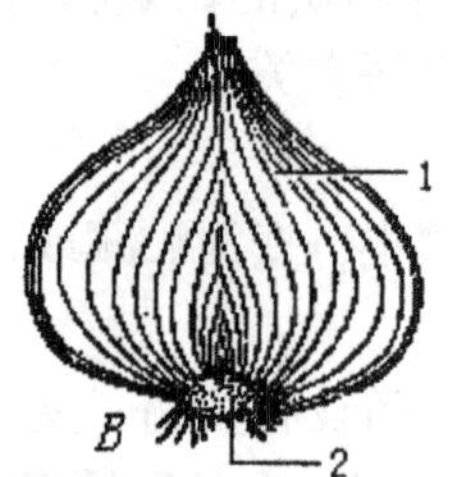


图 3-37 洋葱的鳞茎

A. 外形 B. 纵切面

1. 鳞叶 2. 鳞茎盘

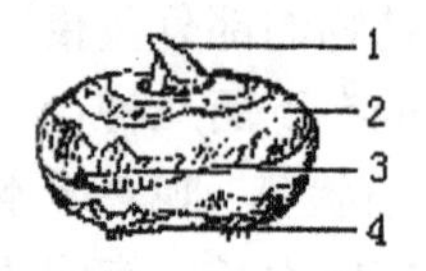


图 3-38 荸荠的球茎

1. 顶芽 2. 节间

3. 腋芽 4. 根

2. 地上茎的变态

变态的地上茎的类型较多，也较复杂，通常有以下几种：

（1）匍匐茎：观察积雪草、草莓等植物的匍匐茎，匍匐茎匍匐地面而生，节上长不定根和腋芽，由腋芽发育为枝，叶从节上直立生长（图 3-39）。

（2）肉质茎：观察仙人掌科植物的肉质茎，肉质茎肥大多汁，常为绿色，除了贮藏大量水分和养料外，还能进行光合作用（图 3-40）。

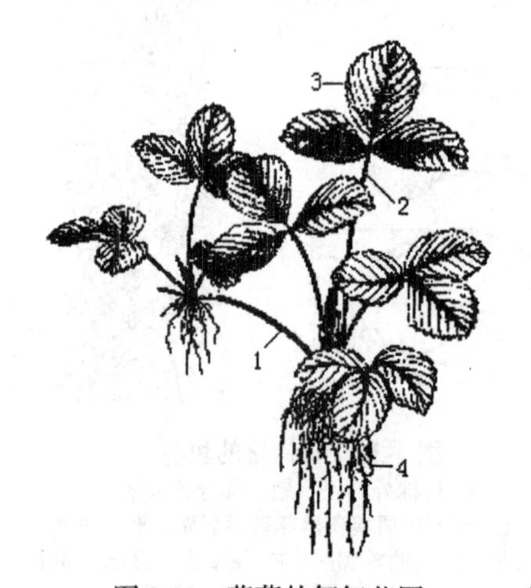


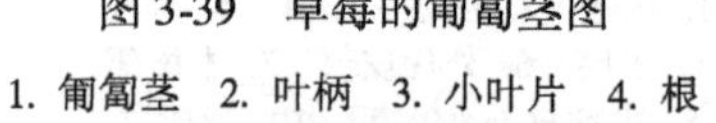
图 3-39 草莓的匍匐茎图

1. 匍匐茎 2. 叶柄 3. 小叶片 4. 根

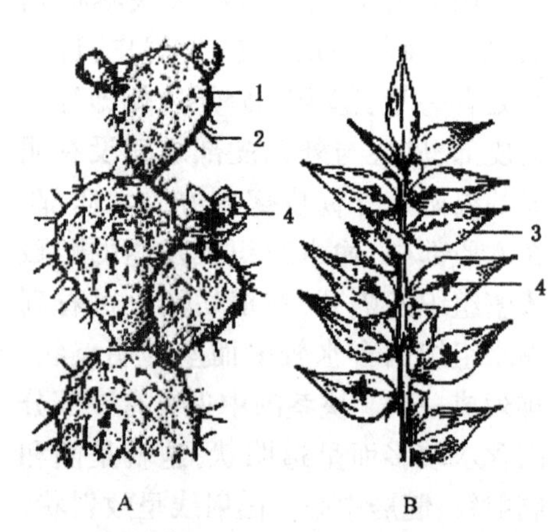


图 3-40 仙人掌的肉质茎(A)和假叶树的叶状枝(B)

1. 肉质茎 2. 叶刺 3. 叶状枝 4. 花

（3）叶状茎：观察木麻黄、文竹、昙花或竹节蓼等植物的叶状茎（叶状枝），叶状茎均为绿色，代叶行使光合作用。木麻黄的叶状茎针状，具明显的节与节间，节上着生一轮退化的褐色鳞片叶。文竹的叶状茎钢毛状，每 10 ~ 13 枚成簇，节上具褪化的鳞片叶。昙花的叶状茎扁平，叶已褪化消失。

（4）茎卷须：观察南瓜或葡萄的茎卷须。茎卷须常具分枝，其上不生叶，用以缠绕其他物体，使植物体得以攀援生长（图 3-41A）。

（5）茎刺：观察石榴、山楂或柑橘属植物的茎刺，茎刺常位于叶腋，由腋芽发育而来（图 3-41B）。对照观察月季、玫瑰等茎上的刺可见数目较多，分布无

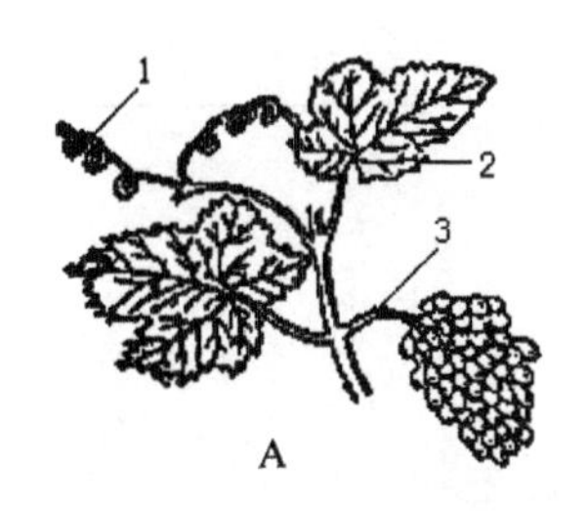


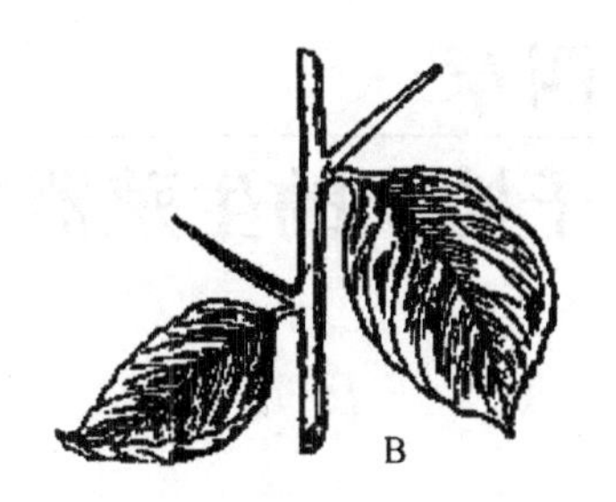


图 3-41　葡萄茎卷须和山楂枝刺

A. 葡萄的茎卷须　B. 山楂的枝刺

1. 卷须　2. 叶　3. 花枝（已结果实）

规则，这是茎表皮的突出物，称为皮刺。

### （三）变态叶

（1）苞叶：也称苞片，是生在花或花序下方的一种变态叶，具有保护花和果实的作用，观察三角梅（光叶子花）花下面的紫红色苞叶，菊科植物头状花序下面的多层苞叶，一品红花下面的红色苞叶和玉米雌花序下面的多片苞叶。

（2）托叶卷须：观察菝葜属植物的托叶卷须，它由叶柄基部的一对托叶变成，具攀援作用（图 3-42）。

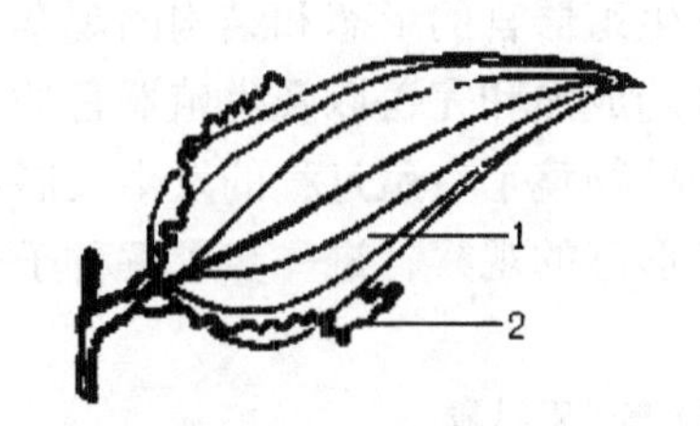


图 3-42 菝葜属植物的托叶卷须

1. 叶片　2. 托叶卷须

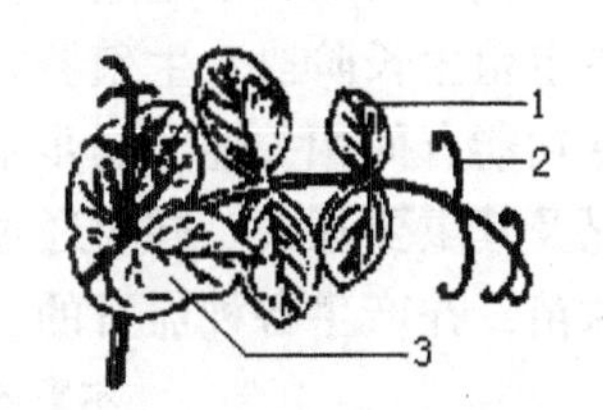


图 3-43 豌豆的小叶卷须

1. 小叶　2. 小叶卷须　3. 托叶

（3）叶卷须：叶变为卷须状，有攀援作用，观察豌豆的叶卷须，这些卷须是羽状复叶先端的几个小叶变成的（图 3-43）。

（4）叶刺：观察仙人掌科植物的刺，它们均是叶的变态，具保护作用。

（5）鳞叶：观察洋葱鳞茎上着生的膜质鳞叶和肉质鳞叶。观察芋、荸荠、木麻黄等变态茎上着生的退化的膜质鳞叶。

（6）托叶刺：观察刺苋的托叶刺，它是叶柄基部的一对托叶变成的，具保护作用。

（7）叶状柄：观察台湾相思或耳叶相思的叶状柄，它由叶柄变态而成，而其小叶退化，在幼苗上最初长出来的小叶是复叶，而后来长出来的叶柄变扁，仍具有少数羽状复叶的小叶，最后长出来的叶没有小叶，只剩下扁的叶柄。

## 五、作　业

举例说明同功器官和同源器官的含义。

## 六、思考题

甘薯的块根和马铃薯块茎是如何形成的？

# 第四章
# 被子植物的生殖器官

植物营养生长到了一定的年龄或时期，在光和温度等因素及其诱导的某些激素的作用下，植株就进入了生殖生长阶段，在植株的一定部位形成花芽，然后开花、结果，产生种子。花、果实和种子与植物的生殖有关，称之为生殖器官。

种子是种子植物有性生殖后所形成的一种特殊器官，也是种子植物所特有的生殖器官。种子具有共同的基本构造——胚和种皮，有些种子还有胚乳。种皮包在外面，起保护作用。种子中最重要的部分是胚，它是幼小的植物体，在成熟的种子中，胚已发育为一幼小植物的雏形，具有胚芽、胚根、子叶和胚轴四个部分。当环境条件适宜时，休眠的种子就转为活动状态，萌发长成幼苗，幼苗已初具植物的基本营养器官——根、茎、叶。

本章实验的目的在于通过对被子植物生殖器官的形态和结构的观察，明确被子植物在生殖生长阶段，生殖器官如何日趋成熟和完善以及生殖器官的形态、结构与生理功能有何相关性，初步掌握被子植物整个生殖过程的发生发展和结果的变化情况及其重要意义。同时通过对幼苗形态的观察，进一步了解种子是如何发育为一株苗，并产生各种器官的。

**本章内容和教学方式安排表**

| | 教学内容 | 主要教学方式 | 辅助教学方式 |
|---|---|---|---|
| 实验七 | 被子植物的生殖器官 | 永久切片训练显微观察和辨识器官结构的能力，临时制片训练动手能力，实物观察增加感知能力 | 配合多媒体显微镜和多媒体系统对实物标本进行演示，并对学生制作的标本进行展评 |
| 实验八 | 种子和幼苗 | | |

## 实验七　被子植物的生殖器官

### 第一节　花的基本组成、花芽分化、花药的结构及花粉的形成和发育

#### 一、预习和复习

(1) 了解本实验的各个环节和内容。

(2) 复习花的基本组成和花芽分化的过程。

(3) 复习雄蕊花药的结构。

(4) 复习花粉母细胞的减数分裂及花粉粒的形成和发育过程。

## 二、实验材料

被子植物的新鲜花朵，柑橘属 *Citrus* L. 植物花芽纵切片，荠菜 *Capsella bursa-pastoris*（L.）Medic. 花蕊纵切片，百合 *Lilium brownii* var. *viridulum* Baker 小孢子母细胞分裂前期切片，百合花药横切示减数分裂标本片，百合花药最幼期横切片，百合成熟花药横切片。

## 三、用　品

生物显微镜。

## 四、内容和方法

### （一）花的基本组成

取花一朵，由外及里仔细观察，试区分花梗、花托、花萼、花冠、雄蕊和雌蕊等组成部分；分辨雄蕊的花丝和花药以及雌蕊的柱头、花柱和子房等部分。具备花萼、花冠、雄蕊和雌蕊四部分的花称为完全花（图 4-1），当一些植物花的结构中缺少上述四部分中的任何一部分或两部分，甚至缺少三部分时，即为不完全花。

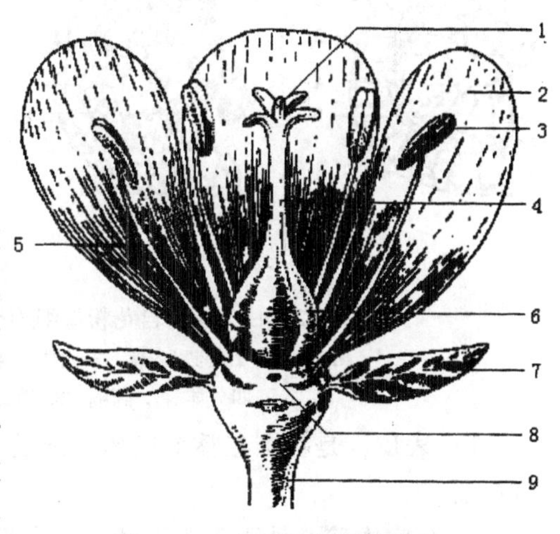

图 4-1　花的基本组成部分

1. 柱头　2. 花瓣　3. 花药　4. 花柱　5. 花丝　6. 子房　7. 花萼　8. 花托　9. 花梗

### （二）花芽分化

当植物进入了生殖生长阶段时，茎尖的分生组织不再形成叶原基和腋芽原基，而发生花原基或花序原基，逐渐形成花或花序，这一从花原基或花序原基的发生到分化成花或花序的过程，称为花芽分花，花芽各部分的分化顺序，通常由外向内地进行，但也有例外，下面观察两种植物的花芽分化：

（1）观察荠菜花蕾纵切片：荠菜花芽分化可分为四个阶段：第一阶段是花萼形成阶段，在生长锥周围产生萼片原基。由它伸长增大，形成花萼；第二阶段是雌雄蕊形成阶段，当花萼伸长到一定程度时，生长锥的顶端中央出现一个较大的雌蕊原基突起，接着在雌蕊原基与花萼之间的基部，产生雄蕊原基；第三阶段是花瓣形成阶段，当雌雄蕊原基略为伸长时，在雄蕊和花萼之间出现花瓣原基；最后阶段是花药和胚珠形成阶段，在此阶段，各原基进一步生长分化成为花萼、花瓣、雄蕊和雌蕊，雌蕊子房中形成胚珠，同时胚囊分化成熟，雄蕊的花药也逐渐成熟并产生花粉粒。至此整个荠菜花分化和发育完成，成为待开放的花蕾。请同学判断显微镜下所观察到的荠菜花蕾已分化到哪个阶段。

（2）观察柑橘花芽纵切片：其分化顺序由外向内进行，最早分化的是萼片原基，其次是花瓣原基，接着是雄蕊原基，最后是雌蕊原基，注意观察各原基的大小和形状。

### （三）花药的结构及花粉粒的形成和发育

1. 百合幼嫩花药的结构

观察百合花药最幼期横切片，可以看到百合花药横切面形似蝴蝶，由四个室组成，每一室便是一个花粉囊。左侧的两个花粉囊与右侧的两个花粉囊互为对称，中间以药隔相连，药隔主要由薄壁细胞组成，中间有一个维管束。构成花粉囊的壁称为花粉囊壁，包括下列四种成分（图4-2A，图4-2B）：

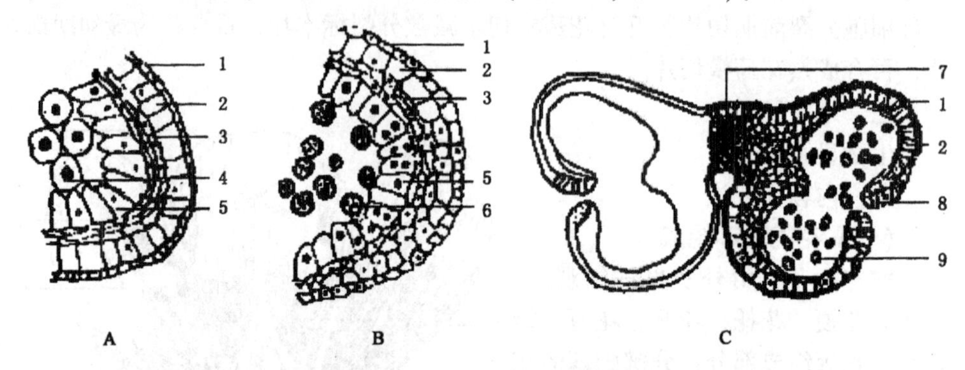


图4-2 百合花药自花粉母细胞至成熟花粉粒的发育过程

1. 表皮 2. 药室内壁 3. 中层 4. 花粉母细胞 5. 绒毡层 6. 四分体 7. 药隔 8. 唇细胞 9. 成熟花粉粒

（1）表皮：是包围在整个花药外面的一层细胞，排列较整齐，某些地方还有气孔器。

（2）药室内壁：处于表皮下的一层大型细胞，内含淀粉粒和其他营养物质，细胞壁尚未发生条纹状的次生加厚。

（3）中层：纤维层内的2～3层较小的细胞，内贮有淀粉等营养物质。

（4）绒毡层：中层内的一层细胞，也是花粉囊壁的最内一层细胞，细胞较大，常径向拉长，细胞质浓，每个细胞含1至数核，该层是花粉发育的营养来源。

花粉囊壁以内为花粉囊（也称为药室），每个花粉囊中有多数花粉母细胞。

2. *百合花粉母细胞的减数分裂*

高倍示范镜下观察百合花粉母细胞减数分裂各个时期的标本片。观察时要注意同有丝分裂进行比较，减数分裂包括两次连续的分裂，其过程比较复杂，为了提高观察效果，现把各个时期细胞形态结构上的变化特点摘要如下：

（1）减数分裂的第一次分裂（以Ⅰ表示）可分为四个时期：

① 前期Ⅰ，时间较长，变化也较复杂，可进一步分为6个小时期。

a. 前细线期：染色体极细，光学显微镜下难以分辨。

b. 细线期：染色体成细丝状，可以分辨。

c. 偶线期：可见到同源染色体两两成对靠拢（配对）。

d. 粗线期：配对后的同源染色体（二价体）缩短变粗，同源染色体中不同染色体的染色单体之间发生交叉，进行染色单体片段的互换和再结合，而另外两条染色单体不变。此特征在光学显微镜中较难看到。

e. 双线期：配对的同源染色体互相分离，但交叉处仍连在一起，可见染色体成V、X、8或O字等形状，甚至还能看清同源染色体的4条染色单体。

f. 终变期：染色体继续缩短变粗，常分散排列在核膜的内侧，此期为观察，计算染色体数目最适宜的时期。

② 中期Ⅰ：两条同源染色体的着丝粒以等距分列于赤道板的两侧，此期也是观察和研究染色体的适宜时期。

③ 后期Ⅰ：两条同源染色体分别向两极移动，每一个极区的染色体数目只有原来母细胞染色体数目的一半。

④ 末期Ⅰ：到达两极的染色体又聚集在一起，螺旋解开，回复成间期状态，形成两个子核。

末期Ⅰ结束时，在两个子核之间（赤道板处）形成细胞板，把母细胞分隔成两个子细胞，此时两个子细胞因连在一起而称为二分体。

（2）减数分裂的第二次分裂（以Ⅱ表示），过程与一般有丝分裂相似，也可分为下面4个时期：

①前期Ⅱ：染色质重新螺旋化形成染色体，并逐渐缩短变粗，本期的晚期，核仁再度消失。

②中期Ⅱ：染色体以着丝粒排列在赤道板上，每条染色体中的两条染色单体彼此反方向地连接在赤道板的两边。

③后期Ⅱ：着丝粒分裂，染色单体分别向两极移动。

④末期Ⅱ：到达两极的染色单体解螺旋，核仁、核膜重新出现，形成两个子核。

末期Ⅱ结束时，在赤道板上产生细胞板，形成2个子细胞。这样，减数分裂经过两次连续的分裂后，形成了4个子细胞，这4个子细胞在还没有分离前，称为四分体。以后四分体中的细胞各自分离，形成4个单核花粉粒。请同学想一想：每个单核花粉粒的染色体数与母细胞染色体数有何不同？每个母细胞所产生的四个单核花粉粒的遗传物质是否相同？为什么？

3. 百合成熟花药的结构

取百合成熟花药横切面标本片置低倍镜下观察，然后转换高倍镜仔细观察各部分的结构，与幼期花药相对照，可发现如下一些变化（图4-2C）：

（1）药室内壁的细胞壁出现斜纵向条纹状的次生加厚，加厚的壁物质主要为纤维素，后期略为木质化。药室内壁因发生纤维素加厚而称为纤维层。

（2）由于药室内壁（纤维层）细胞失水收缩（收缩方向与细胞壁上次生加厚的条纹相垂直），所产生的机械力使花药在裂口处（即相邻花粉囊的交接处）断开，两个相邻的花粉囊相通，裂口处所形成的裂缝为花粉粒的散出提供了通道。

（3）绒毡层细胞作为花粉粒发育过程中的养料而消失，只剩下细胞的残留物。邻接绒毡层的中层细胞，由于营养成分正在转移给花粉粒而处于退化过程之中。

（4）花粉囊中的花粉粒已发育成熟或接近成熟，花粉粒外壁上有网状雕纹，并有一萌发孔（只有内壁而没有外壁之处即为萌发孔）。百合成熟花粉粒为二细胞型（或二核型），内含一个营养细胞和一个生殖细胞。同学在观察时，应注意下面两种情况：其一，在标本片中，成熟花粉粒本来都应该为二细胞型，但所看到的二细胞花粉粒并不占多数，许多花粉粒中只看到一个核，也有的花粉粒中看不到细胞核，这可能是由于切面位置不同，或切片时细胞核丢失之故。其二，在二细胞花粉粒中，生殖细胞通常为纺锤形，但有的生殖细胞因从侧面观而不呈纺锤状。观察时要注意，生殖细胞有自身的细胞质，但无细胞壁，纺锤形的轮廓即其质膜的界线，它以质膜为界沉没于营养细胞的细胞质中。

**五、作　业**

绘百合成熟期花药横切面简图和一花粉囊的放大详图，并绘一成熟花粉粒切面的结构简图。

**六、思考题**

1. 比较百合幼期花药和成熟花药的结构特点。
2. 比较减数分裂和有丝分裂。
3. 花芽在结构上和叶芽有何不同。

## 第二节　子房的结构、胚与胚乳的发育、果实的类型和结构

**一、预习和复习**

（1）了解本实验的各个环节和内容。

（2）复习雌蕊的发育及其结构。

（3）复习胚和胚乳的发育过程。

（4）复习果实的发育和结构。

**二、实验材料**

百合 *Lilium brownii* var. *viridulum* Baker 子房横切示胚珠构造标本片，百合子房横切示大孢子母细胞标本片，百合子房横切示单核胚囊和双核胚囊标本片，百合子房横切示胚囊三次分裂后期标本片，荠菜 *Capsella bursa-pastoris*（L.）Medic. 幼果纵切示胚发育早期标本片，小麦 *Triticum aestivum* L. 和玉米 *Zea mays* L. 颖果纵切示成熟胚标本片，有关果实和种子的陈列标本。

**三、用　品**

显微镜、扩大镜、载玻片和盖玻片；5% KOH 溶液。

**四、内容和方法**

**（一）百合子房的结构**

取百合子房横切面标本片，先用扩大镜观察一下外形，然后置标本片于低倍镜下仔细观察各部分构造。可见百合子房由 3 个心皮构成，外表有 6 个凹陷处。微凹陷处是心皮背缝线的位置，深凹处则是相邻心皮的连接点，三个心皮自连接点起往内边靠边连成隔膜，把子房分隔成 3 室。心皮边缘连合处称为腹缝线，每个子房室有两列胚珠。要注意胚珠倒生（胚珠的合点在上，珠孔朝向胎座）。在子房室中，胚珠背靠背着生于中轴胎座上，珠被在珠柄处为一层，远珠柄处为二层，珠被顶端不闭合的缝隙为珠孔。珠被内方的组织为珠心，珠心中央有一个胚囊。移动标本片，比较一下几个胚珠中胚囊的发育程度，有的胚珠中胚囊母细胞

刚刚形成，有的已形成单核胚囊，有的是二核胚囊，有时候可以看到四核胚囊，偶尔也可看到7 细胞或8 核时期的成熟胚囊（图4-3 ~ 图4-5）。在一个标本片中，上述各个发育时期的胚囊不可能都一一看到。因此，看到不同时期的同学可互相交换观察。

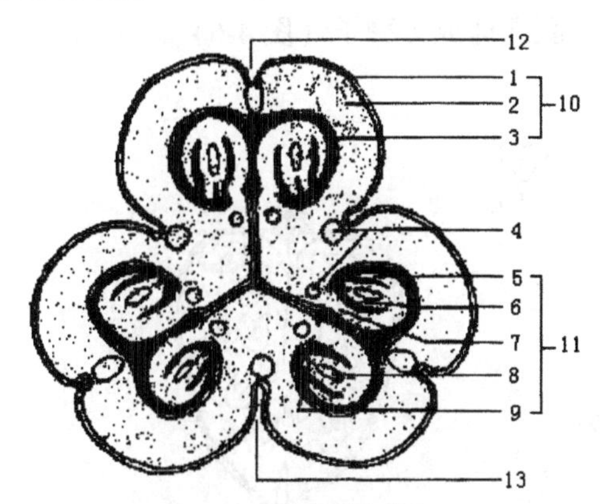


图4-3　百合子房横切面

1. 外表皮　2. 薄壁细胞　3. 内表皮　4. 维管束　5. 外珠被　6. 内珠被　7. 珠柄　8. 胚囊　9. 珠孔　10. 子房壁　11. 胚珠　12. 背缝线　13. 腹缝线

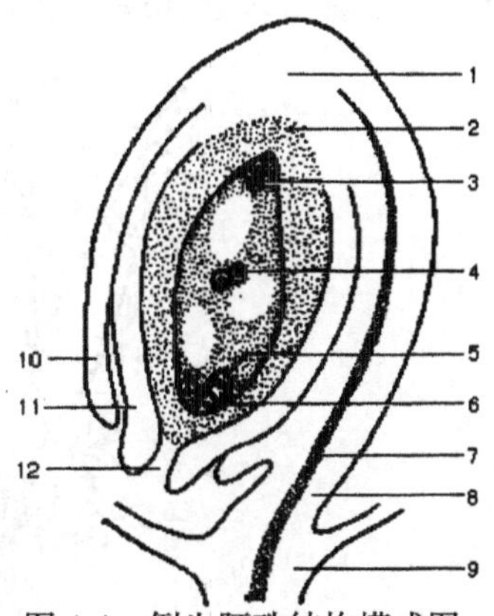


图4-4　倒生胚珠结构模式图

1. 合点　2. 珠心　3. 反足细胞　4. 极核　5. 卵细胞　6. 助细胞　7. 维管束　8. 珠柄　9. 胎座　10. 外珠被　11. 内珠被　12. 珠孔

观察完胚珠的构造后，把显微镜的视野移到子房壁上来，子房壁的最外面一层细胞称为外表皮，最内一层细胞称为内表皮，内外表皮之间为多层薄壁细胞及维管束系统（与叶肉的结构相似）。每心皮在背缝线处有一维管束，相邻心皮连接点（深凹处）及胎座中也有维管束（图4-3）。

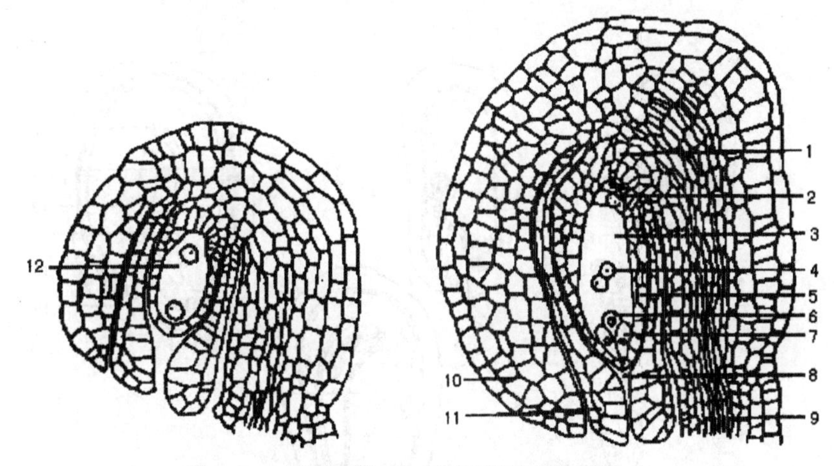


图4-5　百合属胚珠的二核胚囊和成熟胚囊

A. 双层珠被和2 核胚囊已形成　B. 成熟胚珠的结构

1. 合点区　2. 反足细胞　3. 胚囊　4. 极核　5. 珠心　6. 卵细胞　7. 助细胞　8. 珠孔　9. 珠柄　10. 外珠被　11. 内珠被　12. 二核胚囊

## （二）胚与胚乳的发育

被子植物的种子是由胚珠经双受精作用后发育而成。其中珠被发育成种皮，受精卵发育成胚，受精极核发育成胚乳。下面以双子叶植物荠菜为材料，观察其胚和胚乳的发育过程。

1. 荠菜果实的形态结构

观察荠菜果实的形态结构，可见其果实为短角果，倒心脏形，它由两个心皮构成，两个心皮的边缘互相连接，连接处（腹缝线）有一假隔膜将子房分隔成二室，每室着生多数胚珠，角果成熟后，胚珠即成为种子（图4-6）。

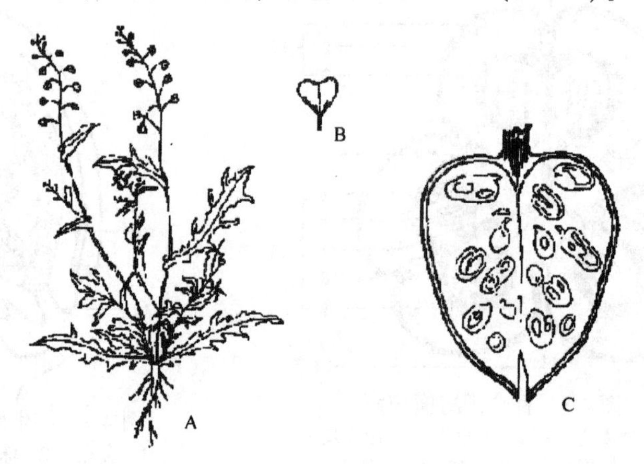


图4-6 荠菜植株形态和果实

A. 植株 B. 短角果 C. 子房纵切

2. 荠菜胚和胚乳的发育

（1）永久片观察：取荠菜幼果纵切片置低倍镜下观察，可以看到，在倒心脏形果实的假隔膜两侧有许多正处于发育中的胚珠，多数胚珠的珠柄已在做切片时被切断。找一个构造比较完整的胚珠进行观察，并注意以下几个部分（图4-7）：

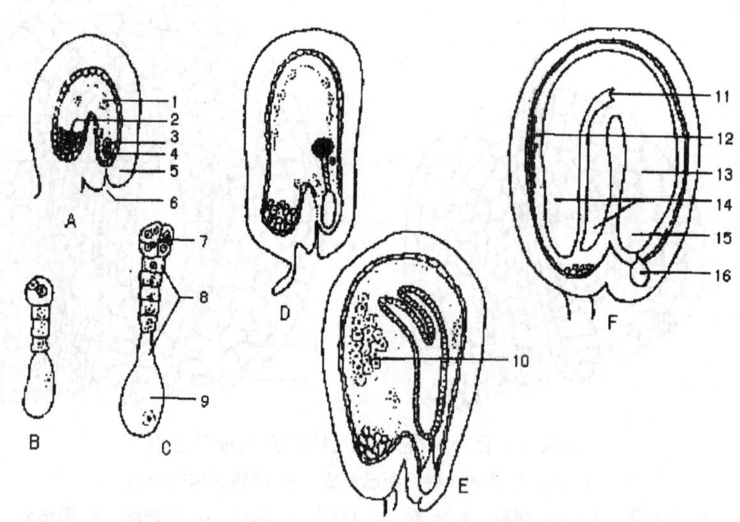


图4-7 荠菜种子的发育

A～D. 原胚时期 E. 胚分化时期 F. 成熟胚时期

1. 胚乳游离核 2. 珠心细胞 3. 胚细胞 4. 柄细胞 5. 珠被 6. 珠孔 7. 胚体 8. 胚柄 9. 胚柄基细胞 10. 胚乳细胞 11. 胚芽 12. 残留胚乳 13. 胚轴 14. 子叶 15. 胚根 16. 胚柄基细胞

① 珠被：处于胚珠外围，由2~3层细胞组成，已区分不出内外珠被了，珠孔位于胚柄基部，但也看不出来了。

② 珠心：位于珠被内侧。由于胚和胚乳的发育，珠心只剩下一层细胞了，染色较深（有些标本片中、珠心细胞被染成红褐色）。有些胚珠中，可以看到近珠柄处的珠心细胞成弯形排列，由此可以判断荠菜的胚珠是弯生胚珠。但也有些胚珠由于被切的部位偏于一侧。故珠心细胞不呈弯形排列。

③ 原胚（或幼胚）：发育较晚的可以看到由几个细胞组成的原胚，有的已成球形，故称为球形胚；发育较早的可以看到分化阶段的幼胚，有的为心脏形而称为心形胚，有的为鱼雷形而称为鱼雷胚。有的已成弯形而称为弯形胚，到了弯形胚阶段，胚的各部分（包括子叶、胚芽、胚轴和胚根）已分化成熟或即将成熟。

④ 胚柄：位于原胚（或幼胚）基部的一列细胞，紧挨珠孔处有一个大型的胚柄细胞，叫基细胞，胚柄的作用是将幼胚推送到胚囊的中部以便吸收养料。

⑤ 反足细胞：处于弯形珠心的一侧，此时反足细胞已经分裂成一堆反足细胞群。

⑥ 胚乳：荠菜的胚乳为核形胚乳。在原胚时期，胚囊中往往只看到胚乳游离核，尚未见有胚乳细胞形成，在胚分化时期，可看到部分胚乳游离核的周围出现细胞壁而形成了胚乳细胞，但胚乳细胞随着胚的长大，随时解体，将其内部养分转化供应胚发育的需要。到胚完全成熟后，胚乳就不存在了。

鉴于在一个标本片中，上述有关胚和胚乳发育各个时期的形态特征不可能都看到，因此，看到不同时期的同学可互相交换观察。

（2）临时制片观察：选取大小不同的荠菜角果，用解剖针或镊子挑出胚珠或尚未成熟的种子，放在载玻片上，滴上一滴5% KOH溶液，盖上盖玻片，然后用镊子对准材料轻轻挤压盖玻片，将胚挤出（挤压时要特别注意，不要将KOH溢出，如有溢出要用吸水纸吸去，以免腐蚀镜头）将制片放在低倍镜下观察，随着角果大小的不同，可见到胚发育过程中的各个时期，也可转换高倍镜进一步放大观察。

看完荠菜胚和胚乳的发育后，要明确下面三点：

① 荠菜胚的发育只代表了双子叶植物的类型，此外，还有一类单子叶植物类型。单子叶植物的胚在发育过程中，只有一片子叶正常发育，另一片子叶退化，请同学取玉米或小麦颖果纵切片，用扩大镜和显微镜观察胚的构造，尤其注意发育良好的子叶（盾片）和退化的子叶（外胚叶）的形态特征。

② 荠菜胚乳的发育只代表了核型胚乳的类型，此外，还有细胞型胚乳和沼生目型胚乳，本实验不作观察，但要懂得它们各自的特点。

③ 在胚和胚乳发育的同时，珠被发育成种皮，共同构成种子，由于荠菜种子在发育过程中，胚乳的营养逐渐被胚的发育所吸收，因此，到种子成熟时，胚乳已被耗尽，而成为无胚乳种子。玉米、水稻和小麦等的胚乳则没有被胚的发育所吸收，最终形成了有胚乳的种子。

### （三）果实的类型和结构

在胚珠发育为种子的同时，整个子房也迅速生长，发育为果实，有些植物的果实，单纯是由子房发育而成的，这类果实称为真果，如禾谷类植物、豆类、柑橘类以及桃、李、杏等的果实。还有些植物的果实，除子房以外，还有花托、花萼、花冠、甚至整个花序参与果实的发育，这类果实称为假果，如梨、苹果、瓜类、桑椹、菠萝和无花果等。

观察桌上陈列的各种果实。因为在植物分类的形态术语部分，有关果实的内容还会更详细介绍，因此，这里只要求先掌握下列几种真果和假果：

1. 真　果

(1) 核果：由1至多心皮组成，种子常一粒，内果皮坚硬，包于种子之外，构成果核，外果皮较薄，中果皮肉质，主要食用部分为中果皮，如桃（图4-8B）、李、杏、枣。

(2) 浆果：由1至多心皮组成，内含一粒或多粒种子，外果皮膜质，中果皮和内果皮均肉质化，充满液汁。主要食用部分为中果皮和内果皮以及胎座。如茄、番茄、香蕉、弥猴桃、葡萄和柿等。

(3) 柑果：由多心皮的复雌蕊发育而成，外果皮呈革质，有油腔；中果皮较疏松，分布维管束；中间隔成瓣的部分是内果皮，内果皮的内壁向内形成许多肉质多浆的表皮毛，是食用的主要部分，如柑橘类植物的果实。

(4) 荚果：是由单雌蕊发育而成的果实，子房一室，豆类植物的果实就是荚果，成熟时，沿背缝线和腹缝线开裂，如大豆、豌豆和蚕豆。也有不开裂的，如花生。

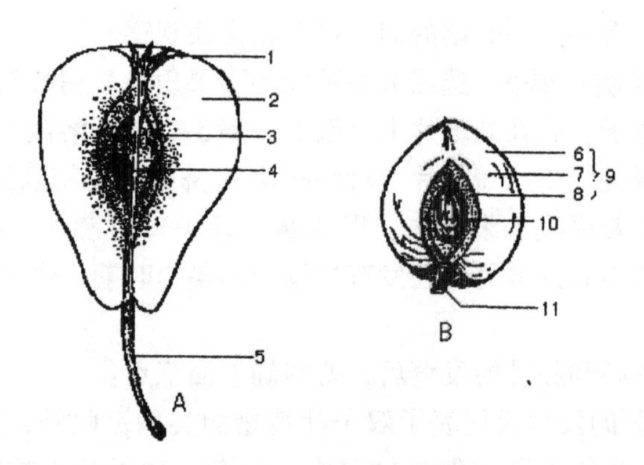


图4-8　梨和桃果实的构造

A. 梨，示假果　B. 桃，示真果

1. 宿存花萼　2. 肉质花托　3. 与萼筒愈合的子房壁　4. 种子　5. 果柄

6. 外果皮　7. 中果皮　8. 内果皮　9. 果皮　10. 种子　11. 果柄

(5) 角果：由二心皮的复雌蕊发育而成，果实中有假隔膜，种子着生于假隔膜的边缘，侧膜胎座，成熟后沿二腹缝线自下而上开裂。根据果实形态上的差异，可分为短角果和长角果。

短角果：角果的长度与宽度近相等，圆形，球形或心脏形，如独行菜、荠菜。

长角果：角果的长度大于宽度，如油菜、青菜和萝卜。

(6) 颖果：由2~3心皮的复雌蕊发育而成，一室，含一粒种子，果皮与种皮合生不易分开，谷粒去壳后的糙米和麦粒与玉米籽粒都是颖果。

2. 假　果

(1) 梨果：是由杯状花托和下位子房愈合在一起发育而成的假果（图4-8A）。

花托形成的果壁与外果皮及中果皮均肉质化，为食用的主要部分，内果皮纸质或革质，中轴胎座，如梨、苹果、枇杷等。

(2) 瓠果：也是由下位子房与花托愈合在一起发育而成的假果。花托与外果皮结合为坚硬的果壁，中果皮和内果皮肉质，胎座常很发达。瓠果为瓜类植物所特有，黄瓜、冬瓜和南瓜的食用部分主要为中果皮和内果皮；西瓜的食用部分则是由胎座膨大肉质化发育而成。

(3) 复果：是由整个花序形成的果实，如桑椹是由一个柔荑花序发育而成的复果，此柔荑花序上着生多数单性雌花，每朵雌花有4萼片和1子房，子房成熟为小坚果，而萼片变为肉质多浆的结构（为食用的主要部分），包围小坚果之外。又如凤梨（也称菠萝）为肉质花序轴，连同其上着生的多数不育花及其苞片共同形成一个肉质多浆的果实，主要食用部分为花序轴。无花果是由整个隐头花序发育而成，食用部分为肉质化的盂状花序轴，雌花和雄花着生于盂状花序轴的内侧，授粉后，雌蕊发育成多数小坚果，包藏于肉质化的花序轴内。

**五、作　业**

1. 绘百合子房横切面结构简图，示胚珠在子房中的着生情况，并注明各部分名称。
2. 绘百合一个成熟胚珠结构简图，并注明各部分名称。

**六、思考题**

1. 何谓腹缝线和背缝线？百合子房的腹缝线在哪个位置？
2. 简述荠菜胚和胚乳的发育过程。

# 实验八　种子和幼苗

## 一、预习和复习

(1) 预习本实验的各个环节和内容。

(2) 复习植物学教科书中“种子的结构与类型”和“幼苗的类型”的内容。

## 二、实验材料

蓖麻 *Ricinus communis* L.、蚕豆 *Vicia faba* L.、花生 *Arachis hypogaea* L. 和大豆 *Glycine max*（L.）Merr. 种子（都浸泡过）、水稻 *Oriza sativa* L. 谷粒、小麦 *Triticum aestivum* L. 粒、玉米 *Zea mays* L. 粒（浸泡过）、小麦颖果纵切面标本片，萝卜 *Raphanus sativus* L. 苗或油菜 *Brassica campestris* L. var. *Oleifera* DC. 苗、蓖麻苗、菜豆 *Phaseolus vulgaris* L. 苗、蚕豆苗、水稻苗或小麦苗、玉米苗等。

## 三、用　品

扩大镜、显微镜、刀片、镊子、解剖针；1%碘液。

## 四、内容与方法

### （一）种子的形态和构造

根据种子内子叶的数目和胚乳的有无，将种子分为双子叶有胚乳种子、双子叶无胚乳种子、单子叶有胚乳种子和单子叶无胚乳种子四种类型。由于单子叶无胚乳种子在农作物中少见，故本实验只涉及其他三种类型的种子。

1. 双子叶有胚乳种子

观察蓖麻种子，其种子从外至内为（图4-9）：

（1）外种皮：种子最外层具光泽并带黑色或褐色花纹的硬壳，它是由外珠被发育而来。

（2）种阜：种子下端黄白色海绵状小突起，它是由外种皮延生而形成的，有吸收作用，利于种子萌发。

（3）种脐：不明显，位于种阜旁，它是种子脱离种柄后留下的痕迹。

（4）种脊：种子腹面中央一条隆起，几乎与种子等长。它是倒生胚珠的珠柄和珠被愈合处，在种子形成后，留在种皮上的痕迹。

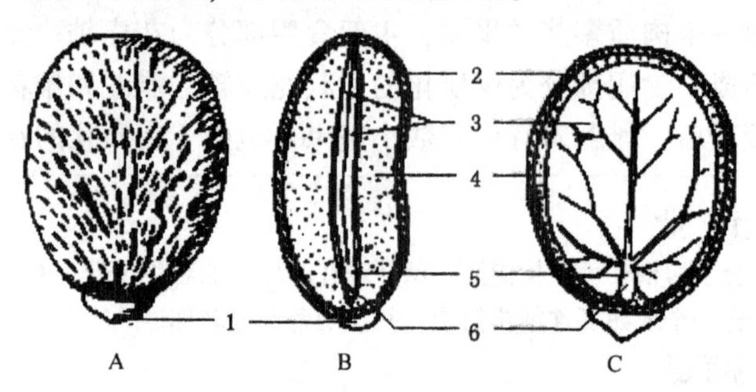


图4-9　蓖麻有胚乳种子

A. 表面观　B. 与宽面垂直的纵切面　C. 与宽面平行的纵切面

1. 种阜　2. 种皮　3. 子叶　4. 胚乳　5. 胚轴　6. 胚根

（5）种孔：被种阜遮盖，它来源于胚珠上的珠孔。

（6）内种皮：外种皮以内的一层白色薄膜，它是由内珠被发育而来。

（7）胚乳：内种皮以内的白色肥厚物为胚乳，含有大量脂肪。

（8）胚：由两片子叶及胚芽、胚轴和胚根组成，子叶紧贴胚乳内侧，大而薄，上有脉状纹；胚芽夹在两片子叶间的基部，不大明显；子叶先端纺锤状的突出部分是胚根；连接子叶、胚芽和胚根的部分是胚轴。

2. 双子叶无胚乳种子

（1）观察浸过的蚕豆种子，从外至内为（图4-10）：

①种皮：外面带黄绿色或褐色的一层皮。

②种脐：种皮一端的黑色眉状物。是种子自种柄脱落后留下的痕迹。

③种脊：隔着种脐，与种孔相对一侧的隆脊。来源同蓖麻。

④种孔：种脐下方的一小孔。用手挤压时能流出水来，它是种子萌发时吸水的通道。

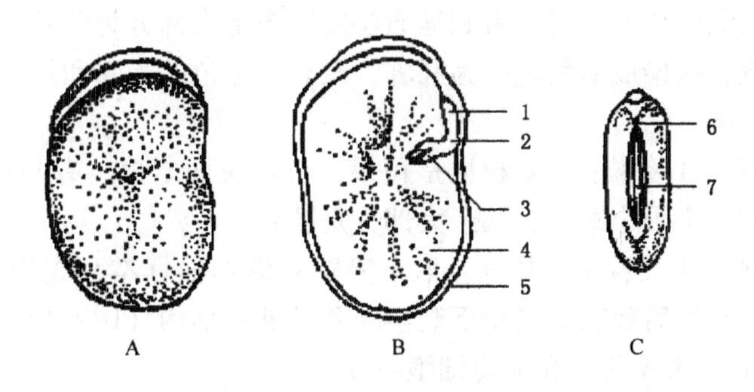


图 4-10　蚕豆种子的构造

A. 种子外形的侧面观　B. 切去一半子叶显示内部的构造　C. 种子外形的顶面观

1. 胚根　2. 胚轴　3. 胚芽　4. 子叶　5. 种皮　6. 种孔　7. 种脐

⑤胚：包括子叶、胚芽、胚轴和胚根四个部分。子叶是种皮内两片乳白色肥厚的叶状体；子叶之间的连接处是胚轴；胚轴一端尖长的突起是胚根，正对着种孔；与胚根相对的另一端是胚芽，被子叶所夹。

（2）观察花生种子，从外至内为：

①种皮：种子外面红色的“衣”。

②种脐：种子尖端白色的细痕，是种子自种柄脱落后留下的痕迹。

③种孔：在种脐旁边尖的部位，不明显。

④胚：包括子叶（种皮内两片肥厚、乳白色、光滑的结构）、胚轴（子叶之间的连接处）、胚根（胚轴一端尖长的小突起）和胚芽（处于胚根相对的另一端）四个部分组成。

再剥开大豆种子，仔细观察种子的结构是否和蚕豆、花生种子相同（图 4-11）。

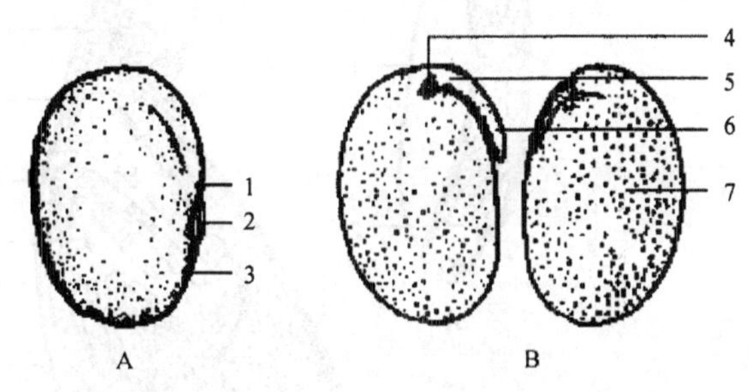


图 4-11　大豆种子的结构

A. 种子外形的侧面观　B. 剥去种皮后剖面的构造

1. 种孔　2. 种脐　3. 种皮　4. 胚芽　5. 胚轴　6. 胚根　7. 子叶

3. 单子叶有胚乳种子

（1）观察谷粒：谷粒的谷壳部分包括内稃、外稃和颖片。剥去谷壳露出糙米，外面光滑的部分是果皮，紧接里面的一薄层是种皮，由于果皮和种皮不易分离，故糙米称为颖果，果皮与种皮合称为颖果皮，颖果皮内大部分是胚乳，胚很小，居一侧末端。

（2）观察玉米颖果：玉米颖果外面为栓质层的皮，是果皮与种皮愈合部分。

以宽面中间纵向切开，可以看到栓质层皮以内绝大部分为胚乳，黄色。在切面上滴一滴碘液，被染成蓝紫色的为胚乳，没有染上色的为胚和栓质层皮。用扩大镜观察胚的结构。

（3）观察小麦粒：小麦粒也是颖果，有背腹面之分，有凹沟的一面为腹面，背面末端有一个很小的胚，其余大部分是胚乳。

（4）观察小麦颖果纵切面：取小麦颖果纵切面标本片先用扩大镜观察胚和胚乳的比例，然后放在低倍镜下观察胚和胚乳的结构（图 4-12）。

① 胚乳：由糊粉层和淀粉细胞组成。

a. 糊粉层：在种皮之内，是紧贴种皮的一层，它由排列整齐的近方形细胞组成，贮藏蛋白质和脂肪等营养物质，故又称蛋白质细胞。此层在小麦加工时很易被去除，因此，麦麸和细米糠具有营养就是这个道理。

b. 淀粉细胞：在糊粉层内侧，由大型薄壁细胞构成，贮有大量淀粉。

② 胚：由胚芽、胚轴、胚根和子叶四部分组成。

a. 胚芽：位于胚轴的上方，有幼叶和生长点，外面一层为胚芽鞘。

b. 子叶：在靠近胚乳处，形如盾状的称为内子叶；在胚的外侧接近种皮的小片状突起称为外子叶；在内子叶与胚乳交界处是一层排列紧密的细胞，称为上皮细胞，此层细胞在种子萌发时，能分泌酶类到胚乳中，把胚乳中的营养物质消化、吸收，并转移到胚的生长部位供利用。

c. 胚根：处于胚的下端，外面包被的为胚根鞘，起保护胚根的作用。

d. 胚轴：连接胚芽和胚根的部分。

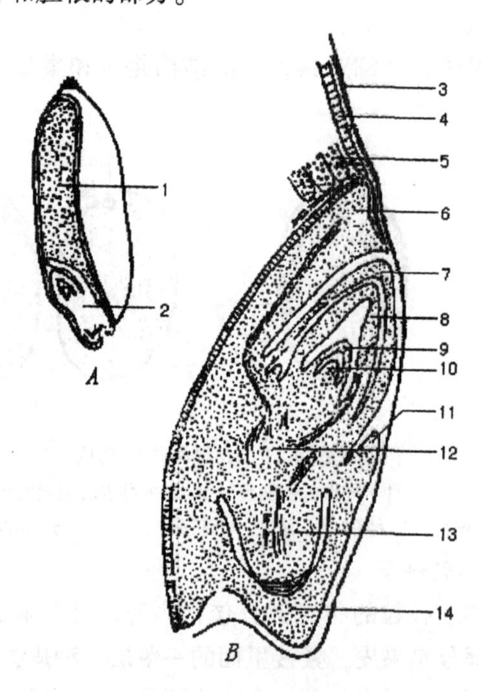


图 4-12　小麦籽粒纵切面图，示胚的结构

A. 籽粒纵切面　B. 胚的纵切面

1. 胚乳　2. 胚　3. 果皮和种皮的愈合层　4. 糊粉层　5. 淀粉贮藏细胞　6. 盾片　7. 胚芽鞘　8. 幼叶　9. 幼叶　10. 胚芽生长点　11. 外胚叶　12. 胚轴　13. 胚根　14. 胚根鞘

### （二）幼苗类型

种子在适宜的条件下萌发形成幼苗，幼苗的形态由于胚轴伸长不同有下面两种类型：

1. 子叶出土幼苗（地上长苗）

双子叶植物如萝卜、油菜、菜豆、蓖麻以及瓜类植物的种子，在萌发时，胚根首先伸入土中形成主根，接着下胚轴伸长而上胚轴暂不伸长，将子叶和胚芽顶出土面，形成子叶出土幼苗。子叶出土后接受光照变成绿色，能进行光合作用，当真叶发育后便由真叶进行光合作用，子叶便凋萎脱落。

观察菜豆、萝卜或油菜幼苗：下部为主根和侧根组成的直根系，上部有两片子叶，顶端有顶芽和两片绿色的真叶。子叶与第一侧根之间的部分为下胚轴，子叶与第一片真叶之间的部分为上胚轴（图4-13）。

2. 子叶留土类型（地下长苗）

双子叶植物如蚕豆、豌豆、柑橘以及单子叶植物的水稻、小麦和玉米等种子萌发时，下胚轴不伸长，子叶留在土中，上胚轴或中胚轴和胚芽伸出土面，形成子叶留土幼苗。

观察玉米（或水稻、小麦、燕麦）幼苗：麦粒（或谷粒、玉米粒）内部是盾片（内子叶）和残留的胚乳，其下为一主根，其上为胚轴、真叶和顶芽。胚轴上长出许多不定根，共同组成须根系（图4-14）。小麦、燕麦、水稻的种子萌发时，主要为上胚轴伸长；玉米的种子萌发时，主要是中胚轴伸长。禾谷类植物的上胚轴是指胚芽鞘节至第一片真叶节之间的部分；中胚轴是指胚芽鞘节至盾片节之间的部分。

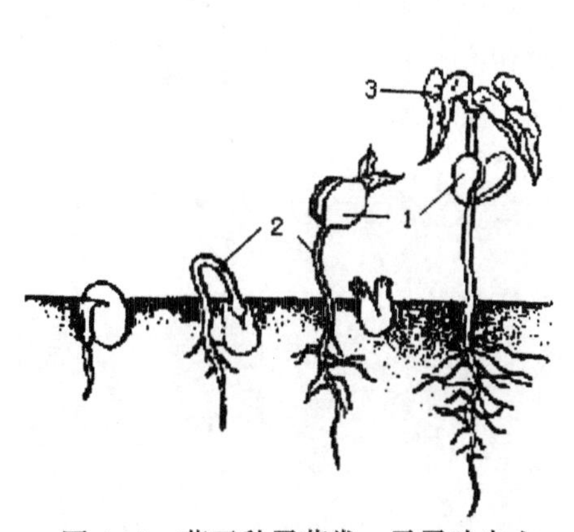


图4-13 菜豆种子萌发，示子叶出土

1. 子叶 2. 下胚轴 3. 第一对真叶

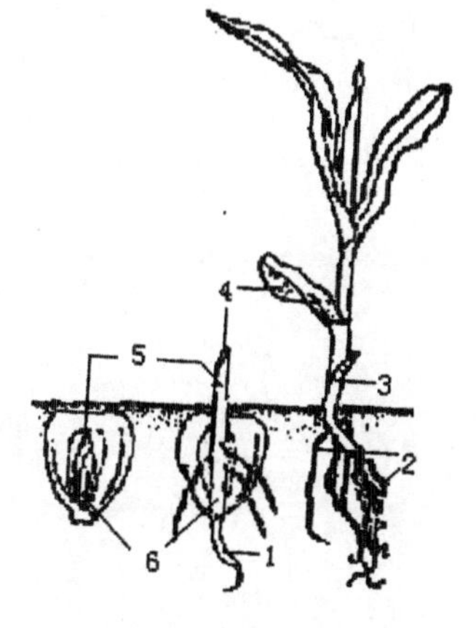


图4-14 玉米籽实萌发，示子叶留土

1. 主根 2. 侧根 3. 胚芽鞘

4. 第一片真叶 5. 胚芽鞘 6. 胚根鞘

## 五、作 业

1. 绘蚕豆种子剖面观图。

2. 绘小麦胚纵切面结构简图。要求在图上注明：颖果皮、糊粉层、淀粉细胞、上皮细胞、内子叶（即盾片）、胚芽鞘、幼叶、生长点、胚轴、胚根鞘、胚根和外子叶等。

## 六、思考题

1. 比较不同类型种子的构造。

2. 了解幼苗类型在生产上有何意义？

# 第五章
# 植物形态学名词解释

## 第一节　植物的细胞和组织

**显微结构**：普通光学显微镜所分辨的结构，分辨率在100～0.2μm。观察的对象为组织和细胞。

**亚显微结构**：比较高级的显微镜所分辨的结构，分辨率在0.2μm～1nm。观察的对象为细胞器。

**超显微结构**：电镜所分辨的结构，分辨率小于1nm，观察的对象为细胞器。

**原生质**：亦称生活物质。是生命的物质基础，是组成生物体的复杂的半透明的胶体物质。主要成分为糖、脂、蛋白质、核酸、酶、维生素、盐类和大量水分。这些物质能不断地进行新陈代谢和自我更新，产生能量，维持生命活动。

**原生质体**：由原生质特化而来，包括细胞膜、细胞核、细胞质及其细胞器。它们虽然形态、结构、功能及化学成分上有所不同，但彼此密切联系，相互影响而构成一个有机整体，担负着细胞的所有生命活动。

**细胞器**：细胞质内由原生质分化形成的具有特定结构和功能的亚细胞结构，如细胞核、质体、线粒体，内质网和高尔基体等。

**胞基质**：是包围细胞器的细胞质部分。胞基质的化学成分很复杂，这些化学成分形成了复杂的胶体溶液，构成了细胞器的环境，并与各种细胞器以及细胞核保持密切联系。

**质体**：植物细胞质中一类与合成和累积同化产物有关的细胞器。可分裂增殖。根据质体颜色和功能和不同，分为叶绿体，有色体和白色体三种主要的类型。所有质体的外围有双层单位膜组成的质体膜，内有蛋白质的液态基质和分布在基质中的膜系统。

**叶绿体**：是绿色质体，含有绿色的叶绿素和较少的红-黄色的类胡萝卜素，其主要功能是进行光合作用。

**有色体**：是含有类胡萝卜素而呈红-黄色的质体，能积累脂类和淀粉。有色体在形成花、果等颜色中起重要作用。由于有色体赋予花、果以鲜艳的色彩，可招致动物传播花粉和种子。有色体中的胡萝卜素经水解后形成维生素A，因此对动物和人类有营养价值，有色体可以由叶绿体变成，也可直接由前质体发育而来。

**白色体**：是不含可见色素的无色质体，包括合成淀粉的造粉体，合成脂肪的造油体和合成贮藏蛋白质的造蛋白体。

**胞间层**：又称中层，是由相邻的两个细胞向外分泌的果胶物质构成的，果胶是一类多糖物质，胶粘而柔软，能将相邻的细胞粘连在一起，同时又有一定的可塑性，能缓冲胞间的挤压又不致阻碍初生壁生长扩大表面面积。胞间层在一些酶（如果胶酶）或酸、碱的作用下会发生分解，使相邻细胞彼此分离。

**初生壁**：在植物细胞中，紧贴中层的第一层细胞壁。是新细胞最初产生的壁，也是细胞增大体积时所形成的壁层，由邻接的细胞分别在胞间层两面深积壁物质而成。构成初生壁的主要物质有纤维素、半纤维素和果胶物质等。

**次生壁**：是细胞体积停止增大后加在初生壁内表面的壁层。构成次生壁的物质以纤维素为主，但还有木质或木栓质等其他物质。一般认为，分化完成后原生质体消失的细胞，才具有次生壁。

**纹孔**：细胞壁次生加厚以后留下的凹陷；在这个凹陷内只有初生壁和中层。纹孔主要由纹孔腔和纹孔膜所组成。

**胞间连丝**：是穿过细胞壁的细胞质细丝，它连接相邻细胞的原生质体。电镜研究表明，胞间连丝与相邻细胞中内质网相连，从而构成了一个完整的膜系统。胞间连丝主要起细胞间的物质运输和刺激传递的作用。

**后含物**：细胞原生质在代谢过程中产生的非原生质的产物，包括贮藏物质（如淀粉、脂类和蛋白质）、代谢中间产物以及废物等。

**有丝分裂**：亦称“间接分裂”，细胞繁殖的主要方式，它的主要特点在于分裂期中已经复制了的染色体逐步浓缩、变粗成为染色体，并在纺锤丝的作用下移向两极，准确地、均等地分配到两个子细胞中去。所产生的两个子细胞都有与亲代相同数目的染色体。整个分裂过程分为前、中、后、末四个时期。

**无丝分裂**：亦称“直接分裂”，细胞分裂的一种方式。细胞分裂时，先是细胞核延长，成哑铃形，最后缢裂成两部分，细胞质随之分裂，成为两个子细胞。无丝分裂的过程简单，不出现纺锤丝和纺锤体等一系列变化，消耗能量少，分裂速度快，但其遗传物质没有平均分配到子细胞，所以子细胞的遗传性可能是不稳定的。

**赤道面**：细胞有丝分裂中期，染色体逐渐集中到细胞中部，所有染色体的着丝点，都排在中部平面上，这个面称为赤道面，亦称“赤道板”，此时由于染色体排列在一个平面内，故是计算染色体数目最方便的时候。

**纺锤体**：在有丝分裂和减数分裂中，组织染色单体或同源染色体向两极分布的丝状结构。纺锤体由许多纺锤丝所组成，纺锤丝是由微管亚单位组装伸长而成，在分裂中期，所有纺锤丝形成了一个纺锤状的构象，因此称为纺锤体。

**细胞分化**：在生物个体发育中，细胞向不同的方向发展，各自在结构和功能上表现出差异的一系列变化的过程称为细胞分化，细胞分化，基本上包括形态结构和生理生化上的分化两个方面，其中生理生化上的分化先于形态结构上的分化。

**原分生组织**：指顶端分生组织中的原始细胞，是由胚性细胞所构成的，位于根尖和茎尖的先端。

**初分生组织**：是由原分生组织衍生而来的，包括原表皮、原形成层和基本分生组织，这部分细胞能继续分裂，并逐渐分化。可以看成是原分生组织和成熟组织之间的过渡类型。

**次生分生组织**：是由成熟的薄壁组织恢复分裂功能转化而来的。束间形成层和木栓形成层是典型的次生分生组织。

**顶端分生组织**：位于根尖和茎尖的分生区部位，由胚性细胞所构成。顶端分生组织分裂出来的细胞，一部分继续保持分裂能力，一部分将来逐渐分化，形成各种成熟组织。

**侧生分生组织**：位于植物体内的周围，包括维管形成层和木栓形成层。维管形成层分裂出来的细胞，分化为次生韧皮部和次生木质部。木栓形成层的分裂活动，则形成木栓层和栓内层，它们分裂的结果，使裸子植物和双子叶植物的根、茎得以增粗。

**居间分生组织**：来源于顶端分生组织，在植物发育过程中被成熟组织隔开，因此是一种与顶端分离而间生于成熟组织之间的分生组织，如禾本科植物节间的分生组织、叶片基部的分生组织均属居间分生组织。

**表皮**：位于幼嫩植物体表面，为初生保护组织，通常由一层生活细胞组成。表皮由初生分生组织的原表皮分化而来。表皮包含几种不同的细胞类型：表皮细胞、气孔器的保卫细胞和副卫细胞，表皮毛或腺毛等外生物。

**周皮**：位于老熟植物体或某些变态器官的外表，是取代表皮起保护作用的次生保护组织，由木栓层，木栓形成层和栓内层三个层次构成。木栓层由多层扁平细胞组成，高度栓化，不易透水和透气，为良好的保护组织。栓内层细胞中常含叶绿体，起营养作用。木栓层和栓内层是由木栓形成层分别向外和向内分裂、分化而产生的。

**树皮**：广义的概念是指维管形成层以外所有组织的总称。树皮外层由周皮和一些已死的皮层、韧皮部所组成，为老茎的保护组织；树皮内层由活着的次生韧皮部所组成。是茎内同化产物的输导途径。

**传递细胞**：是一些具有胞壁向内生长特性的、能行使物质短途运输功能的特化的薄壁细胞。传递细胞的特点是在产生次生壁时，纤维素微纤丝向细胞腔内形成许多多褶突起，并与质膜紧紧相靠，形成了壁-膜器，使质膜的面积大大增加，提高了细胞内外物质交换和运输的效率。

**厚角组织**：一种支持组织；分布于植物体的幼嫩部位；由伸长的活细胞组成，胞壁往往在角落部位加厚。由于增厚不均匀，故有一定的坚韧性，并具有可塑性和延伸性，可随植物体的长大而伸长；而且既可起营养作用，又可起机械作用。

**厚壁组织**：一种支持组织；分布于植物体的老熟部位；由死细胞构成，胞壁全面加厚，没有延伸性，但机械支持力量很强。据形态不同，可分为纤维和石细胞两类。

**导管**：一种运输水分和溶解在水中的无机盐的组织；存在于被子植物的木质部；是由许多长管状的、胞壁木化的死细胞纵向连接而成的，组成导管的每一个细胞称为导管分子。

**筛管**：一种运输溶解状态的同化产物的组织；存在于被子植物的韧皮部；是由许多管状活细胞纵向连接而成的。组成筛管的每一个细胞称为筛管分子。

**伴胞**：被子植物韧皮部筛管分子的姐妹细胞；伴胞与筛管分子不但在个体发育上，两者来源于同一个母细胞，而且在生理功能上也有密切联系。伴胞核大、质浓，与筛管之间有许多胞间连丝相通，对筛管的代谢活动和物质的运输起很大作用。

**筛板**：在一个筛管分子中，具一个或多个筛域的那部分细胞壁称为筛板；筛板是被子植物所具有的特征。

**管胞**：木质部的一种管状分子，其输水机构是由一个个管胞分子互相穿插组合成的。管胞分子也是死细胞，端壁不具穿孔，只能通过纹孔运输，故运输效率比导管低。

**侵填体**：由邻接导管的薄壁细胞所形成的一种堵塞导管的囊状突出物称为侵填体，侵填体形成后，导管即失去输水能力。侵填体对防止病菌的侵害以及增强木材的致密程度和耐水性能都有一定的作用。

**胼胝体**：在筛板和筛域上形成的一层胼胝质的垫状物称为胼胝体。胼胝体形成后，筛管即失去输导能力，而被新筛管所替代。

**分泌腔**：一种内分泌结构，通常由细胞溶生而成，腔内含有分泌物，例如柑橘属和桉属植物叶子中的油腔。

**分泌道**：一种内分泌结构，是由细胞间的胞间层溶解后，裂生形成的管道状结构。在管道中的分泌物由分泌道周围的上皮细胞产生，例如松柏类植物的树脂道和漆树植物的漆汁道。

**维管组织**：木质部或韧皮部的总称，指其中一种或同时两种在内的。

**木质部**：维管植物中负责运输水分和无机盐的组织，主要由导管和管胞所组成，还有木纤维和木薄壁细胞等组成分子。木质部，特别是次生木质部，还具有支持作用。

**韧皮部**：维管植物中担负运输同化产物的主要组织，组成分子包括筛管、伴胞（蕨类植物为筛胞无伴胞）、韧皮薄壁细胞和韧皮纤维等。

**维管束**：植物体内由原形成层分化而来的，担负运输作用的束状构造，包含木质部和韧皮部，根据维管束内形成层的有无和维管束能否继续增大，可将维管束分为有限维管束和无限维管束；还可根据木质部和韧皮部的位置和排列情况，将维管束分为外韧维管束、双韧维管束和同心维管束等几种类型。

**有限维管束**：指无束内形成层的维管束。这类维管束不能再行发展，如大多数单子叶植物中的维管束。

**无限维管束**：有束内形成层的维管束。这类维管束以后通过形成层的分生活动，能产生次生韧皮部和次生木质部，可以继续扩大，如很多双子叶植物和裸子植物的维管束。

**外韧维管束**：外韧维管束的木质部排列在内，韧皮部排列在外，二者内外并生成束，一般种子植物的茎具这种维管束。这种维管束又可分为无限的和有限的两类。

**双韧维管束**：维管束的木质部内、外方都存在韧皮部。如瓜类、马铃薯、甘薯等茎的维管束属此类型。

**维管系统**：指一株植物或一个器官中全部维管组织的总称。它们与维管柱或中柱不同，并不包括基本组织。

**维管植物**：体内已有维管组织分化的植物，包括蕨类植物和种子植物。维管组织的形成，在植物系统进化过程中，对于适应陆生生活有着重要的意义。

## 第二节　植物的营养器官

**凯氏带**：在幼根内皮层细胞的径壁和横壁上，有一条兼呈木化和栓化的带状加厚结构，称之为凯氏带，这是德国植物学家 R. Caspary 于 1865 年发现的。由于内皮层细胞排列紧密，无胞间隙，而且凯氏带与细胞质牢固结合，这一结构对根的吸收作用有特殊意义，它具有加强控制根的物质运转的作用。

**U 形加厚**：在没有次生生长的少数双子叶植物以及单子叶植物中，内皮层细胞常在凯氏带加厚的基础上，又再覆盖一层木化纤维层，变成厚壁结构，这种加厚通常发生在横壁、径向壁和内切向壁，而外切向壁是薄的，这种加厚方式，称为内五面加厚，由于在横切面上呈现 U 形，也称为 U 形加厚。

**通道细胞**：在根的 U 形加厚的内皮层上，少数正对原生木质部的内皮层细胞保持薄壁状态，这种薄壁的细胞称为通道细胞。它们是皮层与中柱之间物质转移的途径。

**外始式**：一般指的是根的初生木质部细胞分化成熟的顺序是从外部开始，逐渐向内，也就是说，成熟的顺序是向心进行的。原生木质部在外，后生木质部在内，这种分化成熟的顺序由外及内的方式就称为外始式。根和茎的初生韧皮部细胞分化成熟的顺序也是外始式。

**内始式**：一般指的是茎的初生木质部细胞分化成熟的顺序是从内部开始，逐渐向外，即成熟的顺序是离心进行的，原生木质部在内，后生木质部在外，这种分化成熟的顺序由内及外的方式就称为内始式。

**中柱鞘**：位于中柱外围与内皮层相毗连，由一层或几层排列紧密的薄壁细胞所组成，有潜在性的分裂性能，是侧根、不定芽和乳汁管的起源之处，也是木栓形成层和部分维管形成层的发生部位。在种子植物的根中，多具中柱鞘，而在大多数茎里，则缺乏此种结构。

**切向分裂**：分裂面（细胞分裂后形成新壁的面）与切向面互相平行的分裂，相当于平周分裂。

**径向分裂**：分裂面与径向面互相平行的分裂，相当于垂周分裂。

**平周分裂**：分裂面与圆周表面平行的分裂，相当于切向分裂。

**垂周分裂**：分裂面与圆周表面垂直的分裂，相当于径向分裂。

**维管射线**：也称为次生射线，是由维管形成层所产生的、呈径向排列的次生组织系统。见于双子叶植物的老根和老茎中，包括木射线、韧皮射线和维管束之间的次生射线。其中木射线位于次生木质部中，韧皮射线位于次生韧皮部中，老根维管束之间的射线都是次生射线，老茎维管束之间的射线除了邻接初生木质部和初生韧皮部的射线为初生射线外，均属于次生射线，维管射线有横向运输功能。有时也有贮藏功能。

**髓射线**：在茎的初生构造中，维管束之间的薄壁组织区域称为髓射线，也称为初生射线。在草本植物中，此区域较宽；在木本植物中，此区域较窄。髓射线外连皮层，内接髓部，是茎内横向运输的途径。髓射线细胞具有贮藏作用，其中一部分细胞可变为束间形成层。

**初生构造**：由初生分生组织经过分裂、生长和分化（即初生生长）所产生的构造称为初生构造。包括表皮、皮层（或基本组织）、初生木质部、初生韧皮部、髓及髓射线等部分。

**次生构造**：由次生分生组织（维管形成层和木栓形成层）经过分裂、分化所产生的构造称为次生构造。包括次生木质部、次生韧皮部、维管射线和周皮部分。

**根瘤**：是豆科植物根与根瘤细菌的共生结构。由土壤中的根瘤菌侵入根部皮层，从而引起这部分细胞的迅速分裂，使根的外部膨大成瘤状，故称为根瘤。根瘤中的根瘤菌能固定空气中的氮。

**菌根**：是土壤中真菌和许多高等植物的共生结构。可分为外生菌根和内生菌根。前者的菌丝大部分生长在幼根的外表，形成白色丝状物覆盖层，少数菌丝可侵入皮层的细胞间隙中，但并不伸进细胞里去；后者的菌丝穿过细胞壁而进入并生活在寄主的细胞里面。外生菌根的菌丝能代替根毛的作用，扩大根的吸收面积。菌丝能分泌水解酶，促进根际有机物质的分解。菌丝呼吸产生的二氧化碳溶解成碳酸后，能提高土壤酸性，促进难溶性盐类的溶解，使易于吸收。真菌还能产生生长活跃物质，促进根系发育。

**叶芽**：发育为营养枝的芽。叶芽中央是幼嫩的茎尖，在茎尖上部，有距离很近的节和节间，周围有叶原基和腋芽原基突起。在茎尖下部，节与节间开始分化，叶原基发育为幼叶，把茎尖包围着。

**花芽**：发育为花或花序的芽。花芽顶端周围产生花各组成部分的原始体或花序的原始体。

**定芽**：生长在枝上有一定位置的芽称为定芽。其中，生长在茎或枝顶端的，称为顶芽；生长在叶腋的，称为侧芽或腋芽。有些植物（如桃）的叶腋可产生二个或几个芽。其中，除一个腋芽外，其余的都称为副芽，副芽通常为花芽。

**不定芽**：不是生长在通常的地方（叶腋或茎端）。而是生长在老茎、根、叶上或伤处的芽，农业、林业生产上，常利用植物有能够产生不定芽的性能，进行植物体的营养繁殖。

**混合芽**：同时发育为枝、叶和花（或花序）的芽称为混合芽，如梨和苹果的顶芽便是混合芽。

**叶原基**：茎尖的小突起，是产生叶的分生组织。

**腋芽原基**：茎尖的小突起，位于叶原基的内侧或幼叶的叶腋中，是产生腋芽的分生组织，以后发育为营养枝或花。

**单轴分枝**：指主轴始终保持生长优势的分枝方式。如红麻、黄麻以及松柏类植物的分枝方式都是单轴分枝。

**合轴分枝**：指主枝和各级侧枝都不保持生长优势的分枝方式。合轴分枝的主轴实际上是一段很短的枝与其各级侧枝分段连接而成，是曲折的，节间很短，而花芽往往较多，能多结果，为丰产的分枝方式。

**分蘖**：通常是指禾本科植物茎干基部在地下或近地面处的密集分枝方式，产生分枝的节称为分蘖节，节上产生不定根。

**淀粉鞘**：指幼嫩的双子叶植物茎中，皮层最里面的一层细胞，当这些细胞具有大量而恒定的淀粉粒时，称为淀粉鞘。

**中柱**：指皮层以内的中轴部分，在根中，它由中柱鞘、维管组织和髓组成；在双子叶植物茎中，它由维管束、髓和髓射线等组成，由于大多数双子叶植物的幼茎内没有中柱鞘，或不明显，而使皮层和中柱之间常无明显界限，因此有人采用“维管柱”代替“中柱”一词。

**纺锤状原始细胞**：茎维管形成层中的一种切向面宽、径向面窄，沿长轴两端尖斜的长梭形细胞。由它们产生次生木质部和次生韧皮部轴向系统的各种细胞。

**射线原始细胞**：在茎的维管形成层中，一种较小的、近于等径的、形成射线的原始细胞，即由这些原始细胞产生次生木质部和次生韧皮部的射线细胞，构成径向的次生组织系统。

**年轮**：在温带地区，由于维管形成层周期性活动的结果，在一个生长周期中产生的次生木质部，形成一个生长轮，由于上一个的晚材和下一个的早材在结构上有明显的差异，使生长轮界限清楚，如果有明显的季节性，一年只有一个生长轮，就称为年轮。一个年轮包括同一个年内所产生的早材和晚材。

**早材**：也称春材，指在木材的一个生长轮（或年轮）内，细胞较大，壁较薄排列较疏松的部分；这部分木材在生长季的早期（即春季）形成。

**晚材**：在一个生长轮（或年轮）中，较晚形成（夏末秋初）的木材；其细胞比早材中的较小，壁较厚、质地较致密，晚材也称为秋材或夏材。

**假年轮**：由于外界气候反常或严重的病虫害等因素的影响，暂时阻止了形成层的活动，后来又恢复活动，因此在同一个生长季节中，可产生二个以上的生长轮，这就叫假年轮。

**边材**：在生活的乔木或灌木中，具有活的木薄壁组织，有效地担负着输导和贮藏功能的那部分木材。这是近年形成的次生木质部，颜色较浅。

**心材**：指生长的乔木或灌木的内部木材，是较老的次生木质部，不包含活的细胞，并已失去了输导和贮藏功能。少数植物在生长后期，心材被菌类侵入而腐蚀，形成空心树干，但仍能生活。

**皮孔**：周皮上的一个分离区域，常呈透镜形，由排列疏松的栓化或非栓化的细胞组成；在皮孔的部位，木栓形成层向内形成栓内层，向外产生松散的薄壁细胞（补充组织）；在有的植物中木栓形成层还向外形成一种致密的封闭层，与补充组织相间。皮孔常见于老茎，是内部组织与外界进行气体交换的通道。

**栅栏组织**：两面叶的叶肉组织的一种类型，是一列或几列长柱形的薄壁细胞。其长轴与上表皮垂直相交，作栅栏状排列。栅栏组织细胞的叶绿体含量较多，叶绿体的分布常决定于光照强度。在强光下，叶绿体贴近细胞的侧壁，减少受光面积，避免过度发热；在弱光下，它们分散在细胞质内，充分利用散射的光能。

**海绵组织**：两面叶的叶肉组织的一种类型，是位于栅栏组织与下表皮之间的薄壁组织，其细胞形状、大小常不规则，胞间隙很大，在气孔内方形成较大的孔下室，海绵组织细胞内含叶绿体较少，光合作用能力不如栅栏组织，但更能适应气体交换。

**叶脉**：叶片上可见的脉纹，即贯穿在叶肉细胞里的维管束及其外围组织，它同茎的维管束相连，通过它向叶内输送水分和无机盐，并把叶片制造的有机养料送到植物体的各个部分；同时有支持叶片的功能，叶脉的内部结构随脉的大小而有不同，主脉或大的侧脉中含有一个（或几个）维管束，其中木质部在上方，韧皮部在下方，双子叶植物还存在着分裂活动微弱的束中形成层。维管束周围除了薄壁组织外，还常有厚角组织和厚壁组织，叶脉越小，维管束的结构越简化。

**泡状细胞**：一种明显增大的薄壁的表皮细胞，在禾本科植物和其他许多单子叶植物叶子表皮中常排列成纵行；细胞中具一个大液泡，不具叶绿体；有人认为与叶子卷曲和伸展有关，所以双称为运动细胞。

**离区**：使植物器官（如叶、花和果等）脱离母株的组织，称为离区；在这个区域中一般具离层和保护层。

**离层**：由于离区中细胞解体或分离，从而使有关器官（例如叶、枝、花和果等）脱离的那一层组织。

**保护层**：植物器官如叶、枝、花和果等脱落后，在离区中有几层起保护作用的细胞，称为保护层；这些细胞往往栓质化，以防止外来病菌的侵入和水分的丧失。

**副形成层**：通常是由次生木质部的木薄壁组织中的若干部位的细胞恢复分裂能力转变来的。由副形成层产生三生木质部和三生韧皮部，形成三生构造，常见于某些植物，如萝卜、甘薯等的变态器官中。

**同功器官**：凡外形相似、功能相同，但形态学上来源不同的变态器官，称为同功器官。例如，茎刺和叶刺，茎卷须和叶卷须等都属于同功器官。

**同源器官**：外形与功能都有差别，而形态学上来源却相同的营养器官，称为同源器官。如茎刺、茎卷须、根状茎、鳞茎、球茎等，都是茎枝的变态，属于同源器官。

## 第三节 被子植物的生殖器官

**完全花**：具花萼、花冠、雄蕊群和雌蕊群等几个部分的花称完全花（缺乏其中任何一部分的花称不完全花）。

**心皮**：一种变态叶，是构成被子植物雌蕊的单位。心皮边缘褶合，胚珠包被其内。

**单雌蕊**：由一个心皮构成的雌蕊称单雌蕊。

**离生雌蕊**：一朵花中有多数彼此分离的单雌蕊，就叫离生雌蕊，又叫离生单雌蕊。

**复雌蕊**：由两个或两个以上心皮构成的雌蕊称为复雌蕊。

**花药**：雄蕊中包含花粉囊的部分，称为花药。典型的花药通常包含四个花粉囊（即小孢子囊）。

**花粉母细胞**：又称为小孢子母细胞。是指小孢子囊中的二倍体细胞，经减数分裂产生单倍体小孢子（单核花粉粒）。

**绒毡层**：是花粉囊壁的最里面的一层细胞，其细胞较大，初期为单核的。在花粉母细胞进行减数分裂时，绒毡层细胞也进行核分裂，但不伴随细胞壁的形成，所以每个细胞具有双核或多核。绒毡层细胞含有丰富的营养物质，对花粉粒的发育或形成起着重要的营养和调节作用；绒毡层能合成和分泌胼胝质酶，分解花粉母细胞和四分体的胼胝质壁，使单核花粉粒分离；绒毡层又能合成一种识别蛋白，通过转运至花粉粒的外壁上，在花粉粒与雌蕊的相互识别中，对决定亲和与否，起着重要的作用；绒毡层还能分泌孢粉素，作为花粉外壁的主要成分。

**减数分裂**：染色体数目减半的核分裂。它包括二个连续的分裂过程，第一次分裂时，来自亲代的同源染色体成双配对，并进行遗传物质的交换，在新分裂的两个子细胞核内，染色体数目比母细胞减少一半；第二次分裂为正常的有丝分裂，最后形成四个单倍体的子细胞。这种分裂仅见于雌雄生殖细胞形成之前的分裂。

**小孢子**：在异形孢子植物中，较小的孢子称为小孢子或雄孢子。在种子植物中，单核时期的花粉粒也称为小孢子。小孢子发育后形成小配子体，也称雄配子体。

**大孢子**：在异形孢子植物中，一种较大的减数孢子称为大孢子。在种子植物中，单核时期的胚囊也称为大孢子，大孢子发育后形成大配子体，也称雌配子体。

**雄配子体**：也称为小配子体。在种子植物中，由小孢子发育来的成熟花粉粒（2～3个细胞）以及由花粉粒长出的花粉管，统称为雄配子体。

**雌配子体**：也称为大配子体。在被子植物中，由大孢子发育来的成熟胚囊（一般7～8个细胞）称为雌配子体。在裸子植物中，由大孢子发育而成的胚乳（包含着颈卵器）称为雌配子体。

**雄配子**：也称为小配子。在种子植物中，精细胞称为雄配子。

**雌配子**：也称为大配子。在种子植物中，卵细胞称为雌配子。

**胚珠**：种子植物特化的大孢子囊及其外面的包被（珠被）。被子植物胚珠包被于子房壁内，裸子植物的胚珠则裸露着生于大孢子叶上，受精前胚珠中部包藏着具卵细胞的雌配子体（胚囊），外部被薄壁组织构成的珠心和1～2层珠被所包围，珠被常在胚珠先端留下小孔——珠孔，胚珠的基部有小柄——珠柄。受精后，胚珠发育成种子。

**合点**：指胚珠中，珠心与珠被合并的区域，或珠心基部各部分长在一起的地方，称为合点。

**胎座**：子房中胚珠着生的区域。

**子房**：雌蕊基部的膨大部分。外为子房壁，内有一至若干子房室，每室有一至多个胚珠。传粉受精后，子房发育为果实，胚珠发育为种子。

**双受精作用**：是被子植物特有的一种受精作用，即由一个精子与卵子融合，产生胚，另一个精子与极核融合形成胚乳。双受精作用是植物界最进化的繁殖方式。使植物后代保持了遗传的稳定性，同时又增加了变异性，因此生活力更强，适应性更广。

**胚乳**：在被子植物的种子中，通过精子与极核融合发育而来的营养组织；在裸子植物的种子中，直接由雌配子体发育而来的营养组织，统称为胚乳。胚乳为胚和幼苗在发育过程中提供营养。

**核型胚乳**：主要特征是在胚乳发育的早期，核分裂时不伴随着细胞壁的形成，因此在胚乳发育过程中有一个游离核时期。核型胚乳形成的方式在单子叶植物和双子叶离瓣花植物中普遍存在，是被子植物中最普遍的胚乳形成方式。

**细胞型胚乳**：主要特征是初生胚乳核的分裂伴随着细胞壁的形成，因此在胚乳发育早期没有游离核时期。这种方式主要见于双子叶合瓣花植物，如番茄、烟草和芝麻等中。

**外胚乳**：在种子中由珠心发育来的营养组织，称为外胚乳。

**假种皮**：包被在种皮之外，是由珠柄、胎座等部分发育来的。如荔枝、龙眼的肉质可食部分，是珠柄发育而来的假种皮。

**无融合生殖**：有些植物不经过雌雄性细胞的融合（受精）而产生有胚的种子，这种现象称为无融合生殖。

**不定胚**：由珠心或珠被的细胞直接发育来的胚称为不定胚。

**多胚现象**：一粒种子中具有一个以上的胚，就称为多胚现象。这种现象在柑橘类中普遍存在。

**假果**：有些植物的果实，除子房以外，大部分是花托、花萼、花冠，甚至是整个花序参与发育而成的，如梨、苹果、瓜类、菠萝等的果实，这类果实称为假果。

**真果**：由子房发育而成的果实称为真果。如水稻、小麦、玉米、棉花、花生、柑橘、桃、茶的果实。

**单性结实**：有一些植物，可以不经过受精作用也能结实，这种现象叫单性结实。单性结实有两种情况，一种是子房不经过传粉或任何其他刺激，便可形成无籽果实，称营养单性结实，另一种是子房必须经过一定刺激才能形成无籽果实，称为刺激单性结实。

**生活史**：指生物在其一生中所经历的发育和繁殖阶段的全部过程。如被子植物个体的生命活动，一般可以从上代个体产生的种子开始，经过种子萌发，形成幼苗，并经过生长、开花、传粉、受精、结果，产生新一代的种子。从种子到种子，这一整个生活历程，就是被子植物的生活史。

**胚**：卵细胞受精后发育形成的雏形植物体，在种子植物中包藏在种子内部，具有胚芽、胚根、子叶和胚轴四个部分。

**胚轴**：是连接胚芽、胚根和子叶的轴，种子萌发后，胚轴可分为上胚轴和下胚轴，禾谷类的一些植物有中胚轴。

**上胚轴**：子叶着生处到第一片真叶之间的距离；在禾谷类植物中为胚芽鞘节到第一片真叶的距离。子叶出土的幼苗，其上胚轴不明显。

**下胚轴**：子叶着生处到第一侧根之间的距离，具须根系的植物则区分不出下胚轴；子叶留土的幼苗，其下胚轴不明显。

**中胚轴**：禾谷类的一些植物有明显的中胚轴，如玉米，是指盾片节与胚芽鞘节之间的部分。

**盾片**：禾谷类植物的外子叶发育不全，只有内子叶发育，着生于胚轴的一侧，形如盾状，称为盾片。

**上皮细胞**：禾谷类植物的盾片与胚乳交界处有一层排列整齐的细胞，称为上皮细胞。当种子萌发时，上皮细胞分泌酶类到胚乳中，把胚乳中贮藏的营养物质消化、吸收，并转移到胚的生长部位供利用。

**颖果**：特指禾谷类植物的果实，其果皮与种皮愈合不易分开，如一粒小麦或剥去谷壳的糙米在植物学上都称为颖果。

# 下 篇

# 植物分类学实验技术

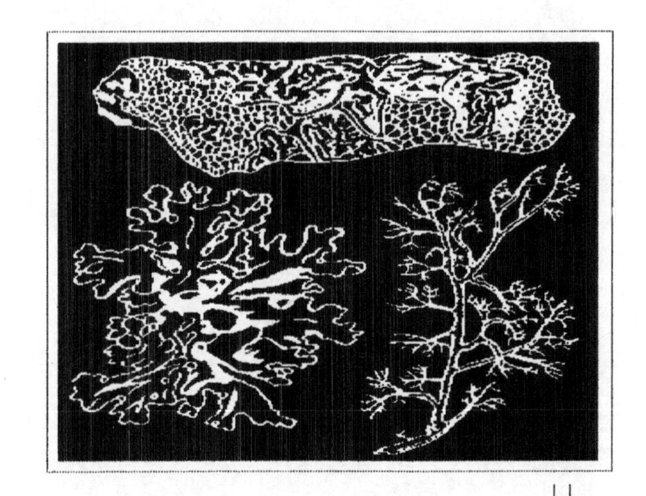

植物分类学也是植物学的一门分支学科，主要研究植物进化的程序和植物间的亲缘关系，并对植物进行科学分类。在高等农林、师范及综合院校，植物分类学与生物科学类、植物生产类、环境生态类和资源类本专科各专业关系密切，对病虫寄主植物、土壤指示植物、蜜源植物、中草药和牧草的识别；对果树、花卉、蔬菜、农作物等在分类学中的地位及相互间亲缘关系的认识；对重要经济植物的遗传育种、珍稀植物的引种栽培及野生资源植物的开发利用等方面都有着极其重要的意义。实验课是植物分类学中的一个重要环节，它的任务在于：从显微观察能力、动手能力和感知能力等方面对学生进行全方位的实验技能综合训练。通过综合研究和训练，使学生懂得植物界的演化发展规律，认识一些常见的植物种类，学会鉴定植物和制作腊叶标本的方法技巧，从而为学好专业课和更好地从事科学研究打下良好的基础。

# 第六章

# 植物界的分类

植物界约有50余万种植物。为了更好的认识、利用和改造它们，必须对它们进行分门别类。分门的依据各家有所不同，本书采用藻类7门、菌类3门、地衣1门、苔藓1门、蕨类1门、种子植物2门，共15门。

其中，藻类、菌类、地衣、苔藓和蕨类用孢子进行繁殖，所以叫孢子植物，由于不开花，不结果，所以叫隐花植物；而种子植物开花结果，用种子繁殖，所以叫种子植物或显花植物。也有把具有维管系统的蕨类和种子植物称为维管植物；把苔藓以下的植物称为非维管植物。藻类、菌类和地衣合称为低等植物；苔藓、蕨类和种子植物合称为高等植物。低等植物在形态上无根、茎、叶的分化（又称原植体植物），构造上一般无组织的分化，雌性生殖器官单细胞，合子发育时离开母体，不形成胚，故又称无胚植物。高等植物形态上有根、茎、叶的分化（又叫茎、叶体植物），构造上有组织的分化，雌性生殖器官多细胞，合子在母体内发育成胚，故又称有胚植物。

本章实验的目的有以下3个方面：

（1）通过对各代表植物的观察，进一步了解各大类群的特征，并从形态上区分藻类、菌类、地衣、苔藓、蕨类和种子植物。

（2）通过观察，要真正懂得高等植物为什么高等，低等植物为什么低等，懂得植物界的一般演化规律。从而在今后的学习和工作中，能够根据植物的演化发展规律去科学地认识植物、利用植物和改造植物。

（3）认识植物的形态构造和生殖过程与生长环境的统一性。

**本章教学课题和教学方式安排表**

| | 教学课题 | 主要教学方式 | 辅助教学方式 |
|---|---|---|---|
| 实验九 | 低等植物的分类 | 利用永久切片、临时制片、新鲜标本、液浸标本和腊叶标本观察植物体的内部构造和外部形态 | 利用多媒体显微镜和体视镜以及多媒体演示系统展示植物体的内部构造和外部形态 |
| 实验十 | 高等植物的分类 | | |

## 实验九　低等植物的分类

### 一、实验材料

（1）鱼腥藻属 *Anabaena*、颤藻属 *Oscillatoria*、衣藻属 *Chlamydomomas*、水绵属 *Spirogyra*、轮藻属 *Chara*、硅藻 *Diatoms*、紫菜属 *Porphyra*、海带 *Laminaria japonica* Aresch. 等藻类；

（2）匍枝根霉 *Rhizopus stolonifer*、青霉属 *Penicillium*、香菇 *Lentinus edo-*

des、蘑菇*Psalliota campestris* 等菌类；

(3) 地衣植物 (Lichenes) 三种形态 (枝状、叶状和壳状)；

(4) 水绵属接合生殖标本片，细菌门 Schizomycophyta 三态标本片，地衣纵切标本片。

(5) 满江红 *Azolla imbricata* (Roxb.) Nakai。

## 二、用 品

显微镜、镊子、载玻片、盖玻片、滴管、蒸馏水、擦镜纸、吸水纸、培养皿。

## 三、内容和方法

### (一) 藻类植物 (Algae)

多为水生，植物体含有色素，能进行光合作用，属于自养生物，常以所含色素和光合作用产物来分类。

1. 蓝藻门 Cyanophyta

原核生物，无载色体，色素主要为藻蓝素和叶绿素 a，故植物体呈蓝绿色，又名蓝绿藻。

(1) 鱼腥藻属 *Anabaena*：镊取满江红 *Azolla imbricata* (Roxb.) Nakai 叶于载玻片中央，加一小滴水，以镊尖夹碎叶片。然后捡去残渣，盖上盖玻片，于低倍镜下观察，再转高倍镜，就可见到由许多球形细胞串连而成丝状体，这就是鱼腥藻 (图 6-1C)。鱼腥藻又叫项圈藻，它生长在蕨类植物满江红的叶片里，与满江红形成共生体。其丝状体通常由两种细胞构成，体积较大，细胞壁较厚的是异形胞，体积较小，颜色较深的是营养细胞。异形胞中含有固氮酶，能进行固氮作用。光合作用主要在营养细胞中进行，制造蓝藻淀粉，维持自身生活之需。偶尔还可以见到另一类细胞—厚垣孢子 (壁厚、能渡过不良环境)。

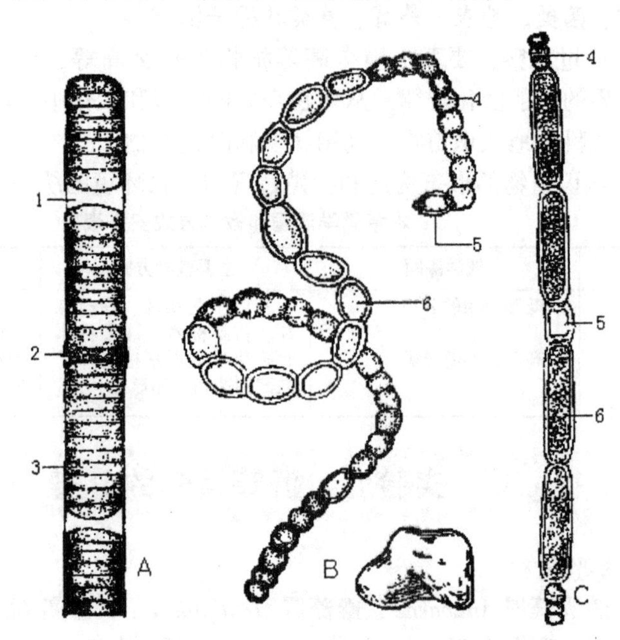


图 6-1 蓝藻 *Cyanophyta*

A. 颤藻属 *Oscillatoria* B. 念珠藻属 *Nostoc* C. 鱼腥藻属 *Anabaena*

1. 死细胞 2. 隔离盘 3. 营养细胞 4. 营养细胞 5. 异形胞 6. 厚垣孢子

（2）颤藻属 *Oscillatoria*：取颤藻丝状体（1～2 条）制成临时标本片，置于显微镜下观察，可见到丝状体是由一列短圆形的细胞组成（图 6-1A），由于丝体可前后收缩和左右摆动，因而得名。藻体上有时有空去的死细胞，作双凹形，把丝体分成几段，每一段叫一个藻殖段。藻丝上有时还有胶化膨大的隔离盘，亦作双凹形，是活细胞。两个隔离盘之间的这一段也叫藻殖段，藻殖段易从丝体上断开并长成新的丝状体，所以藻殖段是一个营养繁殖单位。

2. 绿藻门 Chlorophyta

真核生物，具载色体，色素主要为叶绿素 a 和叶绿素 b，故呈绿色。其所含色素、贮藏养分和细胞壁的成分都与高等植物相似，故多数学者认为，绿藻是高等植物的祖先。

（1）衣藻属 *Chlamydomonas*：取衣藻标本片（或取含衣藻水液制片）观察，显微镜下可看到衣藻为单细胞，梨形（图 6-2）。前端有二条等长的鞭毛，（视野暗时才隐约可见），鞭毛基部附近有一红色眼点。其细胞具一核，一杯状载色体，载色体上有一造粉核。

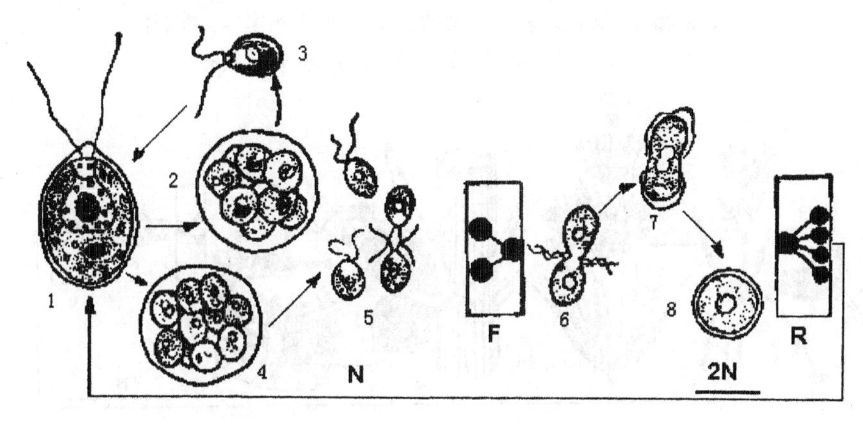


图 6-2　衣藻属 *Chlamydomonas*

1. 植物体　2. 游动孢子囊　3. 游动孢子　4. 配子囊　5. 配子
6、7. 配子结合　8. 合子　F. 受精　R. 减数分裂

（2）水绵属 *Spirogyra*：用镊子镊取 1～2 条水锦丝状体装片，于低倍镜下观察，该藻体由一列圆筒形的细胞构成（图 6-3），每一个细胞内有 1 至数条螺旋带状的载色体，其上有多个造粉核。细胞核位于细胞的中央，但通常被载色体所遮盖，偶尔在暗视野中可见到，水绵细胞壁外层有多量的果胶质，用手摸一摸培养皿中的水绵，有滑腻感。

观察水锦接合生殖标本片，注意其细胞内原生质收缩、转移、以及接合管的位置等情况，水绵的有性生殖为接合生殖，常见的为梯形接合。接合时，两条丝体并列，相对的细胞各长出一突起，接触处壁溶解后形成接合管，两边的细胞成为配子囊，其内原生质收缩形成配子，雄配子囊中的雄配子通过接合管流到雌配子囊中，与雌配子结合成合子，然后细胞壁破裂，合子脱离母体，直接发育成水绵丝状体。

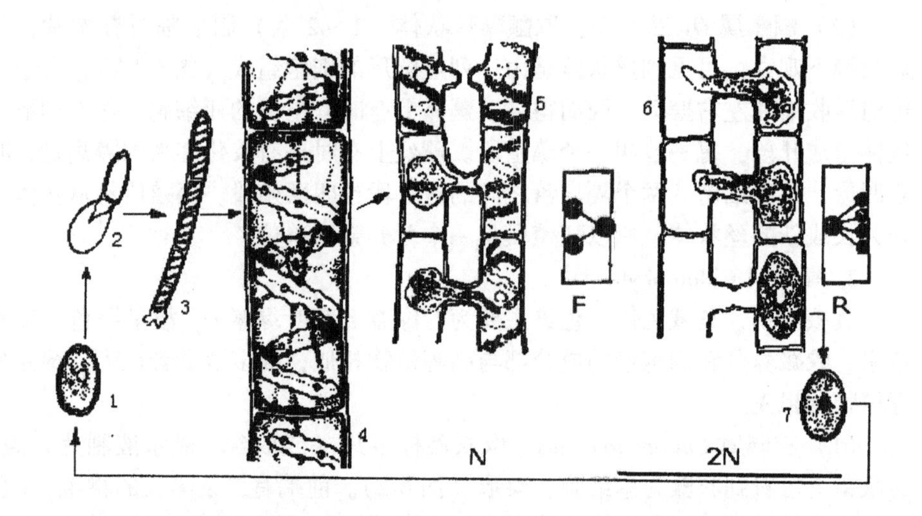


图 6-3　水绵属 *Spirogyra*

1. 经减数分裂后的合子　2. 萌发的合子　3. 幼植体　4. 营养体
5、6. 梯形结合　7. 合子　F. 受精　R. 减数分裂

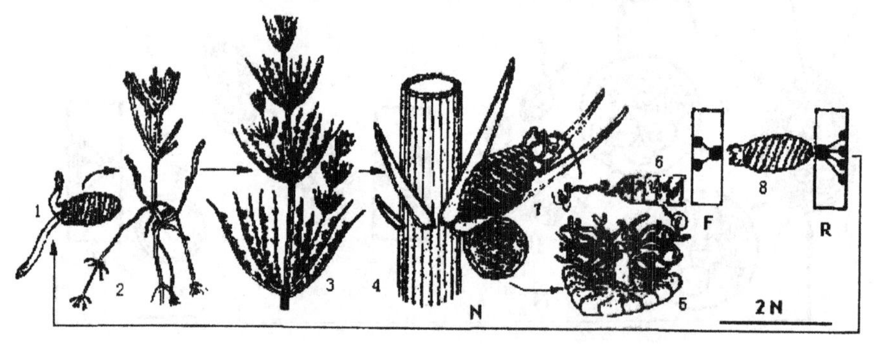


图 6-4　轮藻属 *Chara*

1. 合子萌发　2. 幼植体　3. 植物体的一部分　4. 短枝的一部分，示卵囊和精子囊
5. 盾形细胞及精子囊丝　6. 精子囊丝　7. 精子　8. 合子　F. 受精　R. 减数分裂

（3）轮藻属 *Chara*：用镊子镊取一段轮藻装片，于低倍镜下观察，其藻体是具分枝的丝状体（图 6-4），分枝之处称为节，两节之间的部分称为节间，有假叶和假根。假根固着于水底淤泥中，假叶伸展在水体中。有性生殖时，雌性生殖器官生在假叶的上方，称为卵囊球，长卵形，内有一个卵细胞；雄性生殖器官生在假叶的下方，称为精囊球，里面产生精子。成熟后，精子从卵囊球顶端进入，与卵受精，产生合子，由合子萌发长成新的轮藻植株，这种生殖方法叫做卵式生殖，是藻类植物较进化的一种生殖方式。生殖器官（卵囊球和精囊球）已属于多细胞的类型，但没有各种组织的分化，因此，可以看作是低等植物到高等植物之间的一种过渡类型。

3. 红藻门 Phodophyta

红藻除两属是单细胞种类外，其余都是多细胞藻体。植物体除含叶绿素外，还含有藻红素，通常呈红色、紫色等。光合作用的产物是红藻淀粉，生殖过程没有游动孢子和游动配子，但有特殊的雌性生殖器官——果胞。

取紫菜属 *Porphyra* 植物（图 6-5）浸泡标本，先观察外形后装成标本片置显微镜下观察。紫菜藻体的外形是扁平不规则的叶状体，颜色深紫色，基部有固着器。叶状体表面有一层胶质鞘，胶质鞘的内面有 1～2 层长方形或椭圆形细胞，细胞内有一个大形的星状色素体，内含淀粉核一个，细胞核很小，常偏于细胞的一旁。

紫菜属植物在生殖期间，叶状体边缘的营养细胞形成精子囊（精子囊内有许多精子），精子比营养细胞小好几倍，成堆地排列在一起，果胞子囊是由果胞受精后形成的，果胞子囊内有果胞子 8→16→32 个。

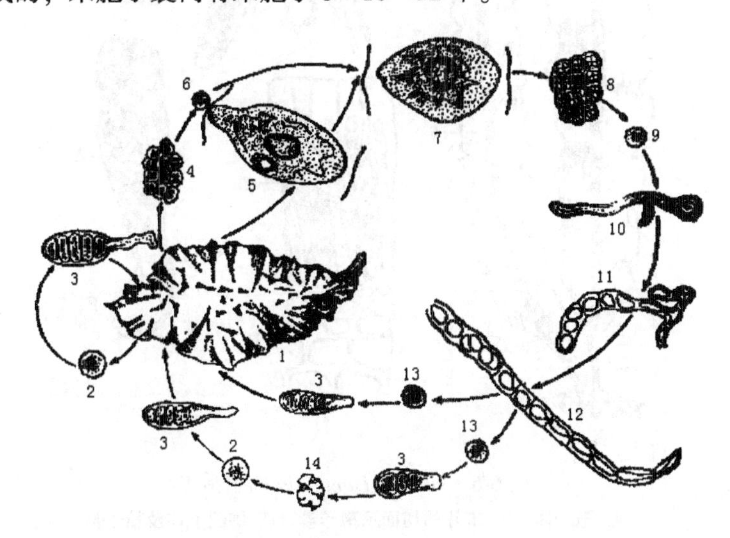


图 6-5　紫菜属 *Porphyra* 的生活史

1. 植物体　2. 单孢子　3. 萌发初期的幼体　4. 精子囊　5. 果孢　6. 精子　7. 合子　8. 果孢子囊　9. 果孢子　10. 萌发初期幼体　11. 丝状体的孢子囊　12. 壳孢子的形成和释放　13. 壳孢子　14. 小紫菜

4. 褐藻门 Phaeophyta

褐藻的植物体是藻类植物中最大的，组织分化也很复杂。植物体所含色素是叶绿素 a、叶绿素 c、胡萝卜素和叶黄素。其中胡萝卜素和叶黄素含量较多，故呈黄褐色。光合作用的产物是多糖类的褐藻淀粉、甘露醇和脂类。游动孢子和精子（小配子）都有两根不等长的侧生鞭毛。

观察浸泡过的海带 *Laminaria japonica* Aresch. 标本（图 6-6）。海带是海生藻类，植物体（孢子体）外形可分为三部分：基部为分枝的假根；假根的上方（中部）为细圆的柄，柄的中部有类似筛管的输导结构，能运输营养物质；柄的上方为扁带状的叶片（这是食用的部分）。在带片和柄之间有分生组织，可以进行居间生长。带片呈褐色而有光泽，长约 2～4m，宽一般为 20～50cm；中央有二条纵行的浅沟，两沟之间形成较厚的中带部。从构造的复杂性来看，褐藻是属于比较进化的类型。

取海带孢子囊切片在显微镜下观察，可以看到：海带植物体叶面上产生孢子囊群，孢子囊群由一排孢子囊组成，在孢子囊之间混生隔丝。每个孢子囊中的原生质体经减数分裂形成了32个游动孢子。游动孢子离开母体后萌发成雌雄配子体。雌、雄配子体各产生卵和精子。精子和卵结合产生幼小孢子体。

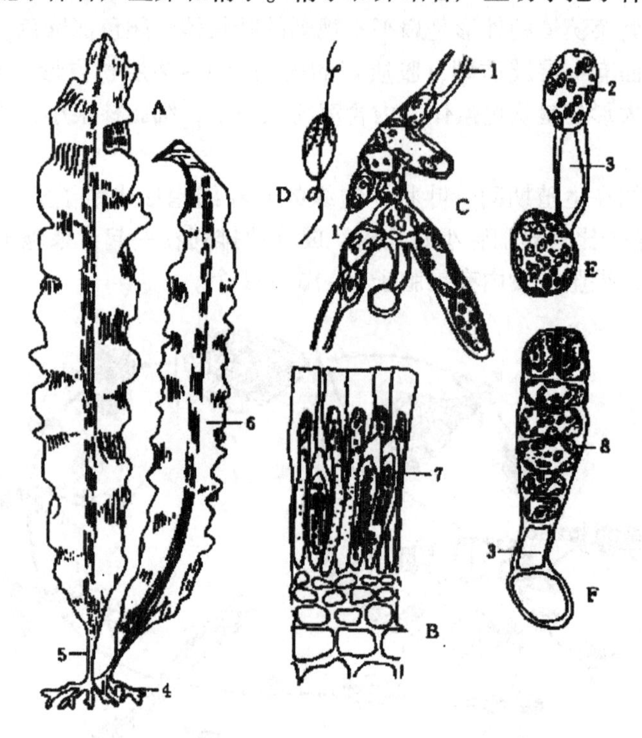


图6-6　海带属 *Laminaria* 的生活史

A. 孢子体　B. 带片的切面示孢子囊　C. 雄配子体及精子囊

D. 精子　E. 雌配子体及卵囊　F. 幼孢子体

1. 精子囊　2. 卵　3. 卵囊　4. 假根　5. 柄　6. 带片　7. 孢子囊　8. 幼孢子体

### （二）菌类植物（Fungi）

是一类群异养的生物，没有光合作用细胞器，它分为三大类，即细菌、粘菌和真菌。本实验主要观察细菌和真菌。

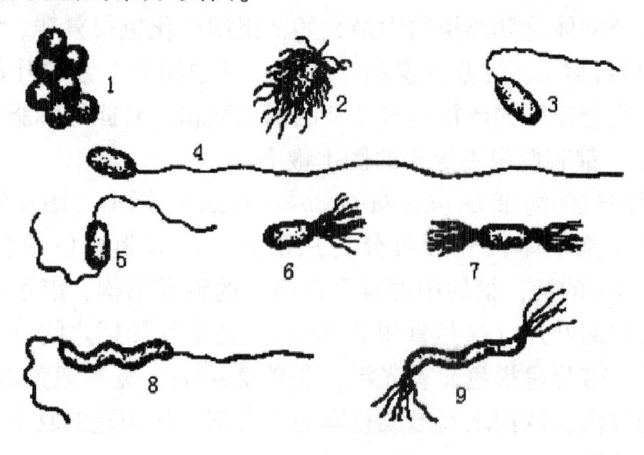


图6-7　细菌的三种形态

1. 球菌　2～7. 杆菌　8、9. 螺旋菌

1. 细菌门 Schizomycophyta

在显微镜下观察三种细菌的形态，即球菌、杆菌和螺旋菌（图 6-7）。它们是极微小的单细胞原核植物，细胞中无完整的细胞核。固 N 菌也是细菌的一种，能把游离 N 固定为有机 N。

2. 真菌门 Eumycophyta

真菌的营养体除少数原始种类是单细胞外，一般都是由向四周伸展的分枝菌丝所构成，特称菌丝体。菌丝是真菌的基本构造单位。真菌的繁殖可分为营养繁殖、无性生殖和有性生殖三种。如酵母菌 *Saccharomyces* 通过营养繁殖产生芽孢子；匍枝根霉通过无性生殖产生孢囊孢子；青霉通过无性生殖产生分生孢子；香菇和蘑菇等伞菌通过有性生殖产生担孢子。

（1）匍枝根霉 *Rhizopus stolonifer*：用镊了挑取少许馒头等食物发霉的匍枝根霉，制成临时标本片，先置于低倍镜下观察，可以看到它是多分枝、不分隔的菌丝体（图 6-8）。附着在基质上的菌丝称为假根，孢子囊柄从假根处向上直立，顶端形成球形的孢子囊，孢子囊内有许多孢子，称为孢囊孢子（内生孢子）。孢子成熟时呈黑色，当散落在适宜的基质上，就萌发成新植物。

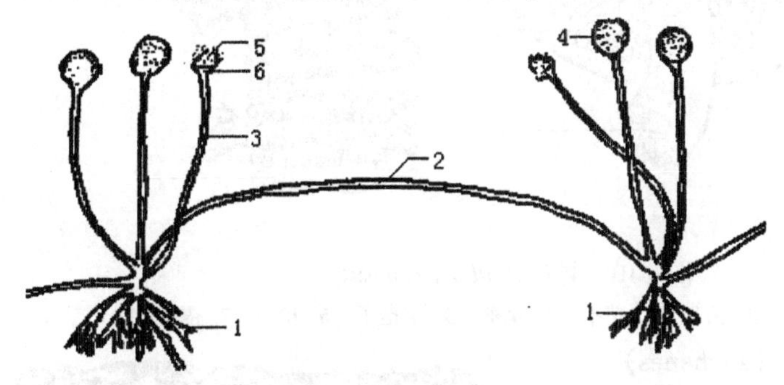


图 6-8　匍枝根霉 *Rhizopus stolonifer*

1. 假根　2. 匍匐菌丝　3. 孢子囊柄　4. 孢子囊　5. 孢子囊轴　6. 残余的孢子囊壁

（2）青霉属 *Penicillium*：用镊子挑取少许柑橘皮上的青霉，制成临时标本片，或直接取青霉标本片，于显微镜下观察（图6-9）。菌丝有隔，并分为基生菌

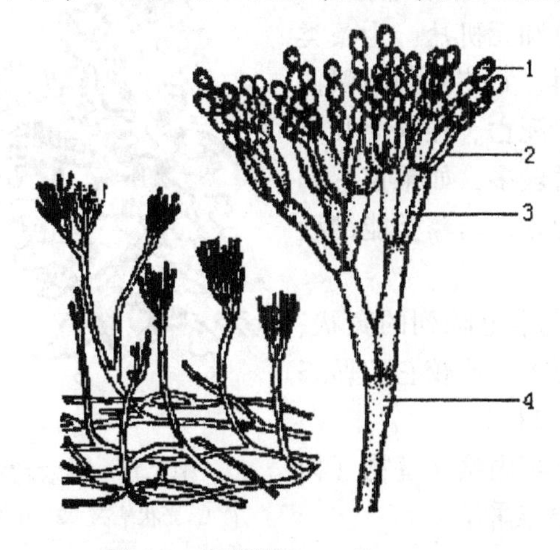


图 6-9　青霉属 *Penicillium*

1. 分生孢子　2. 小梗　3. 梗基　4. 分生孢子梗

丝和气生菌丝两部分，基生菌丝固着在基物上，吸取营养物质。气生菌丝上具有分生孢子梗，顶端分枝数次，呈扫帚状。最后一级的分枝呈瓶状，叫小梗，其上长出一串青绿色的分生孢子（外生孢子）。成熟后，随风飞散，落在基物上，萌发成新的菌丝。

（3）香菇 *Lentinus edodes* 或蘑菇 *Psalliota campestris* 等伞菌：观察示范桌上的香菇、蘑菇等伞菌的子实体，外形呈伞状，由菌盖和菌柄构成。菌盖下面有许多辐射排列的片状物，叫菌褶。菌褶的表面是子实层，是产生担孢子之处。伞菌的营养体也是由许多菌丝交织而成的。菌丝伸入基质（如稻草、牛粪、泥土、树体等）吸收养分。

观察菌褶的切片标本片，注意菌褶是由许多交织的菌丝组成，菌丝中有横隔膜，菌褶的两侧有担子，其顶端有4个担孢子（图6-10）。

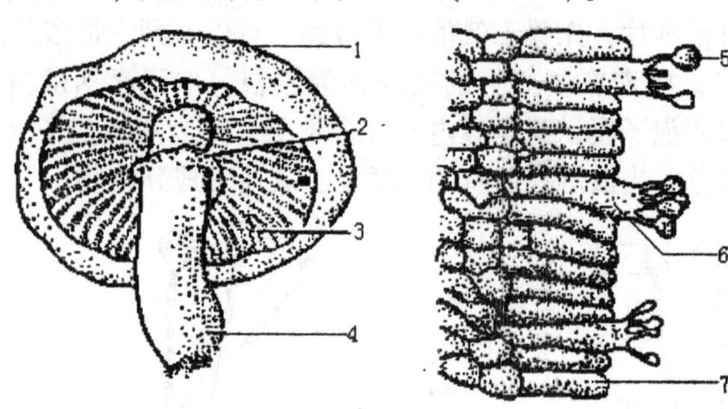


图6-10 蘑菇 *Psalliota campestris*

1. 菌盖 2. 菌环 3. 菌褶 4. 菌柄 5. 担孢子 6. 担子 7. 隔丝

## （三）地衣植物（Lichenes）

是真菌和藻类的共生体，淡绿或灰绿色。共生的真菌大多数属子囊菌，或担子菌；共生的藻类是蓝藻或绿藻。藻类为整个植物体制造养分，而菌类则吸收水分和无机盐，为藻类制造养分提供原料。并使藻细胞保持一定湿度，不致于死亡。在这个共生体中，菌获得利益较多，如果把它们分开，真菌多半死亡，而藻类能继续生存下来。

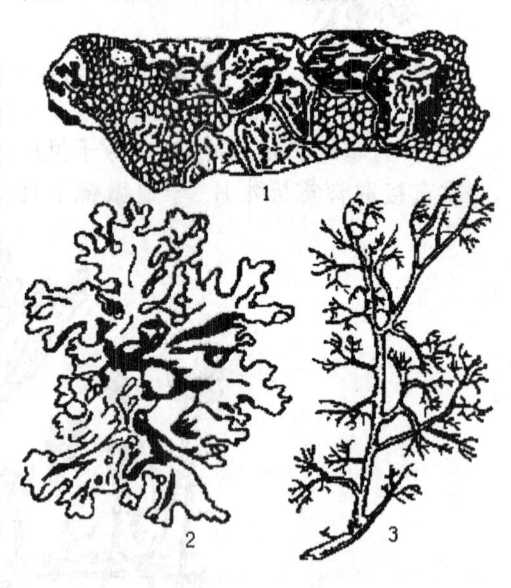


图6-11 地衣植物 *Lichenes* 的外形

1. 壳状地衣 2. 叶状地衣 3. 枝状地衣

（1）观察示范桌上陈列的壳状、叶状和枝状地衣标本，比较它们形态有什么不同（图6-11）。

①壳状：菌丝牢固贴在基物（树皮或岩石）上，很难采下。

②叶状：有背腹性，以假根固着在基物上，易采下。

③枝状：直立或下垂，多分枝，是较进化的地衣。

（2）取一小块地衣置于载玻片上，加一滴水，用镊子柄压碎，盖上盖玻片，在低倍镜下观察，可以看到单细胞的绿藻及许多无色的菌丝，然后转高倍镜下观察。进一步观察绿藻和菌丝的外形。

**四、作　业**

1. 绘水绵丝状体一细胞。
2. 绘匍枝根霉一部分菌丝（含孢子囊和假根）。

**五、思考题**

1. 为什么水稻田养殖满江红会提高土壤肥力？
2. 分析比较衣藻，水绵和轮藻的进化程度。

# 实验十　高等植物的分类

## 一、实验材料

（1）地钱 *Marchantia polymorpha*、葫芦藓 *Funaria hygrometrica* 等一些常见的苔藓植物（新鲜标本或液浸标本）；

（2）海金沙 *Lygodium japonicum*、芒萁 *Dicranopteris dichotoma*、水龙骨属 *Polypodium* 等真蕨的植物体（新鲜标本或腊叶标本）；

（3）长有大小孢子叶球的马尾松 *Pinus massoniana* 枝条及其他一些常见的裸子植物；

（4）地钱雄托和雌托纵切标本片、地钱幼孢子体标本片、蕨孢子囊标本片、蕨原叶体标本片、马尾松雌雄球花（大小孢子叶球）纵切面标本片。

## 二、用　品

显微镜、镊子、载玻片、盖玻片、滴管、蒸馏水、擦镜纸、吸水纸、培养皿。

## 三、内容与方法

### （一）苔藓植物（Bryophyta）

苔藓植物是高等植物中最低等、结构最简单的类型。分布范围局限在阴湿处。低级的种类其植物体（即配子体）为扁平的叶状体，比较高级的种类其植物体有原始茎、叶的分化，但都还没有真正的根，仅具有单细胞或单列细胞构成的假根。它们没有维管束构造，吸收功能仅由假根完成，效率很低。在世代交替中，配子体世代占优势，配子体很发达，为主要营养体，能独立生活，经历的时间很长；而孢子体世代很短，孢子体很小，不能独立生活，只能寄生在配子体上，不能很好地适应陆生生活。

1. 地钱 *Marchantia polymorpha*

（1）观察地钱植物体：地钱的营养体（即配子体）为绿色、扁平、叉状分枝的叶状体，贴地生长。植物体有背、腹之分，其腹面（下面）灰绿，有假根和紫红色鳞片；背白绿，具中肋。用扩大镜观察背面中肋上的胞芽杯，内有多数

图6-12 地钱 *Marchantia polymorpha*（一）

A. 雌配子体和颈卵器托 B. 雄配子体和精子器托 C. 孢芽的放大 D. 配子体切面
1. 气孔 2. 同化组织 3. 两种假根 4. 鳞片 5. 孢芽杯

孢芽，绿色粉末状，是营养繁殖体（图6-12）。

（2）临时制片观察胞芽的形态：胞芽是椭圆形，两侧中间凹陷、呈腰鼓形的片状体，可进行营养繁殖。胞芽以无色的短柄固着在胞芽杯的底部，成熟时自柄处脱落，自土中萌发成新的配子体。

（3）地钱的配子体雌雄异株，成熟时，雄株长出雄托，雌株上长雌托。雄托下部为柄，上部盘状，边缘有缺刻，藏精器深陷其中，呈辐射状排列；雌托下部为柄，上部呈撕裂星状，裂片下排列着下垂的颈卵器（图6-12）。

观察地钱雌托纵切标本片，可见到其颈卵器瓶状，外壁由多细胞构成。细长的颈部有一列颈沟细胞和一腹沟细胞。腹部膨大，内有一卵细胞，在发育后期的标本片中，卵已受精发育成幼孢子体（图6-13）。

显微镜下观察地钱幼孢子体形态，孢子体是由颈卵器受精后进一步发育来的。分基足、蒴柄和孢蒴三部分。成熟后，孢蒴中可育的细胞发育为孢子母细胞，经减数分裂为孢子，不育的细胞发育为弹丝，成熟孢子借弹丝弹出体外，萌发为新的植物体（图6-13）。

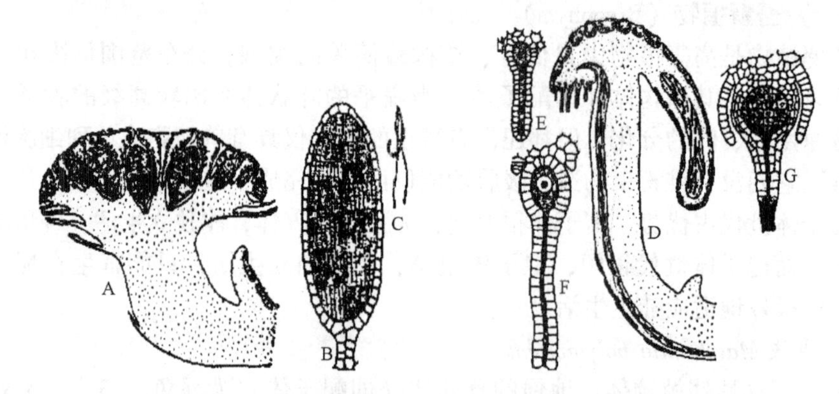


图6-13 地钱 *Marchantia polymorpha*（二）

A. 精子器托的纵切面，表面以下埋藏有精子器 B. 精子器 C. 精子 D. 颈卵器托的纵切面，示芒线间下垂的颈卵器 E. 颈卵器 F. 成熟的颈卵器及卵 G. 颈卵器内的胚（幼孢子体）

显微镜下观察地钱雄托纵切标本片，可见到精子器长于一短柄上，呈卵形，内有多数精子。精子细长，具二鞭毛（不易观察），需要在潮湿环境条件下，游动至卵细胞，并使之受精（图6-13）。

2. 葫芦藓 *Funaria hygrometrica* 或其他真藓

观察藓的植物体，无背腹之分，有原始茎、叶分化。叶螺旋排列茎上，有中肋。茎基部有假根。

葫芦藓（或其他真藓）雌雄同株，但生殖器长于不同枝上，一般先长雄枝，枝顶长花蕾状雄苞，雌苞长于雄苞下的短枝上，其受精后形成的孢子体长于短枝顶，分基足、蒴柄和孢蒴等部分（图6-14）。

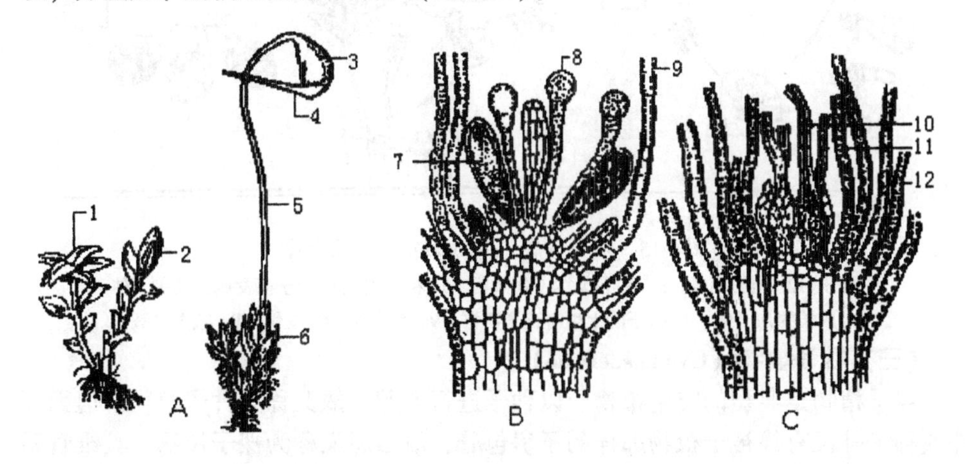


图6-14 葫芦藓 *Funaria hygrometrica*

A. 配子体和孢子体 B. 雄器苞纵切面 C. 雌器苞纵切面

1. 雄器苞 2. 雌器苞 3. 孢蒴 4. 蒴帽 5. 蒴柄 6. 配子体 7. 精子器 8. 隔丝 9. 雄苞叶 10. 颈卵器 11. 隔丝 12. 雌孢叶

**（二）蕨类植物（Pteridphyta）**

蕨类植物大多为陆生植物，干湿地方都能生长，具真正根、茎、叶的分化，并有维管束系统，既是高等的孢子植物，又是原始的维管植物。在世代交替中，配子体和孢子体皆能独立生活，但配子体已缩小到一种称为原叶体的东西，而孢子体高度发达。配子体（即原叶体）产生颈卵器和精子器，孢子体（即植物体或营养体）产生孢子囊。下面以真蕨纲植物为例（图6-15）。

（1）观察海金沙 *Lygodium japonicum*、芒萁 *Dicranopteris dichotoma* 和水龙骨属 *Polypodium* 等真蕨的植物体（新鲜标本或腊叶标本）外形。它们通常有根状茎。叶为大型羽状复叶，有中脉、支脉和侧脉（叶柄折断，中具一白色心，可抽出来，这就是维管束所在之处）。它们的幼叶拳卷包裹生长点，成熟叶的叶背有许多孢子囊群。

（2）显微镜下观察真蕨植物的孢子囊标本片，它的孢子囊壁由单层细胞构成，壁上有一列“U”形加厚的细胞组成的环带，这种环带细胞只延伸到另一侧中部为止，接着有二特大的唇细胞（图6-15）。想想看，这种结构对孢子囊的开裂有什么好处？在孢子囊内有多数孢子（由孢子母细胞减数分裂而来）。

(3) 显微镜下观察真蕨植物的原叶体标本片，真蕨植物的原叶体（即配子体）呈扁平心形，腹面有假根，假根着生处有精子器，心形凹陷处有颈卵器（图6-15）。注意颈卵器的形状，弄清它所呈形状的原因。

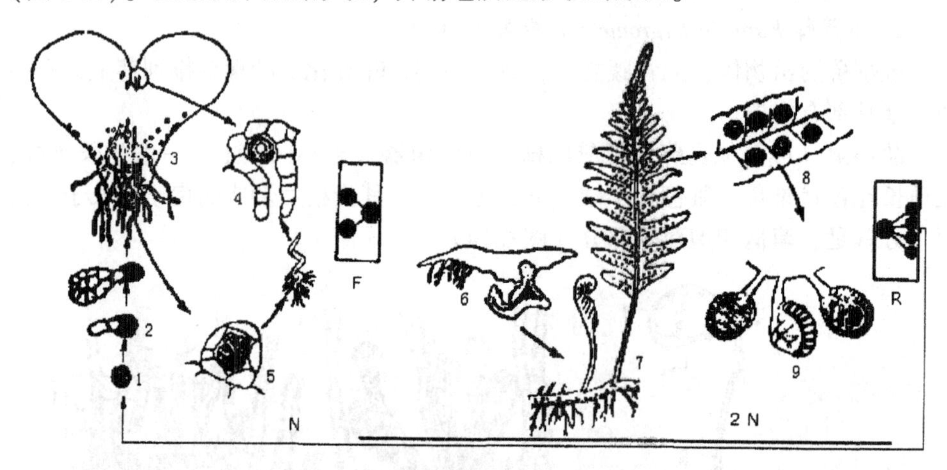


图6-15 水龙骨属 *Polypodium* 的世代交替

1. 孢子 2. 孢子萌发 3. 原叶体 4. 颈卵器 5. 精子器 6. 合子萌发成的幼孢子体 7. 成长的孢子体 8. 孢子叶上生有孢子囊群 9. 孢子囊 F. 受精 R. 减数分裂

**（三）裸子植物（Gymnospermae）**

裸子植物是典型的陆生植物。以种子进行繁殖，故又称为种子植物。但因胚珠或种子外没有像被子植物那样的子房包着，故名思义称为裸子植物。其维管系统有了管胞和筛胞的分化。在世代交替中，配子体已经不能独立生活，只能寄生在孢子体上；孢子体很发达，具强大的根、茎、叶等营养器官，对陆地的适应性很强。

1. 观察的松属 *Pinus* 主要特征（图6-16）

松属多为常绿乔木，很少为灌木。

(1) 观察长有小孢子叶球和大孢子叶球（即雄球花和雌球花，成熟时称为雄球果和雌球果）的枝条。并注意以下方面：① 枝条有长枝和短枝之分。长枝长鳞片叶，节密集；短枝包括营养叶、叶鞘和叶褥。营养叶针形，常二针、三针或五针为一束，集生叶褥上，每束基部有纸状鞘，是叶特化而成。② 松属植物是雌雄同株，雌雄配子体分别是成熟的花粉粒和成熟的胚囊（胚囊中含有丰富的胚乳营养物质，颈卵器埋藏于胚乳中，也可以说含有胚乳和颈卵器的胚囊即为雌配子体），分别着生在小孢子叶和大孢子叶球上。小孢子叶球簇生在当年生枝条基部，是由许多小孢子叶（即雄蕊）螺旋排列而成的。每个小孢子叶下方都有两个小孢子囊（即花粉囊），里面有小孢子母细胞（即花粉母细胞）。小孢子母细胞通常在秋季出现并减数分裂形成小孢子（即幼期的花粉），再由小孢子发育为雄配子体（成熟的花粉），于第二年春天进行传粉。大孢子叶球长在当年生枝条顶端，是由许多珠鳞（即称大孢子叶或心皮）螺旋排列而成的。珠鳞上面载有两个胚珠，胚珠里面有大孢子母细胞（即胚囊母细胞），减数分裂形成大孢子（即单核胚囊），由大孢子发育为雌配子体。通常在受粉13个月后才进行受精，即在大孢子叶球出现的第三年春天。受精后，大孢子叶球发育形成球果，珠鳞木质化而变成种鳞，其内胚珠发育为种子，珠鳞部分表皮分离出来形成种子顶生的翅，以利于风力传播。

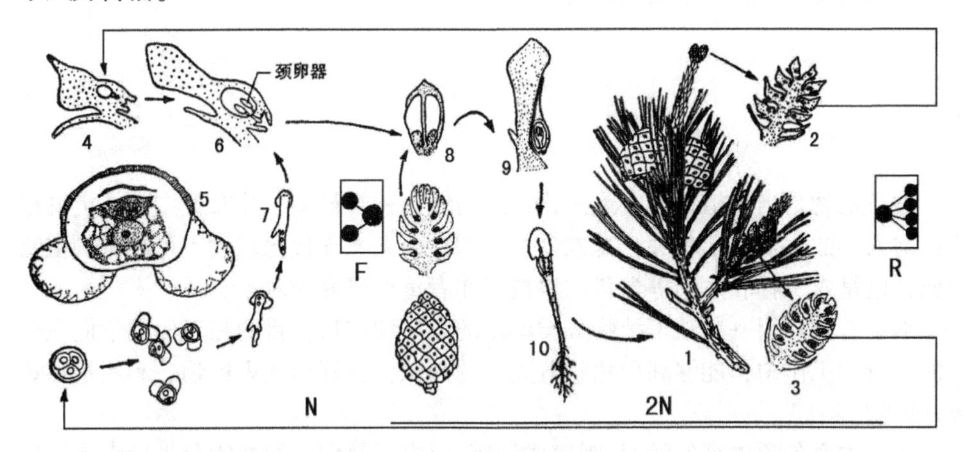


图6-16　松属 *Pinus* 的生活史

成熟植株即孢子体（1）产生雌（2）、雄（3）球果，其中经过减数分裂，分别产生大（4）、小（5）孢子，以后大小孢子发育成雌（6）、雄（7）配子体，产生卵和精子，经受精后形成合子，在种子（8）内发育成胚（9），种子萌发形成幼苗（10），长成成熟植株（1）。F. 受精 R. 减数分裂。

（2）在显微镜下观察松属植物雌雄球花（大小孢子叶球）纵切面标本片。在雌球花上注意珠鳞基部所着生的一对胚珠，区别珠被、珠心、雌配子体和颈卵器等部分。在雄球花上观察小孢子囊以及其中花粉粒的形态。

2. 观察常见的裸子植物标本

常见的裸子植物标本，包括新鲜标本、液浸标本和腊叶标本等：苏铁 *Cycas revoluta* Thunb.、银杏 *Ginkgo biloba* L.、南洋杉 *Araucaria cunninghamia* Sw.、马尾松 *Pinus massoniana* Lamb.、日本五针松 *Pinus parviflora* Sieb et Zucc.、日本柳杉 *Cryptomeria japonica*（L. f.）D. Don、杉木 *Cunninghamia lanceolata*（Lamb.）Hook.、池杉 *Taxodium ascendens* Brongn.、福建柏 *Fokienia hodginsii*（Dunn）Henry et Thomas、圆柏 *Sabina chinensis*（L.）Antione、短叶罗汉松 *Podocarpus macrophylla* var. *maki* Endl.、竹柏 *Podocarpus nagi*（Thunb.）Zoll. et Moritz. 等。上述植物均为园林绿化树种，注意它们的形态特征。

## 四、作　业

分别写出苔藓、真蕨和马尾松的生活史，并注明不同世代的染色体倍数。

## 五、思考题

分析比较苔藓、蕨类和裸子植物的进化程度。

# 第七章

# 被子植物的分类鉴定

被子植物是当今植物界中最进化、最高级、种类最多、分布最广的一类群植物。与人类的生活密切相关，是衣食住行和社会主义现代化建设不可缺少的植物资源，也是农、林和生物等学科的科技工作者重点研究的对象。

本章着重介绍一些被子植物分类鉴定的方法和技巧，目的在于使同学们在今后的学习和工作中，能够利用植物分类学的知识，更好地认识植物、利用植物和改造植物。

通过本章各项内容的学习、观察或训练，要求同学们掌握植物分类检索表的使用方法。从更高的要求来说，通过检索表的应用，要能够把一种未知植物的分类位置鉴定出来，不仅要知道植物所在的科，也要知道所在的属，甚至要知道种名。

**本章教学课题和教学方式安排表**

<table>
<tr><th></th><th>教学课题</th><th>主要教学方式</th><th>辅助教学方式</th></tr>
<tr><td>实验十一</td><td>被子植物分类的形态学依据</td><td>以新鲜标本、液浸标本和腊叶标本等观察叶、花、果实的形态和构造</td><td>利用多媒体体视镜和多媒体演示系统展示叶、花和果实的形态和构造</td></tr>
<tr><td>实验十二</td><td>分类检索表的应用及植物种的描述记载方法</td><td rowspan="4">借助工具书对未知植物标本的分类地位进行检索和鉴定；分别利用文字和花程式来描述未知植物营养器官和生殖器官的形态结构特征</td><td rowspan="4">利用多媒体体视镜和多媒体演示系统展示未知植物标本营养器官和生殖器官的形态结构特征以及被子植物分科的知识</td></tr>
<tr><td>实验十三</td><td>离瓣花亚纲的分类鉴定</td></tr>
<tr><td>实验十四</td><td>合瓣花亚纲的分类鉴定</td></tr>
<tr><td>实验十五</td><td>单子叶植物纲的分类鉴定</td></tr>
</table>

## 实验十一　被子植物分类的形态学依据

被子植物在长期演化和适应环境的过程中，形态上出现了各种各样的性状，人们就是根据这些形态特征，进行分门别类的，长期以来便形成了一套统一的形态特征的名词术语，这些术语就是分类的依据。

分析形态和结构，常可区分为五个部分，即根、茎、叶、花（或花序）和果实，本次实验只涉及最重要的三个部分：叶、花（或花序）和果实。其中叶的部分主要介绍叶序、脉序、叶片边缘的形状和复叶的类型；花的部分主要介绍花序的类型、花冠类型、雄蕊和雌蕊类型；果实的部分全部介绍。本次实验的目的，就是通过对上述内容的观察，初步掌握分类学上主要的形态术语，为学好分类学打下良好基础。

## 一、观察内容和材料

### (一) 叶

1. 单　叶

一叶柄上仅生一叶。

(1) 叶序：叶在枝或茎上排列的方式，常见的有以下几种（图7-1）：

① 叶互生：每节上仅长一片叶，上下两叶交互生长，如白玉兰、水稻、玉米等。

② 叶对生：每节上长两片叶，对生。如小蜡、茉莉等。

③ 叶轮生：三个或三个以上的叶着生在一个节上，如夹竹桃等。

④ 叶簇生：二个或二个以上的叶着生于极度缩短的短枝上，如银杏、金钱松等。

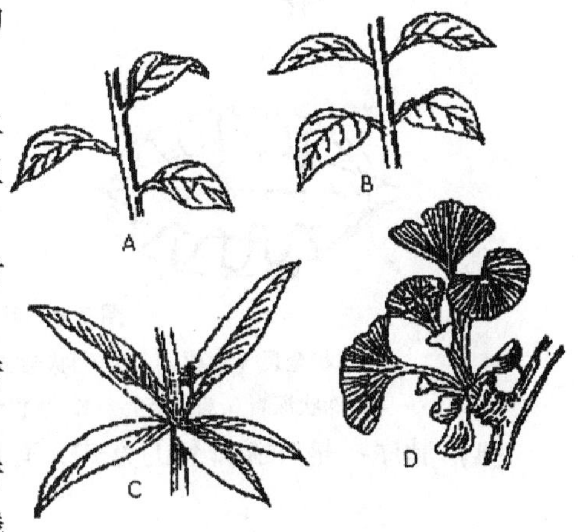


图7-1　叶　序

A. 互生叶序　B. 对生叶序　C. 轮生叶序　D. 簇生叶序

(2) 叶缘（图7-2）：

① 全缘：叶缘不具锯齿或缺刻，如白玉兰、黄兰、大豆等。

② 锯齿：边缘具尖锐的锯齿，齿端向前，如桃、梅等。

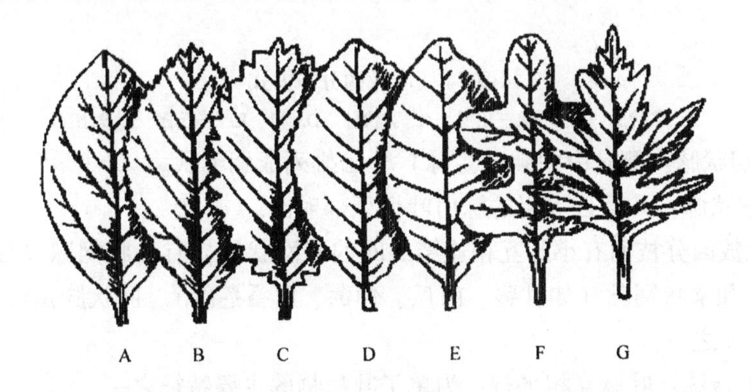


图7-2　叶缘的基本类型

A. 全缘　B. 锯齿　C. 牙齿　D. 钝齿　E. 波状　F. 深裂　G. 全裂

③ 牙齿：边缘具尖锐齿，齿端向外，如苎麻。

④ 钝齿：边缘具钝头的齿，如大叶黄杨、木芙蓉等。

⑤ 波状：边缘起伏如微波，如茄等。

(3) 叶裂：叶缘一直裂下去，可分几类（图7-3）：

① 浅裂：深不超过半叶的一半，如棉、土荆芥、油菜等。

② 深裂：深于半个叶片宽度的一半，如蓖麻、益母草、蒲公英等。

③ 全裂：深达中脉或基部，如银桦、木薯、马铃薯等。

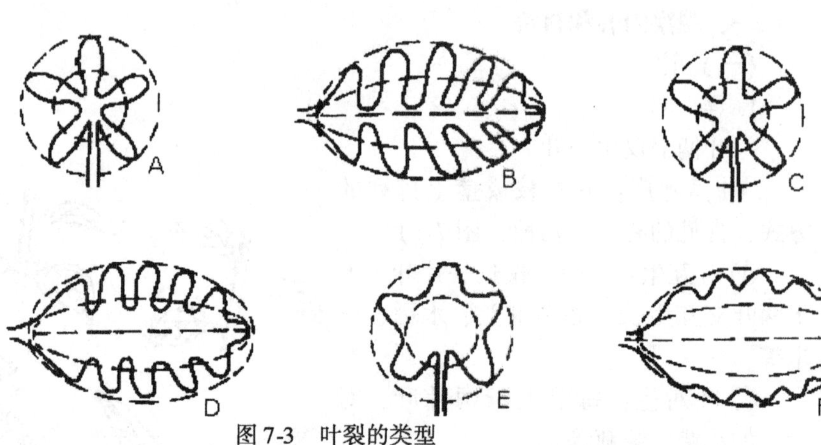

图 7-3　叶裂的类型

A. 掌状全裂（木薯）　B. 羽状全裂（马铃薯）　C. 掌状深裂（蓖麻）
D. 羽状深裂（蒲公英）　E. 掌状浅裂（棉）　F. 羽状浅裂（油菜）

（4）脉序：是叶脉排列的方式，有以下几种（图 7-4）：

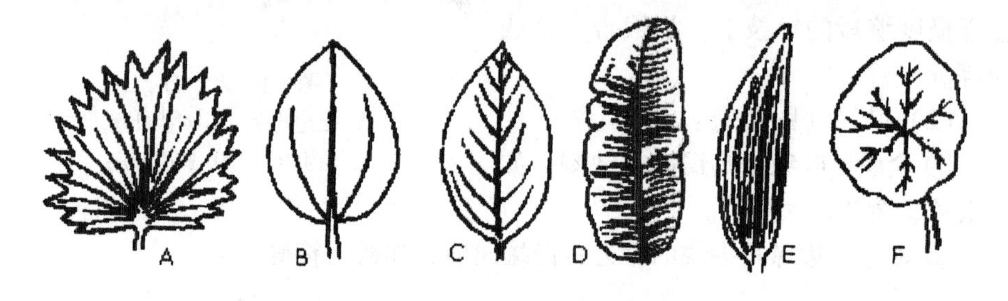

图 7-4　叶脉的分布方式

A. 掌状脉　B. 掌状三出脉　C. 羽状脉　D. 和　E. 平行脉　F. 射出脉

① 羽状脉：侧脉由中脉（主脉）分出排列成羽毛状。

② 掌状脉：几条近等粗的脉由叶柄顶部射出。

叶脉数回分枝而有小脉互相连结成网的叫网状脉，有羽状网脉（如白玉兰、黄兰等）和掌状网脉（如甘薯、南瓜、葡萄、西番莲等）。网状脉是双子叶植物的主要特征之一。

③ 平行脉：叶脉互相平行，为单子叶植物的主要特征之一。

a. 直出平行脉：从基部平行向顶端伸出，如小麦、水稻等禾本科植物。

b. 侧出平行脉：从中脉发出的侧脉平行，如芭蕉、香蕉等。

④ 射出脉：盾状叶的脉都由叶柄顶端射向四周，如莲等。

2. 复　叶

有 2 至多个叶片生在一总叶柄或总叶轴上的叫复叶，可分为（图 7-5）：

（1）羽状复叶：小叶排列在总叶柄的两侧呈羽毛状，又可分为：

① 奇数羽状复叶：顶生小叶存在，小叶数为单数，如鸡血藤、紫藤、阳桃等。

② 偶数羽状复叶：顶生小叶缺乏，小叶数为偶数，如黄槐、花生、合欢、

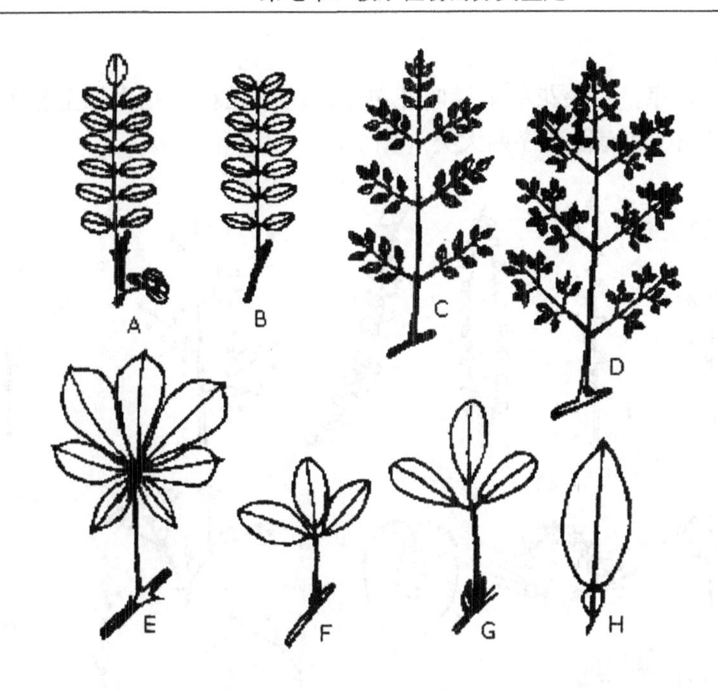


图 7-5　复叶的类型

A回奇数羽状复叶　B. 一回偶数羽状复叶　C. 二回羽状复叶　D. 三回羽状复叶

E. 掌状复叶　F. 三出掌状复叶　G. 三出羽状复叶　H. 单身复叶

南洋楹等。

总叶轴两侧有羽状排列的分枝，分枝上再生羽状排列的小叶，其分枝叫羽片，这样的叶子称二回羽状复叶，如合欢、南洋楹等。依此又有三回羽状或多回羽状复叶。

（2）掌状复叶：小叶都生于总叶柄的顶端，如木通、七叶树等，同样有二回掌状复叶、三回掌状复叶。

（3）三出叶：仅有三个小叶生于总叶柄上。有两种：

① 三出掌状复叶：三片叶均长在总叶柄顶端，如酢浆草、红花酢浆草等。

② 三出羽状复叶：顶生小叶生于总叶柄顶端，两片侧生叶生于顶端以下，如大豆、葛藤等。

（4）单身复叶：两个侧生小叶退化，而其总叶柄与顶生小叶连接处有关节，如柑橘属植物。

**（二）花和果**

花和果的形态和构造是植物分类学上最主要的依据。每种植物的花和果在个体发育和系统发育的过程中，受外界环境条件的影响较小，在形态结构上有相当大的稳定性，最能代表种的特色，因此植物分类研究鉴定植物种时主要看花、果的特点而定。当然其他部分，如根、茎、叶也要兼顾，但由于根、茎、叶生长过程中易受外界环境条件影响，不同的生态条件都会使之产生不同程度的变态，其形态和结构较不稳定，所以有些仅作为参考依据而已。

1. 花

(1) 花序：一朵花单生时叫花单生，花序是花在花序轴上排列的情况，可分为无限花序和有限花序两大类（图7-6）。

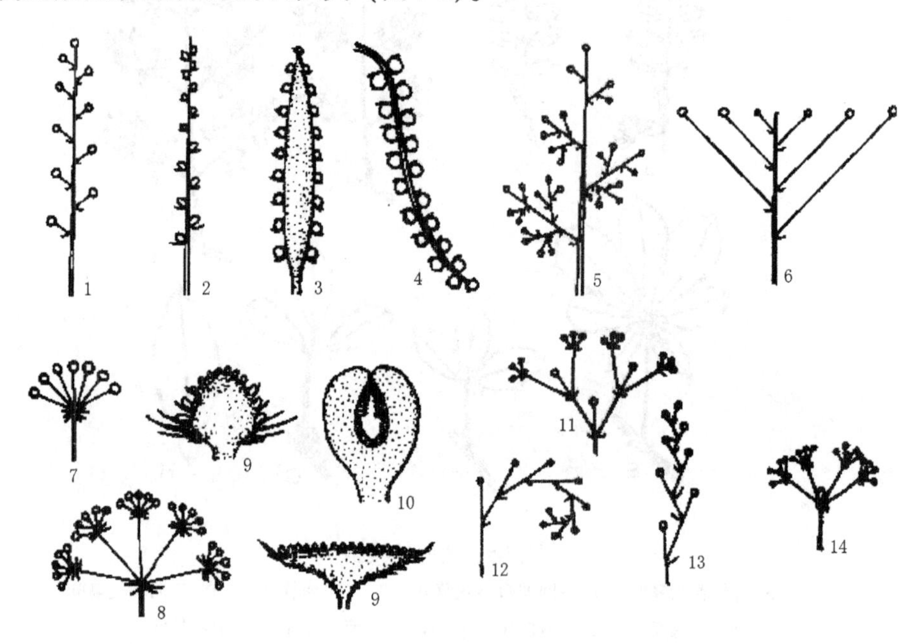


图7-6　花序的类型

1. 总状花序　2. 穗状花序　3. 肉穗花序　4. 柔荑花序　5. 圆锥花序
6. 伞房花序　7. 伞形花序　8. 复伞形花序　9. 头状花序　10. 隐头花序
11. 二歧聚伞花序　12、13. 单歧聚伞花序　14. 多歧聚伞花序

① 无限花序或向心花序：也称为总状类花序，其开花的顺序是花轴下部的花先开，渐及上部，或由边缘开向中心，其中有：

a. 总状花序：花有梗，排列在一不分枝且较长的花轴上，花轴能继续增长，如白菜、油菜等。

b. 穗状花序：和总状花序相似，只是花无梗。如车前、大麦等。

c. 肉穗花序：穗状花序轴如膨大，即称肉穗花序，基部常为若干苞片组成的总苞所包围，如玉米的雌花序。

d. 柔荑花序：花排列方式类似穗状花序，但具下列不同之处：花序轴柔软，花序下垂；花单性；成熟后整个花序（或连果）一齐脱落。代表植物有桑、柳等。

e. 圆锥花序：花序轴上生有多个总状或穗状花序，形似圆锥，也称为复总状或复穗状花序，如水稻的花序以及玉米的雄花序。

f. 伞房花序：花有梗，排列在花轴的近顶部，下边的花梗较长，向上渐短，花位于一近似平面上，如麻叶绣球。如果几个伞房花序排列在花序总轴的近顶部者称复伞房花序，如石楠等。

g. 伞形花序：花梗近等长或不等长，均生于花轴的顶端，状如张开的伞，如五加、刺五加等。如果几个伞形花序生于花序轴的顶端者叫复伞形花序，如胡萝卜、水芹、旱芹等。

h. 头状花序：花无梗，集生于一平坦或隆起的总花托（花序托）上，而成一头状体，如菊科植物（胜红蓟、鬼针草、茼蒿、一点红等）。

i. 隐头花序：花集生于肉质中空的总花托（花序托）的内壁上，并被总花托所包围，如无花果、榕树、薜荔等。

② 有限花序或离心花序：也称为聚伞类花序，有两方面特点，其一是开花的顺序由上到下，或由最中心渐及周围；其二是不保持顶端生长点，顶端花芽分化后就停止生长，后由下产生花芽，到一定时间又停止生长，又由下产生花芽。可分以下三种类型：

a. 单歧聚伞花序：如茄等。

b. 二歧聚伞花序：如卷耳、繁缕、蚤缀等。

c. 多歧聚伞花序：如泽漆等。

（2）花冠类型：由于花瓣的离合、花冠筒的长短以及花冠裂片的形状和深浅等不同，形成各种类型的花冠，常见有下列几种（图 7-7）：

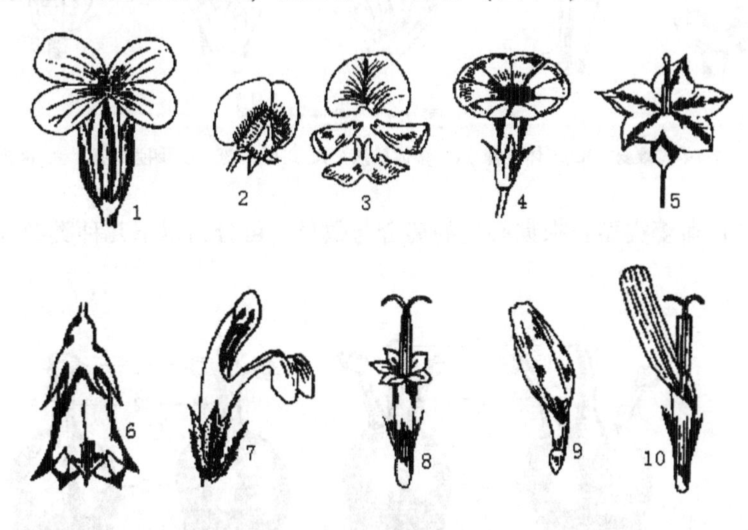


图 7-7　花冠的类型

1. 十字形花冠　2、3. 蝶形花冠　4. 漏斗状花冠　5. 轮状花冠
6. 钟状状花冠　7. 唇形花冠　8. 筒状花冠　9、10. 舌状花冠

① 筒状（或管状）：如茼蒿或向日葵的盘花。

② 舌状：如向日葵或茼蒿花序的边花。

③ 漏斗状：如甘薯、空心菜等。

④ 钟状：如南瓜等瓜类。

⑤ 轮状：如茄、番茄等茄科植物。

⑥ 唇形：如水苏、耳挖草等唇形科植物。

⑦ 蝶形：如紫云英、大豆等蝶形花亚科植物。

⑧ 十字形：如油菜、白菜、萝卜等十字花科植物。

(3) 雄蕊类型：雄蕊常随植物的种类不同而不同，主要有以下几种类型（图7-8）：

① 单体雄蕊：一朵花中花丝连合成一体，如扶桑等锦葵科植物。

② 二体雄蕊：一朵花中有10个雄蕊，其中9个花丝连合，一个单生，成二束，如紫云英、大豆等蝶形花亚科植物。

③ 多体雄蕊：一朵花中的雄蕊的花丝连合成多束，如蓖麻等。

④ 聚药雄蕊：花药合生，花丝分离，如茼蒿、鬼针草等菊科植物。

⑤ 二强雄蕊：雄蕊4个，2个长，2个短，如水苏、耳挖草等唇形科植物。

⑥ 四强雄蕊：雄蕊6个，4个长，2个短，如油菜、萝卜等十字花科植物。

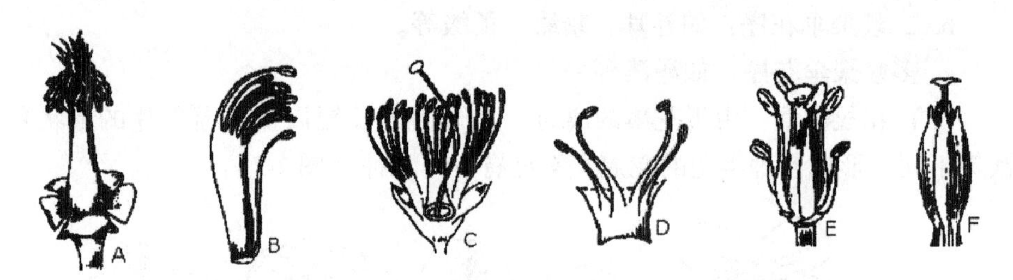


图7-8　雄蕊的类型

A. 单体雄蕊　B. 二体雄蕊　C. 多体雄蕊　D. 二强雄蕊　E. 四强雄蕊　F. 聚药雄蕊

(4) 雌蕊类型：根据心皮的离合与数目，可分为以下几种类型（图7-9）：

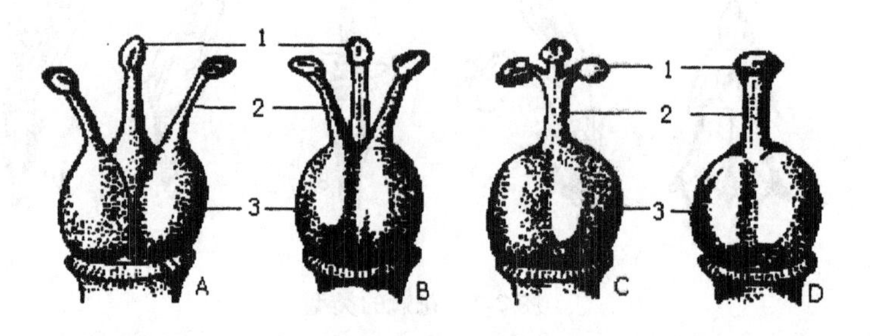


图7-9　雌蕊的类型

A. 离生单雌蕊　B、C、D. 不同程度联合的复雌蕊

1. 柱头　2. 花柱　3. 子房

① 单雌蕊：一朵花中只有一个心皮构成的雌蕊叫单雌蕊，如花生等豆类植物。

② 离生单雌蕊：一朵花中有若干彼此分离的单雌蕊，如八角、白玉兰、金樱子等。

③ 复雌蕊：一朵花中只有一个由两个或两个以上心皮合生构成的雌蕊，如油菜、蓖麻等。一个复雌蕊的心皮数目，常和花柱，柱头、子房室、果实成正相关。可借此判断复雌蕊的心皮数目。

2. 果　实

果实可分三大类：单果、聚合果和复果。

（1）单果：一朵花中仅有一个雌蕊形成的。据成熟时的质地和结构，可分为肉质果（图7-10）和干果（图7-11，图7-12）两类。

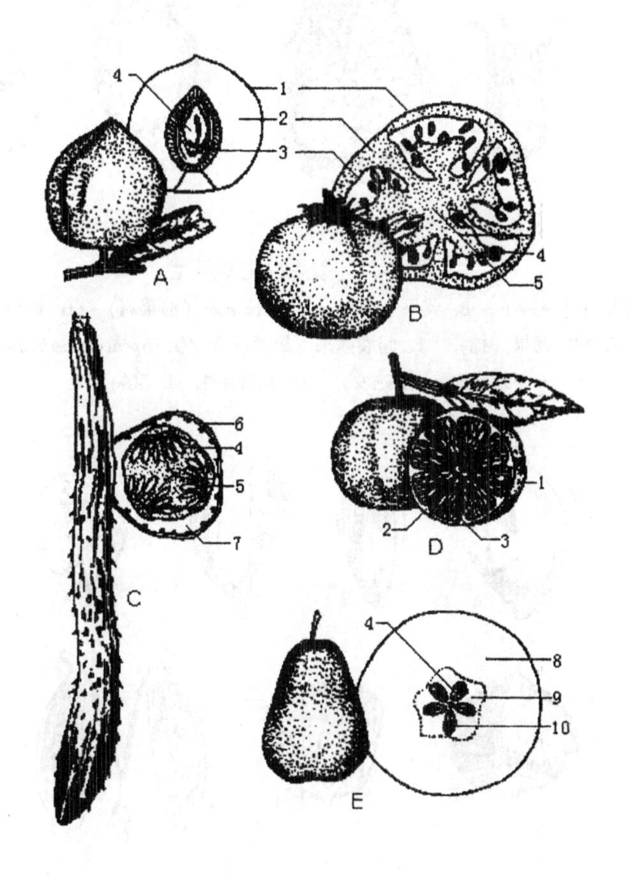


图7-10　肉质果的主要类型

[illegible](桃)　B. 浆果（番茄）　C. 瓠瓜（黄瓜）　D. 柑果（柑橘）　E. 梨果（梨）

1. 外果皮　2. 中果皮　3. 内果皮　4. 种子　5. 胎座　6. 花托与外果皮　7. 中果皮与内果皮　8. 花筒部分　9. 果皮　10. 子房室

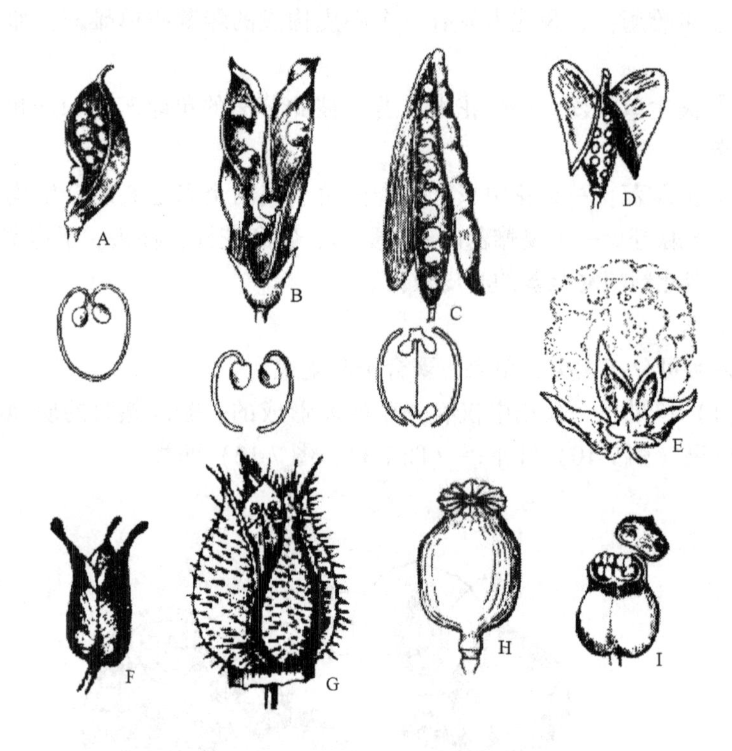


图 7-11 裂果的主要类型

A. 蓇葖果（飞燕草） B. 荚果（豌豆） C. 长角果（油菜属） D. 短角果（荠菜）
E. 背裂蒴果（棉） F. 间裂蒴果（黑点叶金丝桃 *Hypericum perforatum*）
G. 轴裂蒴果（曼陀罗） H. 孔裂蒴果 I. 盖裂蒴果

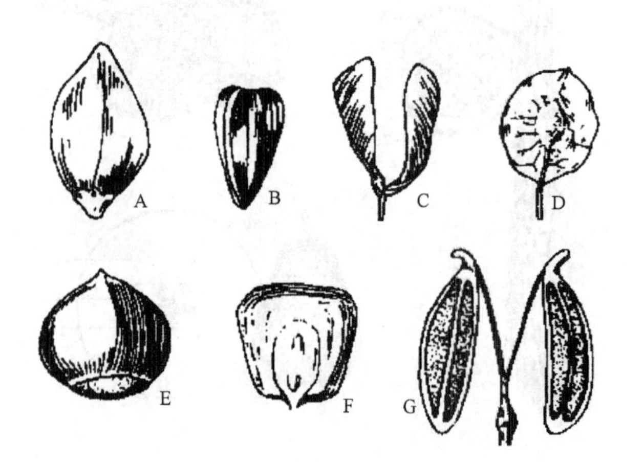


图 7-12 闭果的主要类型

A. 瘦果（荞麦） B. 瘦果（向日葵） C. 翅果（槭树）
D. 翅果（榆树） E. 坚果（板栗） F. 颖果（玉米） G. 双悬果（伞形科植物）

① 肉质果：

a. 浆果：一至数心皮构成，外果皮膜质，中果皮和内果皮及胎座均肉质化，如茄、番茄、葡萄等。

b. 柑果：由复雌蕊形成，外果皮革质，有油囊；中果皮疏松，有维管束分布；中间隔成瓣的是内果皮，向内产地生许多肉质多浆汁囊，是食用的主要部分，如柑、柚等。

c. 瓠果：瓜类特有，假果。花托与外果皮结合为坚硬的果壁，中果皮和内果皮肉质，胎座常很发达，如各种瓜类植物。

d. 梨果：由杯状花托和子房愈合一起发育而成的假果。花托形成的果壁与外果皮及中果皮均肉质化，内果皮纸质或革质化，如梨、苹果、枇杷等。

e. 核果：由1至多心皮构成，种子常1粒，内果皮坚硬，包于种子之外，构成果核，有的中果皮肉质，为主要食用部分，如桃、李、杏等。

② 干果：果实成熟时果皮干燥，依开裂与否可分为裂果（图7-11）与闭果（图7-12）两类。

a. 裂果：由单雌蕊发育而成的果实，但成熟时，仅沿一个缝线裂开，如大豆、豌豆等。但花生的荚果并不裂开。

荚果：由单雌蕊发育而成。成熟后，沿腹缝线和背缝线裂开，如大豆、豌豆等。但花生的荚果并不裂开。

蓇葖果：是由单雌蕊发育而成的果实，成熟时，沿腹缝线开裂（如毛莨科的牡丹和飞燕草等）或背缝线开裂（如木兰科的木兰和辛夷等）。

角果：由两心皮组成，具假隔膜。成熟后，果皮从两个腹缝线裂成两片而脱落，只留住中间的假隔膜，十字花科植物的果实属此类型，其中油菜、萝卜为长角果，荠菜为短角果。

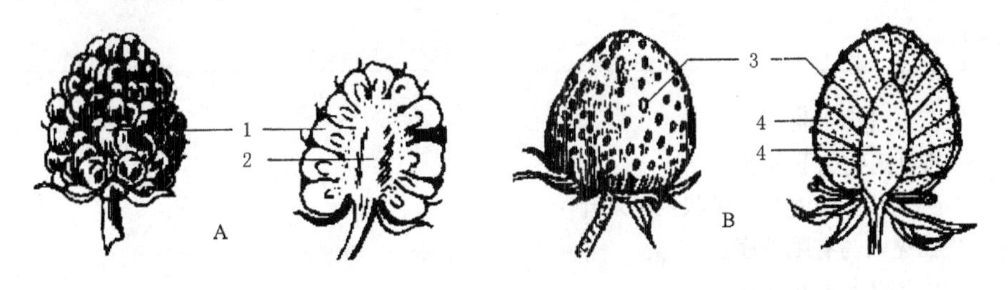


图7-13　聚合果

A. 悬钩子的聚合果，由许多小核果聚合而成

B. 草莓的聚合果，许多小瘦果聚生于膨大的肉质花托上

1. 小核果　2. 膨大花托　3. 小瘦果　4. 膨大花托

蒴果：由复雌蕊构成的果实，成熟时有各种裂开的方式，常见的有室背开裂（沿背缝裂开），如棉和百合等；室间开裂（沿心皮相接处的隔膜裂开），如烟草和黑点叶金丝桃等；室轴开裂（沿心皮的背缝线或腹缝线相接处裂开，但中央的部分隔膜仍与轴柱相连而残存），如牵牛和蔓陀罗等；盖裂（即果实中上部环横裂成盖状脱落），如马齿苋和车前等；孔裂（果实成熟时，每一心皮顶端裂一小孔，以散发种子），如虞美人和金鱼草等植物的果实。

b. 闭果：果实成熟后，不开裂，有以下几种：

瘦果：常由1至3心皮构成，种子1粒，如向日葵由2心皮组成；荞麦由3心皮组成。

坚果：由2至多个心皮构成，果皮坚硬，一室，内含一粒种子，如板栗、茅栗和栓皮栎等。

颖果：由2至3心皮构成，一粒种子，果皮与种皮不易分开（可区别于瘦果）。谷粒去壳后的糙米和麦粒与玉米粒均是颖果。

翅果：果皮伸长成翅，如山黄麻、榆树和槭树等植物的果实。

分果：2个或2个以上的心皮组成，各室含1粒种子，成熟时，各心皮沿中轴分开，如胡萝卜、芹菜等伞形花科植物的果实。

图7-14　聚花果（复果）
A. 桑椹，为多数单花集于花轴上形成的果实
B. 凤梨的果实，多汁的花轴成为果实的食用部分
C. 无花果果实的剖面，隐头花序膨大的花序轴成为果实的可食部分

（2）聚合果：是由一朵花中多数离生雌蕊发育而成的果实，许多小果聚生在花托上。分多种类型（图7-13）：如草莓为聚合瘦果，悬钩子是聚合核果；八角、白玉兰是聚合蓇葖果；莲为聚合坚果。

（3）复果：是由整个花序形成的果实。如凤梨、桑椹和无花果等（图7-14）。

## 二、作　业

简要区别如下术语：

1. 羽状三出复叶与掌状三出复叶。
2. 无限与有限花序。
3. 穗状与柔荑花序。
4. 单雌蕊与复雌蕊。如何确定一个复雌蕊由多少心皮组成？
5. 单果、聚合果和复果。
6. 瓠果与梨果；瘦果与颖果。

# 实验十二　分类检索表的应用以及植物种的描述记载方法

植物分类的方法主要有两种，即人为分类法和自然分类法。本书所采用的方法就是自然分类法，即根据植物的亲缘关系来分门别类。这种方法的优点，科学性更强，更能反映植物界发生和发展的规律。自然分类法中最普遍，最常用的就是法国拉马克所创立的二歧分类法，主要以植物的形态特征的差异来分类，用这种分类法所编制的检索表，就称为二歧分类检索表。对于初学分类学的人来说，植物分类检索表是绝对不可缺少的工具，本次实验的目的就是要初步掌握检索表的使用方法，并学会植物种的描述记载方法。

## 一、实验材料

木兰科 Magnoliaceae、毛茛科 Ranunculaceae、樟科 Lauraceae、十字花科 Cruciferae、石竹科 Caryophylllaceae、锦葵科 Malvaceae 等科的植物。

## 二、用　品

种子植物分科检索表，中国高等植物图鉴第一、二册，含有上述四科植物的地方植物志（如福建植物志和广州植物志等），扩大镜，镊子，解剖针和刀片等。

## 三、内容与方法

### （一）检索表的应用

#### 1. 植物检索表的类型

以被子植物为例，被子植物分类检索表最常用的不外乎三种，即分科、分属和分种检索表。第一种首先分被子植物为双子叶植物和单子叶植物，再比较其他性状，直至检索至科为止；第二种检索表，则由科检索至属；第三种检索表则由属检索至种。有这三种检索表，则易于鉴定学名。

请同学们查阅地方植物志中的分科、分属和分种检索表。

#### 2. 植物检索表编排的样式

根据相对应的两项特点间隔距离的远近，检索表可分为下面两种样式：

（1）定距检索表：这种样式的检索表，每一种性状的描写在书页左边一定距离处，与之相对应的性状的描写亦写在同样距离处。如此继续追寻，描写行越来越短，直至追寻至科、属或种名为止。现以植物界六大类群的分类检索表为例说明如下：

**植物界六大类群的分类检索表（定距式）**

1. 植物体无根、茎、叶的分化，无维管束，无胚。
　2. 植物体不为藻类和菌类所组成的共生体。
　　3. 植物体内有叶绿素或其他色素，生活方式为自养。……………………………藻类植物
　　3. 植物体内无叶绿素或其他色素，生活方式为异养。……………………………菌类植物
　2. 植物体为藻类和菌类所组成的共生体。………………………………………………地衣植物
1. 植物体绝大多数有根、茎、叶的分化，有维管束（除苔藓外），有胚。
　　4. 植物体为叶状体或有茎、叶的分化，无真根，无维管束。………………苔藓植物
　　4. 植物体有茎、叶的分化，有真根，有维管束。
　　　5. 植物无花，无种子，以孢子繁殖。………………………………………………蕨类植物
　　　5. 植物有花，有种子，以种子繁殖。………………………………………………种子植物

（2）平行检索表：这种样式的检索表，每一对照的性状的描写紧紧相接，更易于比较，在一行之末尾或为植物的科、属、种名，或为一数字，此数字重新写在一较低之行，以追寻另一对相对的性状，直至终了为止。现以植物界六大类群的分类检索表为例说明如下：

**植物界六大类群的分类检索表（平行式）**

1. 植物体无根、茎、叶的分化，无维管束，无胚。……………………………………………………2

1. 植物体绝大多数有根、茎、叶的分化，有维管束（除苔藓外），有胚。 …………………… 4
2. 植物体为藻类和菌类所组成的共生体。 …………………………………………… 地衣植物
2. 植物体不为藻类和菌类所组成的共生体。 …………………………………………… 3
3. 植物体内有叶绿素或其他色素，生活方式为自养。 ……………………………… 藻类植物
3. 植物体内无叶绿素或其他色素，生活方式为异养。 ……………………………… 菌类植物
4. 植物体为叶状体或有茎、叶的分化，无真根，无维管束。 ……………………… 苔藓植物
4. 植物体有茎、叶的分化，有真根，有维管束。 ……………………………………… 5
5. 植物无花，无种子，以孢子繁殖。 ………………………………………………… 蕨类植物
5. 植物有花，有种子，以种子繁殖。 ………………………………………………… 种子植物

*3. 植物检索表的使用方法*

当我们采到一株不认识的植物时，应根据植物的形态特征，按检索表的顺序，逐一寻找出该植物所处的分类地位。首先应确定是哪门、哪纲和哪目植物，然后再继续查其分科、分属以及分种的植物检索表。下面分别以木兰科、毛茛科、樟科、十字花科、石竹科和锦葵科等科的植物为例，由老师引导，用中国种子植物分科检索表先检索到科，然后用地方植物志（如福建植物志或广州植物志）中上述各科的分属检索表检索到属，最后再用分种检索表检索到种。

**（二）形态特征的描述记载方法**

当一种植物检索出来后，为了帮助记忆，就要把其特征记录下来，营养器官的描述可用文字，而花的形态结构特征可用一些符号和数字列成公式来表示，这种公式就称为花程式。在书写花程式时，一般用花各部分的拉丁名词的第一个字母大写作为代号，具体表示如下：

花萼——Ca（calyx） 花冠——Co（corolla）

雄蕊——A（androecium） 雌蕊——G（gynoecium）

花萼也可用德文 kelch 中的 K 表示，此时，则用 C 表示花冠。上述各部分的数目用数字表示，缺少时用“O”表示，数目很多（10 以上）用“∞”表示，并把它们写在代表各部字母的右下角，当花萼与花冠不易区分时，可称为花被，用 P 表示，P 是拉丁文 perianthium 的略写，某部分一轮以上时用“+”表示；某部分其个体连合时用“（）”表示。子房位置在 G 下边加一横线示上位子房（$\underline{G}$）；$\overline{G}$示下位子房，$\overline{\underline{G}}$示半下位子房。G 后面的数字表示心皮数，心皮数后面用“：”隔开的数字表示子房室数。

辐射对称花（花的平面可做两个以上对称面）用“*”表示；两侧对称花（花的平面只能做一对称面）用“↑”表示。

♀表示单性雌花，♂表示单性雄花；⚥表示两性花，写于花程式的前面。

下面再次以木兰科、毛茛科、樟科、十字花科、石竹科和锦葵科等科的植物种为例，由老师引导，把它们营养器官的特征描述出来，并用花程式表示其花的形态和结构特征。

## 四、作 业

写出所观察的 3～5 个不同科代表植物的检索路线，并写出所属的科名以及花程式。

# 实验十三　离瓣花亚纲的分类鉴定

## 一、目的要求

掌握离瓣花中常见科的识别要点，记住一些代表植物及其经济用途；熟练掌握分科、分属和分种检索表的应用。

## 二、用　品

中国植物志，地方植物志，中国高等植物图鉴，中国种子植物分科检索表和分属检索表；扩大镜，镊子，解剖针，刀片等。

## 三、观察和检索的材料

| | | |
|---|---|---|
| 蓼科 POLYGONACEAE | 山茶科 THEACEAE | 大戟科 EUPHORBIACEAE |
| 蔷薇科 ROSACEAE | 桑科 MORACEAE | 豆科 LEGUMINOSAE |
| 芸香科 RUTACEAE | 无患子科 SAPINDACEAE | 伞形科 UMBELLIFERAE |

上述各科的代表植物（各校可就地取材）若干种，其中被安排检索的植物标本必须带花。

## 四、方法步骤

（1）由任课教师从上述所列的观察材料里挑选 4～5 个不同科的带花的植物标本让同学检索，先检索至科，然后进一步检索至属和种，经任课教师核对无误后，写出检索顺序和该植物的花程式，并对其形态特征加以描述，作为本次课的作业。

（2）任课教师在同学检索期间，要注意同学的检索顺序是否正确，必要时加以启发和引导。

（3）同学的检索任务完成后，由任课教师引导同学再检查一遍并加以总结。

（4）最后由任课教师对照实物介绍本次课所安排的其余各科的形态特征，识别要点，代表植物及其用途，边介绍边让同学观察和描述，以加深印象。

## 五、作　业

写出所观察和检索的 4～5 种代表植物的检索顺序和该植物的花程式，并对其形态特征加以描述。

# 实验十四　合瓣花亚纲的分类鉴定

## 一、目的要求

掌握合瓣花中常见科的识别要点，记住一些代表植物及其经济用途；熟练掌握分科、分属和分种检索表的应用。

## 二、用　品

中国植物志，地方植物志，中国高等植物图鉴，中国种子植物分科检索表和分属检索表；扩大镜，镊子，解剖针，刀片等。

**三、观察和检索的材料**

葫芦科 CUCURBITACEAE 木犀科 OLEACEAE 夹竹桃科 APOCYNACEAE
茜草科 RUBIACEAE 茄科 SOLANACEAE 旋花科 CONVOLVULACEAE
玄参科 SCROPHULARIACEAE 唇形科 LABIATAE 菊科 COMPOSITAE

上述各科的代表植物（各校可就地取材）若干种，其中被安排检索的植物标本必须带花。

**四、方法步骤**

(1) 由任课教师从上述所列的观察材料里挑选 4～5 个不同科的带花的植物标本让同学检索，先检索至科，然后进一步检索至属和种，经任课教师核对无误后，写出检索顺序和该植物的花程式，并对其形态特征加以描述，作为本次课的作业。

(2) 任课教师在同学检索期间，要注意同学的检索顺序是否正确，必要时加以启发和引导。

(3) 同学的检索任务完成后，由任课教师引导同学再检查一遍并加以总结。

(4) 最后由任课教师对照实物介绍本次课所安排的其余各科的形态特征，识别要点，代表植物及其用途，边介绍边让同学观察和描述，以加深印象。

**五、作 业**

写出所观察和检索的 4～5 种代表植物的检索顺序和该植物的花程式，并对其形态特征加以描述。

## 实验十五 单子叶植物纲的分类鉴定

**一、目的要求**

掌握单子叶植物常见科的识别要点，记住一些代表植物及其经济用途；熟练掌握分科、分属和分种检索表的应用。

**二、用 品**

中国植物志，地方植物志，中国高等植物图鉴，中国种子植物分科检索表和分属检索表；扩大镜，镊子，解剖针，刀片等。

**三、观察和检索的材料**

鸭跖草科 COMMELINACEAE 百合科 LILIACEAE 天南星科 ARACEAE
石蒜科 AMARYLLIDACEAE 凤梨科 BROMELIACEAE 棕榈科 PALMACEAC
兰科 ORCHIDACEAE 莎草科 CYPERACEAE 禾本科 GRAMINEAE

上述各科的代表植物（各校可就地取材）若干种，其中被安排检索的植物标本必须带花。

**四、方法步骤**

(1) 由任课教师从上述所列的观察材料里挑选 4～5 个不同科的带花的植物标本让同学检索，先检索至科，然后进一步检索至属和种，经任课教师核对无误后，写出检索顺序和该植物的花程式，并对其形态特征加以描述，作为本次课的作业。

（2）任课教师在同学检索期间，要注意同学的检索顺序是否正确，必要时加以启发和引导。

（3）同学的检索任务完成后，由任课教师引导同学再检查一遍并加以总结。

（4）最后由任课教师对照实物介绍本次课所安排的其余各科的形态特征，识别要点，代表植物及其用途，边介绍边让同学观察和描述，以加深印象。

**五、作　业**

写出所观察和检索的4～5种代表植物的检索顺序和该植物的花程式，并对其形态特征加以描述。

# 附录一　被子植物分科的基本知识

全世界的被子植物约有25万种，我国有3万种左右。在这25万种植物中，根据它们形态特征的异同，分为双子叶植物纲和单子叶植物纲，包括300多科，8 000多属。下面仅选出其中主要农作物，经济植物和亚热带代表树种以及个别与进化有关的科给予适当的介绍：

## 一、双子叶植物纲 DICOTYLEDONEAE

双子叶植物种子的胚，具2片子叶。茎内的维管束在横切面上常排列成圆环状，有形成层和次生组织。叶脉常为网状。花多以5或4为基数，一般主根发达。

**（一）木兰科** MAGNOLIACEAE

1. 形态特征：木本。单叶，互生，多全缘。枝具明显的环状托叶痕。花大，两性；单被花（萼、瓣不分），花被花瓣状；雄蕊多数；雌蕊为多数离生单雌蕊，螺旋状排列于柱状的花托上；子房1室，含1至多数胚珠。果多为聚合蓇葖果。

2. 识别要点：木本。枝具明显的环状托叶痕。单被花，雄蕊和雌蕊多数，螺旋排列于柱状花托上。聚合蓇葖果。

3. 花程式：$* P_{6\text{-}9} A_{\infty} \underline{G}_{\infty}$

4. 代表植物：荷花玉兰（洋玉兰）、辛夷（紫玉兰），白玉兰（图7-15）、黄兰、鹅掌楸（马褂木）（图7-16）、夜合、含笑等均为庭园观赏植物。

5. 分类学上的意义：本科是双子叶植物中最原始的科。其原始性状表现为：

①木本；②花两性，萼片和花瓣不分；③雄蕊和心皮多数，螺旋状排列于柱状的花托上；④种子含丰富的胚乳，双子叶木本植物即由本科保留了木本性质演化而来。

6. 生态学上的意义：为亚热带常绿阔叶林的代表树种。

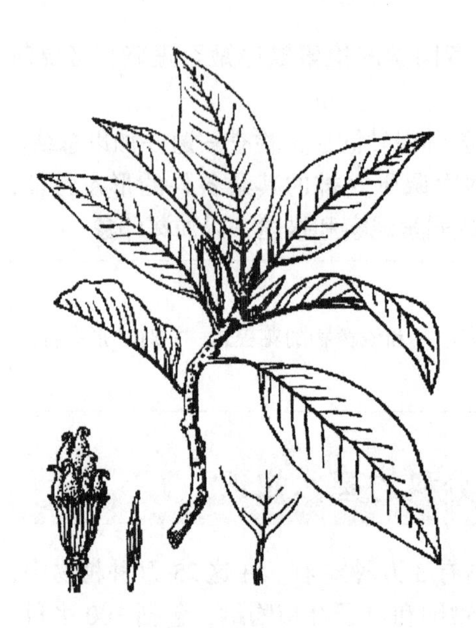

图 7-15 白玉兰 *Michelia alba* DC.
（引自《中国高等植物图鉴》）

图 7-16 马褂木 *Liriodendron chinense*（Hemsl.）Sarg.（引自《中国高等植物图鉴》）

**（二）樟科 LAURACEAE**

1. 形态特征：木本（除无根藤外），常具油细胞，有香气。单叶，常互生，多全缘，三出脉或羽状脉，具芳香，革质，表面具光泽。花小，多两性，单被（无花瓣和花萼之分），花被花萼状，常3基数；雄蕊3～12，常9，3～4轮，每轮3枚，常有第4轮退化雄蕊，花药瓣裂；子房常上位，1室，1胚珠。浆果或核果。

2. 识别要点：木本，具芳香。单叶互生，三出脉或羽状脉。花小，单被，常3基数，花药瓣裂。浆果或核果。

3. 花程式：$* P_{6-9} A_{9-12} \underline{G}_{(2-3:1)}$

4. 代表植物：

（1）用材树种：樟（图 7-17）、楠木等。

（2）医药和工业原料：用樟树木材提炼的樟脑油可用于医药上和工业中。

（3）药用植物：山苍子、乌药、肉桂等。

（4）绿化树种：樟树、肉桂等。

5. 生态学上的意义：本科植物是亚热带常绿阔叶林的主要树种。

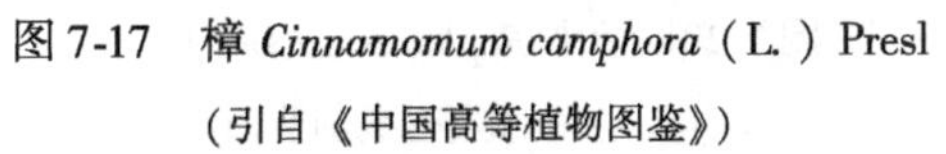

图 7-17　樟 *Cinnamomum camphora*（L.）Presl

（引自《中国高等植物图鉴》）

图 7-18　牡丹 *Paeonia suffruticosa* Andr.

（引自《中国高等植物图鉴》）

### （三）毛茛科 RANUNCULACEAE

1. 形态特征：多为草本，少灌木或藤本。叶互生或基生，稀对生；单叶或复叶，常掌状分裂。花多两性，少单性；多辐射对称；萼片、花瓣各5个；或单被花，花被花瓣状；雌雄蕊多数，离生，螺旋状排列在隆起的花托上。果为聚合瘦果或聚合蓇葖果。

2. 识别要点：草本。雌雄蕊多数，离生，螺旋状排列在隆起的花托上。果为聚合瘦果或聚合蓇葖果。

3. 花程式：$* \uparrow K_{5\text{-}\infty}\ C_{5\text{-}\infty}\ A_{\infty}\ \underline{G}_{\infty}$

4. 代表植物：

（1）田间或路边杂草：小茴茴蒜，石龙芮和扬子毛茛等。

（2）观赏兼药用植物：：牡丹（图7-18）、芍药等。

（3）药用植物：乌头、黄连等。

5. 分类学上的意义：是具有原始性状的科。双子叶草本植物即由本科保留了草本性质演化而来，与木兰科是两个平行发展的科。

### （四）十字花科 CRUCIFERAE

1. 形态特征：草本。单叶互生，基生叶常呈莲座状，无托叶。总状或圆锥花序；花两性，辐射对称；萼片4，两轮；花瓣4，排成十字形；雄蕊6，四强；子房上位，2心皮合生，侧膜胎座，由假隔膜隔成2室，每室胚珠1至多数。角果。

2. 识别要点：总状或圆锥花序；十字形花冠；四强雄蕊；侧膜胎座，假隔膜隔成2室；角果。

3. 花程式：$* \ K_{2+2}\ C_{2+2}\ A_{2+4}\ \underline{G}_{(2:1)}$

图 7-19 油菜 *Brassica campestris* L.

（引自《福建植物志》）

图 7-20 萝卜 *Raphanus sativus* L.

（引自《中国高等植物图鉴》）

4. 代表植物：

（1）蔬菜：卷心菜（包菜）、花椰菜（花菜）、白菜、青菜、芥菜、雪里蕻、榨菜、球茎甘蓝、萝卜等。

（2）油料作物：油菜（图 7-19）（种子含油量 40%，可供食用）、萝卜（图 7-20）等的种子油，可作工业用油。

（3）药用植物：菘蓝（根在我国北方称板蓝根，入药可治病毒感染，有清热解毒功能）；萝卜（种子称为莱菔子，根叫地枯楼，均入药）。

（4）观赏植物：紫罗兰、桂竹香等。

（5）田间杂草：荠、臭荠、北美独行菜等。

**（五）石竹科 CARYOPHYLLACEAE**

1. 形态特征：草本。节常膨大。单叶对生，全缘，常于基部连合。多聚伞花序；花两性，辐射对称；花萼 4～5，宿存；花瓣 4～5，常具爪，边缘不整齐；雄蕊常为花瓣的 2 倍；子房上位，1 室，常为特立中央胎座。多为蒴果，少为浆果。

2. 识别要点：草本。节常膨大。单叶对生，全缘，常于基部连合。花瓣常具爪；雄蕊常为花瓣的 2 倍；特立中央胎座。蒴果。

3. 花程式：$* \ K_{4\text{-}5}\ C_{4\text{-}5}\ A_{8\text{-}10}\ \underline{G}_{(2\text{-}5:1:\infty)}$

4. 代表植物：

（1）田间杂草：繁缕、牛繁缕、蚤缀等。

（2）观赏植物：石竹（图 7-21）、十样锦、剪夏罗等。

图 7-21　石竹 *Dianthus chinensis* L.
（引自《中国高等植物图鉴》）

图 7-22　荞麦 *Fagopyrum esculentum* Moench.
（引自《中国高等植物图鉴》）

**（六）蓼科 POLYGONACEAE**

1. 形态特征：草本。茎节常膨大。单叶，多互生，全缘，有膜质托叶鞘，抱茎。花序穗状、总状或圆锥状；花两性；单被，常花瓣状，宿存；雄蕊 3～9；雌蕊由 3（稀 2～4）心皮合成，子房上位，1 室，1 胚珠。瘦果，常包于宿存的花被内。

2. 识别要点：草本。茎节膨大。有膜质托叶鞘抱茎。花两性；单被，常花瓣状，宿存。瘦果，常包于宿存的花被内。

3. 花程式：$* \ P_{6-3} \ A_{3-9} \underline{G}_{(3-2:1:1)}$

4. 代表植物：

（1）粮食和饲料：荞麦（图 7-22）等。

（2）田间杂草：丛枝蓼、辣蓼、火炭母、腋花蓼等。

（3）观赏植物：竹节蓼等。

（4）药用植物：扛板归、廊茵、羊蹄、虎杖、大黄、何首乌、火炭母、辣蓼。

**（七）藜科 CHENOPODIACEAE**

1. 形态特征：多为草本。单叶互生，无托叶。花小；两性或单性；单被，花被片常 5～2 裂，花萼状，宿存，或无花被；雄蕊与花被片常同数对生；雌蕊为 2 心皮合生，稀 3～5 心皮；胞果，常包于宿存的花被内，果期花被片背面发育为针刺状或翅状附属物；胚常为环形。

2. 识别要点：草本。单叶互生。花小，单被，花萼状；雄蕊与花被片常同数对生。胞果，包于宿存的花被内；胚环形。

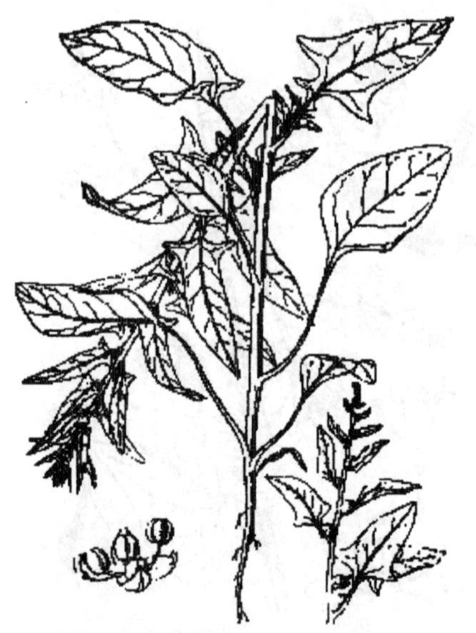

图 7-23 菠菜 *Spinacia oleracea* L.

（引自《中国高等植物图鉴》）

图 7-24 苋 *Amaranthus tricolor* L.

（引自《中国高等植物图鉴》）

3. 花程式：$* \ P_{5\text{-}2\text{-}0}\ A_{5\text{-}2\text{-}0}\ \underline{G}_{(2\text{-}3\text{-}5:1:1)}$

$♂ * \ P_{5\text{-}2\text{-}0}\ A_{5\text{-}2\text{-}0}$

$♀ * \ P_{5\text{-}2\text{-}0}\ \underline{G}_{(2\text{-}3\text{-}5:1:1)}$

4. 代表植物：

（1）蔬菜：菠菜（图 7-23）、牛皮菜。

（2）糖料作物：甜菜。

（3）药用植物：土荆芥、地肤（整株植物体可作扫帚）。

（4）杂草：灰绿藜等。

## （八）苋科 AMARANTHACEAE

1. 形态特征：草本。单叶对生或互生，无托叶。花序穗状、头状或圆锥状；花小，两性或单性；单被，花被片 3～5，花萼状，常干膜质；雄蕊 1～5，常与花被片对生；子房上位，2～3 心皮合生，1 室，1 胚珠；常为胞果，盖裂或不裂。

2. 识别要点：草本。单叶，无托叶。花小，单被，花萼状，常干膜质；雄蕊与花被片对生；子房 1 室，1 胚珠。胞果盖裂或不裂。

3. 花程式：$* \ P_{3\text{-}5}\ A_{1\text{-}5}\ \underline{G}_{(2\text{-}3:1)}$

$♂ * \ P_{3\text{-}5}\ A_{1\text{-}5}$

$♀ * \ P_{3\text{-}5}\ \underline{G}_{(2\text{-}3:1)}$

4. 代表植物：

（1）蔬菜：苋（雁来红）（图 7-24）、繁穗苋、尾穗苋等。

（2）观赏植物：千日红、鸡冠花，锦绣苋等。

（3）药用植物：青葙、牛膝、土牛膝等。

（4）杂草：绿苋、刺苋等。

### （九）葫芦科 CUCURBITACEAE

1. 形态特征：草质藤本，植株被毛、粗糙，常有卷须（枝条变态）。单叶互生，常掌状分裂。花多为单性，同株或异株，单生或为总状花序、圆锥花序；雄花常具雄蕊 5，多两两合生，另 1 枚分离，花药常折叠；雌花的子房下位，心皮 3，侧膜胎座。瓠果。

2. 识别要点：草质藤本，有卷须。叶掌状分裂。花单性；花药常折叠；子房下位，侧膜胎座。瓠果。

3. 花程式：♂ $K_{(5)}\ C_{(5)}\ A_{1+(2)+(2)}$

♀ $K_{(5)}\ C_{(5)}\ \overline{G}_{(3:1)}$

4. 代表植物：

（1）蔬菜：冬瓜（图 7-25）、南瓜、黄瓜、丝瓜、瓠瓜、葫芦、佛手瓜、苦瓜等。

（2）水果：香瓜（甜瓜）、哈密瓜（香瓜的变种）等。

（3）药用植物：苦瓜、栝楼、绞股蓝（图 7-26）等。

图 7-25　冬瓜 *Benincasa hispida* (Thunb.) Cogn.

（引自《中国高等植物图鉴》）

图 7-26　绞股蓝 *Gynostemma pentaphyllum* (Thunb.) Makino

（引自《中国高等植物图鉴》）

### （十）山茶科 THEACEAE

1. 形态特征：灌木或乔木。单叶互生，多为常绿，革质，无托叶。花多为两性，稀单性，辐射对称；萼片和花瓣常各 5；雄蕊多数；子房多上位，中轴胎座，常为 3～5 室。蒴果、浆果或核果状。

2. 识别要点：木本。单叶互生，常绿，革质，无托叶。萼瓣各 5；雄蕊多数；中轴胎座。蒴果、浆果或核果状。

3. 花程式：* $K_5\ C_5\ A_\infty\ \underline{G}_{(3\text{-}5:3\text{-}5)}$

4. 代表植物：

（1）用材树种：木荷等。

（2）饮用：茶（图7-27）。

（3）榨油用：油茶。

（4）观赏用：山茶、厚皮香。

图7-27　茶 *Camellis sinensis* O. Ktze.

（引自《中国高等植物图鉴》）

图7-28　蒲桃 *Syzygium jambos*（L.）Alston

（引自《中国高等植物图鉴》）

**（十一）桃金娘科** MYRTACEAE

1. 形态特征：乔木或灌木。单叶，全缘，革质，常对生，少互生或轮生，具透明油点，揉有香气。花两性，辐射对称；单生或组成各式花序；萼片和花瓣常4~5；具花盘；雄蕊常多数，花丝离生或基部连合；子房下位或半下位，多室至1室，中轴胎座，胚珠多数。蒴果或浆果，稀核果；种子常有角。

2. 识别要点：木本。单叶，全缘，革质，具透明油点。花两性；4~5基数；具花盘；雄蕊常多数；子房下位或半下位，中轴胎座。种子常有角。

3. 花程式：$* \ K_{(4\text{-}5)}\ C_{4\text{-}5}\ A_{\infty}\ \overline{G}_{(2\text{-}5)}$

4. 代表植物：

（1）用材及行道树种：大叶桉、柠檬桉、巨桉、柳叶桉等。

（2）水果：蒲桃（图7-28）、海南蒲桃、番石榴、桃金娘等。

5. 生态学上的意义：本科是南亚热带、热带季雨林和雨林区域的代表科。

**（十二）锦葵科** MALVACEAE

1. 形态特征：草本或木本。植物体多有黏液细胞。树皮中富含韧皮纤维。幼枝和叶表面常有星状毛。单叶互生，常具掌状脉，有托叶。花多为两性，辐射对称；萼片5，常有副萼；花瓣5，螺旋状排列；单体雄蕊，花药1室，花粉有刺；子房上位，2至多心皮合生，2至多室，中轴胎座。蒴果或分果。

2. 识别要点：树皮富含韧皮纤维。幼枝和叶表面常有星状毛。单叶，有托叶。常有副萼；单体雄蕊，花药1室。蒴果或分果。

3. 花程式：$* K_5 C_5 A_{(\infty)} \underline{G}_{(2\text{-}\infty:2\text{-}\infty)}$

4. 代表植物：

（1）纤维植物：陆地棉、海岛棉（图7-29）、苘麻、红麻、木芙蓉、木槿、扶桑、蜀葵、肖梵天花、黄花稔等。

（2）观赏植物：木芙蓉（图7-30）、木槿、扶桑等。

（3）蔬菜：冬葵等。

图7-29　海岛棉 *Gossypium barbadense* L.

（引自《中国高等植物图鉴》）

图7-30　木芙蓉 *Hibiscus mutabilis* L.

（引自《中国高等植物图鉴》）

### （十三）大戟科 EUPHORBIACEAE

1. 形态特征：木本或草本。植物体常含有乳汁。多为单叶互生，叶基部常具腺体。花多单性，雌雄同株或异株，多成聚伞花序；花被常为单层，花萼状，有时缺或花萼和花瓣具存。雌蕊通常3心皮合生；子房上位，3室，中轴胎座。多蒴果，稀核果或浆果。

2. 识别要点：常有乳汁。单叶互生，基部常具2个腺体。花单性，子房上位，3心皮合生，3室，中轴胎座。蒴果。

3. 花程式：♂ $* K_{0\text{-}5} C_{0\text{-}5} A_{1\text{-}\infty}$　♀ $* K_{0\text{-}5} C_{0\text{-}5} \underline{G}_{(3:3:1)}$

4. 代表植物：

（1）油料植物：蓖麻、油桐、乌桕、木油树等。

（2）橡胶植物：橡胶树（图7-32）。

（3）淀粉植物：木薯（图7-31）。

（4）水果：余甘子（油甘）

（5）用材或行道树：重阳林、石栗。

（6）药用植物：巴豆、泽漆、大戟、铁苋菜（海蚌含珠）、算盘子、黑面神、白背叶等。

图 7-31　木薯 *Manihot esculenta Crantz*
（引自《中国高等植物图鉴》）

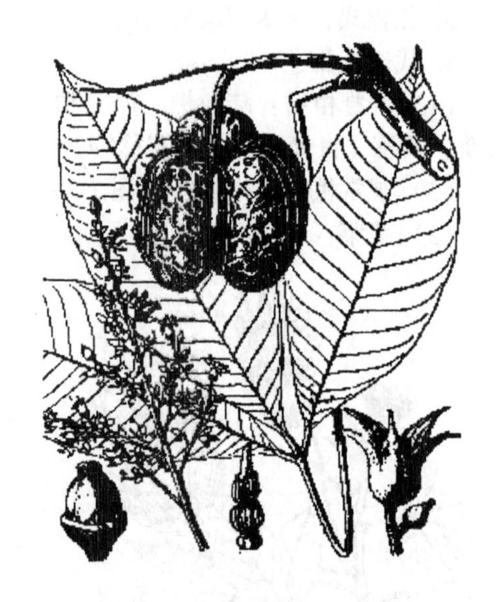

图 7-32　橡胶树 *Hevea brasiliensis* (H. B. K.) Muell. -Arg.
（引自《中国高等植物图鉴》）

### （十四）蔷薇科 ROSACEAE

1. 形态特征：木本或草本，有刺或无刺。单叶或复叶，多互生，多具托叶。花两性，辐射对称；花单生或成花序；花托隆起或凹陷；花多为周位花，少上位花；萼片和花瓣常 5；心皮 1 至多数，离生或合生；子房上位或下位。蓇葖果、核果、梨果或瘦果，少蒴果。

2. 识别要点：多具托叶。花托隆起或凹陷；花为 5 基数，多为周位花，少上位花；子房上位或下位；果实为核果、梨果或瘦果等。

3. 分亚科概述：

本科根据花托变化，雌蕊心皮数以及果实类型等性状。可分为四个亚科：

（1）绣线菊亚科 SPIRAEOIDEAE

①形态特征：灌木。叶多数没有托叶。花托扁平或微凹，心皮 1～5 个，多分离，蓇葖果或蒴果。

②花程式：$* \ K_5 \ C_5 \ A_\infty \ \underline{G}_{1\text{-}5}$ 或 $\underline{G}_{(1\text{-}5)}$

③代表植物：麻叶绣线菊（图 7-33）、珍珠绣线菊（观赏植物）。

（2）蔷薇亚科 ROSOIDEAE

①形态特征：灌木或草本。叶常为羽状复叶或深裂，互生，有托叶。花托隆起或凹陷，雄蕊多数；心皮多数，分离；子房上位；聚合瘦果或聚合小核果。

②花程式：$* \ K_5 \ C_5 \ A_\infty \ \underline{G}_\infty$

③代表植物：

a. 观赏植物：贴梗海棠、玫瑰（图 7-34）、月季等。

图 7-33　麻叶绣线菊 *Spiraea cantoniensis* Lour.
（引自《中国高等植物图鉴》）

图 7-34　玫瑰 *Rosa rugosa* Thunb.
（引自《中国高等植物图鉴》）

b. 药用植物：金樱子、仙鹤草、蛇莓、硕苞蔷薇、茅莓等。

c. 栽培水果：草莓。

d. 野生水果：茅莓、山莓、高粱泡等。

e. 田间杂草：蛇含委陵菜等。

（3）李亚科 PRUNOIDEAE

①形态特征：木本。单叶互生，有托叶，叶基部常有腺体。花托凹陷呈杯状；雄蕊多数；心皮 1 个，子房上位；核果。

②花程式：$* \ K_5 \ C_5 \ A_\infty \ \underline{G}_{1:1}$

③代表植物：

a. 观赏植物：梅、樱花等

b. 果树：桃（图 7-35）、李、杏等。

（4）梨亚科 POMOIDEAE

①形态特征：乔木。单叶互生，有托叶。花托凹陷与子房愈合；雄蕊多数；心皮 2～5 个，合生；子房下位或半下位；梨果。

②花程式：$* \ K_5 \ C_5 \ A_\infty \ \overline{G}_{(2\text{-}5:2\text{-}5)}$

③代表植物：

a. 果树：白梨、沙梨（图 7-36）、枇杷、苹果、山楂等。

b. 药用植物：木瓜、山楂、梨、枇杷、石楠等。

c. 用材及庭园绿化树种：石楠。

d. 观赏植物：海棠、垂丝海棠等。

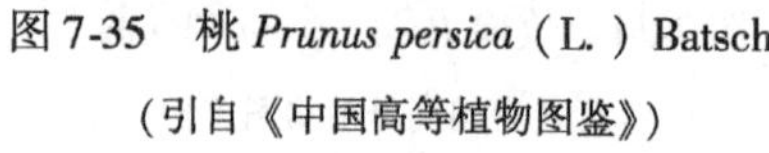

图 7-35 桃 *Prunus persica*（L.）Batsch.
（引自《中国高等植物图鉴》）

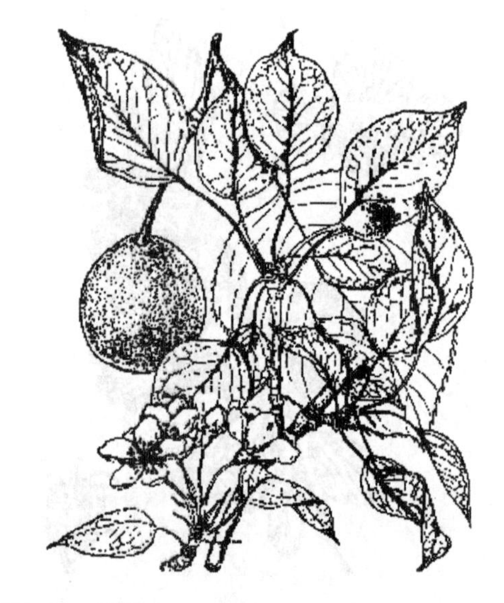

图 7-36 沙梨 *Pyrus pyrifolia*（Burm. f.）Nakai
（引自《中国高等植物图鉴》）

### （十五）豆科 LEGUMINOSAE

按照哈钦松的意见，本科可分为苏木科（云实科）、含羞草科和蝶形花科。这里仍按恩格勒分科的范围处理，分为三个亚科。

1. 形态特征：叶多为羽状复叶或 3 出复叶，常互生，具托叶，叶柄基部常有叶枕。花两性；萼片和花瓣均为 5；花冠多为蝶形，少数为假蝶形或辐射对称；雄蕊常 10 枚，多成 2 体雄蕊，少有单体或分离；单心皮，子房上位，胚珠 1 至多数，边缘胎座；荚果。

2. 识别要点：多为复叶，常有叶枕。花冠多为蝶形，少数为假蝶形或辐射对称；2 体雄蕊，少有单体或分离。荚果。

3. 亚科检索表：

A、花冠辐射对称；花瓣镊合状排列，中下部常合生。……含羞草亚科 MIMOSOIDEAE。

A、花冠两侧对称；花瓣复瓦状排列，离生。

B、花冠假蝶形，最上面 1 花瓣在最里面，呈上升覆瓦状排列；雄蕊 10 或较少，多分离。……云实亚科 CAESALPINIOIDEAE。

B、花冠蝶形，最上面 1 花瓣（旗瓣）在最外面，呈下降覆瓦状排列；2 体雄蕊。……蝶形花亚科 PAPILIONOIDEAE。

4. 分亚科概述：

（1）含羞草亚科 MIMOSOIDEAE

①形态特征：多木本，稀草本。多二回羽状复叶，少一回羽状复叶。花两性；辐射对称；雄蕊常多数；荚果。

②花程式：＊ $K_5 C_5 A_{10-\infty} G_{1:1}$

③代表植物：

a. 行道树及用材树种：银合欢（图 7-37）、黑荆、南洋楹、相思树等。

b. 绿篱植物：金合欢等。

c. 药用植物：含羞草、金合欢等。

图 7-37　银合欢 *Leucarna glauca*（L.）Benth.
（引自《中国高等植物图鉴》）

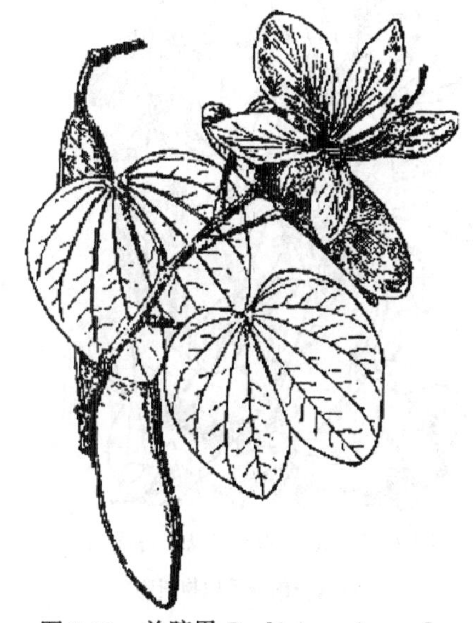

图 7-38　羊蹄甲 *Bauhinia variegata* L.
（引自《中国高等植物图鉴》）

（2）云实亚科 CAESALPINIOIDEAE

①形态特征：多木本，少草本。一回或二回羽状复叶，少为单叶。花两侧对称，假蝶形；雄蕊 10 或较少，多分离；荚果。

②花程式：$\uparrow K_5\ C_5\ A_{10}\underline{G}_{1:1}$

③代表植物：

a. 庭园观赏树：紫荆、羊蹄甲（图 7-38）、黄槐、云实等。

b. 绿肥植物：含羞草决明（山扁豆）。

（3）蝶形花亚科 PAPILIONOIDEAE

①形态特征：草本、灌木或乔木。单叶或复叶。总状花序或头状花序。蝶形花冠（旗瓣一片，翼瓣二片，龙骨瓣二片）。雄蕊二体。荚果。

②花程式：$\uparrow K_5\ C_{1+2+2}\ A_{(9)+1}\underline{G}_{1:1}$

③代表植物：

a. 油科或杂粮作物：大豆、花生（图 7-39）、豌豆、蚕豆、红豆、绿豆等。

b. 蔬菜：莱豆（四季豆）、扁豆、刀豆、长豇豆、豆薯（图 7-40）（块根可生吃、炒菜吃或制淀粉）等。

c. 绿肥植物：紫云英、田菁、草木樨等。

d. 牧草：紫花苜蓿、紫云英、南苜蓿等。

e. 药用植物：鸡眼草、葛藤、鸡血藤、甘草、黄芪等。

f. 绿化和行道树：刺桐、槐树、刺槐、红豆树等。

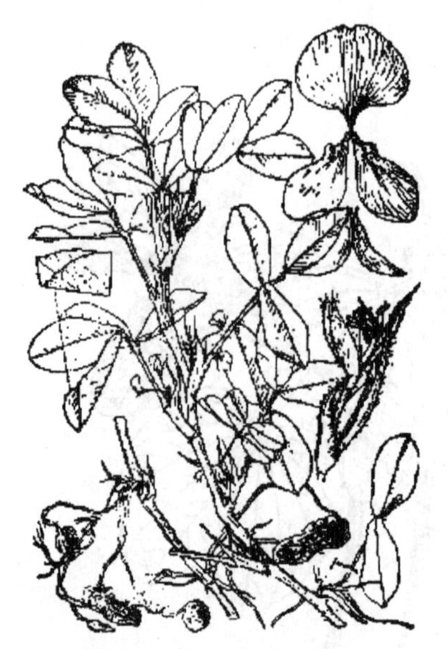

图7-39 花生 *Arachis hypogaea* L.
（引自《中国高等植物图鉴》）

图7-40 豆薯 *Pachyrhizus erosus*（L.）Urban
（引自《中国高等植物图鉴》）

**（十六）杨柳科 SALICACEAE**

1. 形态特征：落叶性乔木或灌木。单叶互生，有托叶。单性花，多为雌雄异株，柔荑花序，常于初春先叶开放；每花有一苞片，无花被，常有杯状花盘或蜜腺；雄蕊2至多数；雌蕊1个，由2心皮合生而成，侧膜胎座，子房1室，上位。蒴果2~4裂；种子小，多数，基部有长毛。

2. 识别要点：木本。单叶互生，有托叶。柔荑花序；花有苞片，有花盘或蜜腺，无花被。蒴果，种子小，基部有长毛。

3. 花程式：♂ $K_0\ C_0\ A_{2-\infty}$　　♀ $K_0\ C_0\underline{G}_{(2:1)}$

4. 代表植物：旱柳、垂柳（图7-41）等（为绿化行道树和蜜源植物）。

**（十七）壳斗科 FAGACEAE**

1. 形态特征：常绿或落叶乔木、灌木。单叶互生，多为革质。花单性，雄花为柔荑花序，花被杯状，常4~6裂；雌花单生或数朵簇生，外包总苞（壳斗），花被常4~6裂，心皮2~6，子房下位，2~6室，每室胚珠2个，只1个发育；坚果位于壳斗中。

2. 识别要点：木本。单叶互生，革质。花单性，雄花为柔荑花序；雌花外包总苞（壳斗）。坚果位于壳斗中。

3. 花程式：♂ $K_{(4-6)}\ C_0\ A_{4-20}$　　♀ $K_{(4-6)}\ C_0\ \overline{G}_{(2-6:2-6)}$

4. 代表植物：

（1）木本粮食植物：板栗（图7-42）、茅栗、锥栗等。

（2）用材树种：青冈栎、石栎、米槠、甜槠、栓皮栎（栓皮可作软木）。

5. 生态学意义：本科植物为亚热带常绿阔叶林和温带落叶阔叶林的主要树种。

图 7-41　垂柳 *Salix babylonica* L.

1. 枝叶 2. 雄花枝 3. 雄花 4. 雌花枝 5. 雌花 6. 果实

（引自《中国高等植物图鉴》）

图 7-42　板栗 *Castanea mollissima* Bl.

（引自《中国高等植物图鉴》）

### （十八）桑科 MORACEAE

1. 形态特征：灌木、乔木、藤本或草本，常具乳汁。多为单叶互生。花序柔荑、头状、聚伞、圆锥或隐头花序；花单性，雌雄同株或异株；雌花和雄花均单被，花被片 4，花萼状；雄蕊与花被片同数而对生；雌蕊 2 心皮合生，上位子房，1 室 1 胚珠。多为复果（聚花果）。

2. 识别要点：植物体常具乳汁。多为单叶互生。花单性；单被，花被花萼状；雄蕊与花被片同数而对生；上位子房。多为复果（聚花果）。

3. 花程式：♂ $P_4\ A_4$　　♀ $P_4\underline{G}_{(2:1)}$

4. 代表植物：

（1）水果类：无花果、桑、木菠萝等。

（2）纤维植物：薜荔、无花果、桑（图 7-43）、构树、小构树等。

（3）橡胶植物：印度橡皮树。

（4）园林植物：榕树、印度橡皮树。

### （十九）荨麻科 URTICACEAE

1. 形态特征：植物体常具刺毛。茎的韧皮纤维发达。单叶，互生或对生。花小；多为单性，雌雄同株或异株；单被，雌花和雄花的花被均为花萼状，2～5 裂；雄蕊 4～5 枚；子房 1 室，胚珠 1 个。瘦果或核果，包于扩大的花被中。

2. 识别要点：植物体常具刺毛。茎的韧皮纤维发达。花小；单性；单被，花萼状；瘦果或核果，包于扩大的花被中。

3. 花程式：♂ $P_{2\text{-}5}\ A_{4\text{-}5}$　　♀ $P_{2\text{-}5}\underline{G}_{1:1}$

4. 代表植物：苎麻（图 7-44）等。

苎麻为重要的经济作物，用途很广，纤维或供织布，根叶药用，有止血效

图 7-43 桑 *Morus alba* L

（引自《中国高等植物图鉴》）

图 7-44 苎麻 *Boehmeria nivea*（L.）Gaud.

（引自《中国高等植物图鉴》）

果；嫩叶可作饲料，我国苎麻产量居世界第一。

**（二十）葡萄科 VITACEAE**

1. 形态特征：多藤本，茎卷须与叶对生。花常两性；4～5 出数，辐射对称；排成聚伞花序或圆锥花序，花序多与叶对生；有花盘；雄蕊与花瓣同数而对生；雌蕊心皮 2～7，常为 2，合生，2～7 室，多为 2 室，每室胚珠 1～2 个，子房上位，中轴胎座；浆果。

2. 识别要点：藤本，茎卷须与叶对生。花 4～5 出数；花序多与叶对生；有花盘；雄蕊与花瓣同数而对生；子房上位，中轴胎座；浆果。

3. 花程式：$* K_{4-5} C_{4-5} A_{4-5} \underline{G}_{(2-7:2-7)}$

4. 代表植物：

（1）水果：葡萄（图 7-45）。

（2）酿酒野生植物：野葡萄。

（3）药用植物：角花乌蔹莓、乌蔹莓等。

（4）观赏植物：爬山虎、红叶爬山虎。

**（二十一）芸香科 RUTACEAE**

1. 形态特征：茎常具刺。叶常互生，多为羽状复叶或单身复叶，稀单叶，常具透明油点，无托叶。花多为两性；4～5 出数，辐射对称；雄蕊多为 8～10 枚，常排成两轮，花丝生于环状的肉质花盘周围；雌蕊心皮常 4～5 个合生，子房上位，4～5 室，也有多室的，中轴胎座，每室常具 1～2 胚珠，稀更多；果为柑果、浆果、核果、蒴果或蓇葖果。

2. 识别要点：茎常具刺。叶常具透明油点，无托叶。花 4～5 出数，花盘明显；中轴胎座。果多为柑果或浆果。

3. 花程式：$* K_{(4-5)} C_{4-5} A_{8-10} \underline{G}_{(4-5:4-5)}$

图7-45　葡萄 *Vitis vinifera* L.
（引自《中国高等植物图鉴》）

图7-46　柚 *Citrus grandis*（L.）Osbeck
（引自《中国高等植物图鉴》）

4. 代表植物：

（1）水果类：栽培品种有温州蜜橘、蕉柑、福橘、甜橙、雪柑、沙田柚、文旦柚、柠檬、金橘、黄皮等。

（2）药用植物：野花椒、金橘、柚（图7-46）、橘、橙、九里香、黄皮、枸橘（枳）、佛手等。

（3）绿篱植物：枸桔（枳）

**（二十二）无患子科 SAPINDACEAE**

1. 形态特征：木本，稀草本。叶互生，常为羽状复叶，稀单叶或掌状复叶，无托叶。花小，辐射对称或两侧对称；两性或退化为单性，有时杂性；常为总状或圆锥状花序；萼片和花瓣均为4～5，有时缺；花盘发达，位于雄蕊的外方；雄蕊多为8～10枚，排成两轮；具3心皮子房，上位，常为3室。果为蒴果、核果、浆果或翅果；种子常具假种皮。

2. 识别要点：常为羽状复叶；花小，花盘发达；具典型3心皮子房；蒴果、核果、浆果或翅果；常具假种皮。

3. 花程式：$* \uparrow K_{4\text{-}5}\ C_{4\text{-}5}\ A_{8\text{-}10}\ \underline{G}_{(3:3)}$

4. 代表植物：

（1）果树：龙眼、荔枝。

（2）药用植物：无患子、车桑子、龙眼（图7-47）、荔枝等。

图 7-47 龙眼 *Euphoria longan* (Lour.) Steud.
(引自《中国高等植物图鉴》)

图 7-48 当归 *Angelica sinensis* (Oliv.) Diels
(引自《中国高等植物图鉴》)

**(二十三)伞形科** UMBELLIFERAE

1. 形态特征:草本。常含挥发油而有香味。茎多中空,有纵棱。叶互生,叶常分裂或为多裂的复叶,叶柄基部成鞘状抱茎。花小,多成复伞形或伞形花序,花序下常有总苞;两性;辐射对称,少两侧对称;萼片5,常不明显;花瓣5;雄蕊5,着生于花盘的周围,与花瓣互生;雌蕊2心皮合生,子房下位,2室,每室1个胚珠;双悬果(分果)。

2. 识别要点:有香味;茎多中空,有纵棱;叶柄基部成鞘状抱茎;复伞形或伞形花序;双悬果(分果)。

3. 花程式: $* \ K_{(5)-0} C_5 \ A_5 \overline{G}_{(2:2)}$

4. 代表植物:

(1) 蔬菜类:胡萝卜、旱芹、芫荽、茴香等。

(2) 药用植物:天胡荽、积雪草、当归(图 7-48)、党参、柴胡等。

(3) 杂草:水芹、窃衣等。

**(二十四)木犀科** OLEACEAE

1. 形态特征:乔木、灌木或藤本。单叶对生或复叶(三出复叶或羽状复叶),无托叶。花多两性;辐射对称;成总状或聚伞状圆锥花序;花萼、花冠常4裂,花冠合瓣,有时缺;雄蕊2个,常着生于花冠管上;心皮2,合生,子房上位,2室,每室2胚珠。蒴果、核果、浆果或翅果。

2. 识别要点:花萼和花冠常4裂;雄蕊2个生于花冠管上;蒴果、核果、浆果或翅果。

3. 花程式: $* \ K_4 \ C_{(4)} \ A_2 \underline{G}_{(2:2)}$

4. 代表植物:

(1) 观赏植物:桂花(木犀)、女贞(图 7-49)、迎春花、茉莉花等。

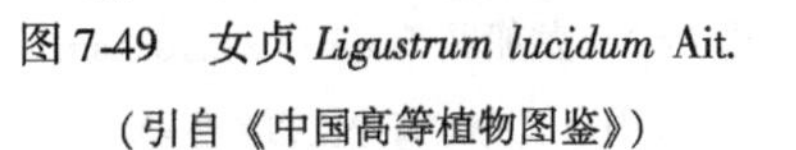

图 7-49　女贞 *Ligustrum lucidum* Ait.
（引自《中国高等植物图鉴》）

图 7-50　鸡蛋花 *Plumeria rubra* L. cv. Acutifolia
（引自《中国高等植物图鉴》）

（2）药用植物：连翘等。

**（二十五）夹竹桃科** APOCYNACEAE

1. 形态特征：多木本，少草本。常含乳汁。单叶，对生或轮生，少互生，全缘。花两性，辐射对称，单生或成聚伞花序；花萼和花冠均为 5 裂；雄蕊与花冠裂片同数，且着生于花冠管上；子房上位，心皮 2，离生或合生，1～2 室，胚珠 1 至多数。蓇葖果、浆果、蒴果或核果。

2. 识别要点：常含乳汁；单叶对生或轮生；雄蕊与花冠裂片同数，且着生于花冠管上；蓇葖果、浆果、蒴果或核果。

3. 花程式：$* \ K_{(5)} \ C_{(5)} \ A_5 \underline{G}_{2,(2)}$

4. 代表植物：著名观赏植物有夹竹桃、黄花夹竹桃、黄蝉、软枝黄蝉、云南萝芙木、鸡蛋花（图 7-50）等。

**（二十六）茜草科** RUBIACEAE

1. 形态特征：多木本，少草本。单叶对生或轮生，常全缘；托叶 2，生于叶柄间或叶柄内，分离或合生，明显而常宿存。花两性，常辐射对称；单生或排成各种花序；花萼 4～5 裂，花冠多成管状，裂片 4～5；雄蕊与花冠裂片同数而互生，着生于花冠管上；子房下位，多为 2 心皮合生，常 2 室，每室 1 至多数胚珠。蒴果、浆果或核果。

2. 识别要点：单叶对生或轮生；托叶生于叶柄间或叶柄内；雄蕊与花冠裂片同数而互生，着生于花冠管上；蒴果、浆果或核果。

3. 花程式：$* \ K_{(4\text{-}5)} \ C_{(4\text{-}5)} \ A_{4\text{-}5} \overline{G}_{(2:2)}$

4. 代表植物：

（1）饮料植物：咖啡。

（2）观赏植物：栀子（图 7-51）、龙船花（山丹）（图 7-52）等。

图7-51 栀子 *Gardenia jasminoides* Ellis

（引自《中国高等植物图鉴》）

图7-52 龙船花 *Ixora chinensis* Lam.

（引自《中国高等植物图鉴》）

（3）药用植物：猪殃殃、玉叶金花、栀子等。

（4）杂草、鸡矢藤。

**（二十七）菊科 COMPOSITAE**

1. 形态特征：多草本，少木本。有的具乳汁或具芳香油。叶常互生，稀对生或轮生；无托叶。头状花序，花序外有一至多列总苞片；头状花序中有同形的小花，即全为舌状花或管状花，或有异形小花，即花序中央为管状花（盘花），而花序边缘的花（边花）为舌状花。小花的萼片不发育，常变态为冠毛或鳞片状。花冠合瓣，管状花呈辐射对称，先端5裂；舌状花呈两侧对称，先端具5齿或3齿。雄蕊5个，花药相连成聚药雄蕊，花丝分离，着生于花冠管上。子房下位，心皮2，合生，1室，胚珠1，柱头2裂。瘦果，顶端常有冠毛或鳞片。

2. 识别要点：头状花序；舌状花或管状花；聚药雄蕊；瘦果顶端常有冠毛或鳞片。

3. 花程式：$* \uparrow K_{0\text{-}\infty}\ C_{(5)}\ A_{(5)}\ \overline{G}_{(2:1)}$

4. 分亚科概述：

根据头状花序中小花花冠的形状及植物体内是否含有乳汁，本科可分成管状花亚科和舌状花亚科。

（1）管状花亚科 TUBULIFLORAE

①形态特征：植物体不含乳汁，头状花序全为筒状花，如艾；或中央部分为筒状花，边缘部分为舌状花，如向日葵。舌状花冠先端三裂，无性或雌性。

②代表植物：

a. 油料植物：向日葵（图7-53）。

b. 蔬菜：茼蒿。

c. 观赏植物：菊、大丽花、金盏菊、蟛蜞菊、线叶金鸡菊、雏菊等。

d. 药用植物：胜红蓟、三叶鬼针草、野菊花、艾、千里光、茵陈蒿、大蓟、一点红、马兰、一年蓬、苍耳、旱莲草、鹅不食草、虾柑草等。

e. 路边杂草：秋鼠麴草、鱼眼草、泥胡菜等。

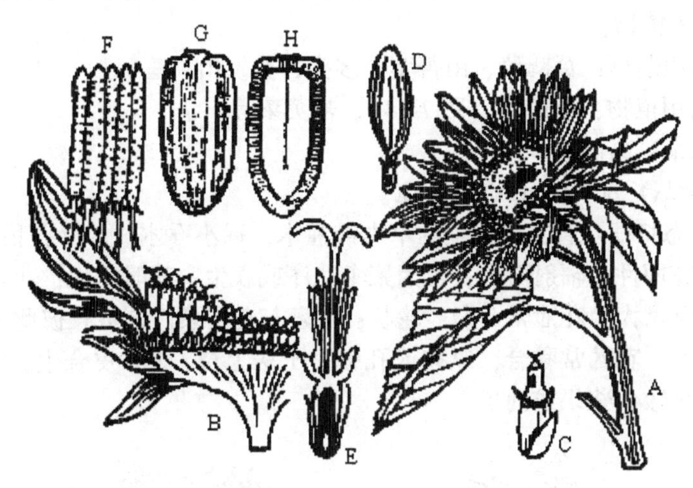


图 7-53　向日葵 *Helianthus annuus* L.

A. 花序　B. 花序的纵切　C. 管状花　D. 舌状花　E. 管状花的纵切
F. 聚药雄蕊展开　G. 果实　H. 果实的纵切面

图 7-54　蒲公英 *Taraxacum mongolicum* Hand. -Mazz.

A. 植物体全形　B. 头状花序　C. 头状花序纵切面　D. 一朵花的结构（舌状花冠）
E. 果实　F. 果实的纵切面　G. 1. 总苞　2. 花托　3. 冠毛

(2) 舌状花亚科 LIGULIFLORAE

①形态特征：植物体含乳汁，头状花序全为舌状花。舌状花冠先端五裂，小花两性。

②代表植物：

a. 路边杂草：黄鹌菜、山苦荬、多头苦荬、山莴苣等。

b. 药用植物：蒲公英（图7-54）、苦荬菜等。

c. 蔬菜：莴苣。

**(二十八) 茄科 SOLANACEAE**

1. 形态特征：直立或蔓生的草本或灌木，稀小乔木。单叶，稀复叶，互生，无托叶。花两性，辐射对称；常为聚伞花序或簇生，有时单生；花萼常5裂，宿存，果期常增大；花冠常5裂，轮状；雄蕊与花冠裂片同数且彼此互生，着生于花冠筒基部，花药常黏合，纵裂或孔裂；子房上位，2心皮合生，2室，中轴胎座，胚珠多数。浆果或蒴果。

图7-55 马铃薯 *Solanum tuberosum* L.

（引自《中国高等植物图鉴》）

图7-56 番茄 *Lycopersicon esculentum* Mill.

（引自《中国高等植物图鉴》）

2. 识别要点：花萼宿存；花冠轮状；雄蕊与花冠裂片同数且彼此互生，着生于花冠筒基部；花药常黏合，纵裂或孔裂；中轴胎座，胚珠多数；果为浆果或蒴果。

3. 花程式：$* \ K_{(5)}\ C_{(5)}\ A_5 \underline{G}_{(2:2)}$

4. 代表植物：

(1) 粮食作物：马铃薯（图7-55）。

(2) 蔬菜作物：番茄（图7-56）、茄、狮头辣椒（灯笼椒）。

(3) 调味植物：辣椒。

(4) 卷烟原料：烟草。

(5) 药用植物：枸杞、少花龙葵、癫茄、酸浆。

(6) 观赏植物：夜香树（夜来香）、碧冬茄、珊瑚樱。

**（二十九）旋花科 CONVOLVULACEAE**

1. 形态特征：常为草本，稀木本；茎缠绕、攀援、平卧或匍匐，稀直立。植物体常具乳汁。单叶互生，偶复叶，无托叶。花两性，辐射对称；花萼常5裂，分离，宿存；花冠漏斗状或钟状，近全缘或5浅裂；雄蕊5个，生于花冠筒的基部，与裂片互生；花盘环状或杯状；子房上位，2心皮合生，2室，中轴胎座。多为蒴果。

2. 识别要点：茎缠绕、攀援、平卧或匍匐；常具乳汁；花冠漏斗状或钟状；雄蕊5个，生于花冠筒的基部；蒴果。

3. 花程式：$* \ K_5 \ C_{(5)} \ A_5 \underline{G}_{(2:2)}$

4. 代表植物：

(1) 粮食作物：甘薯（番薯）（图7-57）。

(2) 蔬菜作物：空心菜（蕹菜）（图7-58）。

(3) 观赏植物：牵牛花、茑萝（锦屏封）。

(4) 绿篱植物：五爪金龙。

图7-57　甘薯 *Ipomoea batatas*（L.）Lam.
（引自《中国高等植物图鉴》）

图7-58　空心菜 *Ipomoea aquatica* Forsk.
（引自《中国高等植物图鉴》）

**（三十）玄参科 SCROPHULARIACEAE**

1. 形态特征：多草本，少为木本。单叶，多对生，少互生或轮生，无托叶。花两性，常两侧对称；总状、聚伞或圆锥花序；花萼常4~5裂，宿存；花冠多呈唇形；雄蕊4个，2强，或2~5个；雌蕊含2枚结合心皮，通常2室；花盘在雌蕊下，环状，或仅见于一侧，或不显著。蒴果或浆果。

2. 识别要点：多呈唇形花冠；常为2强雄蕊；雌蕊2心皮合生，常2室；雌蕊下常有花盘；蒴果或浆果。

3. 花程式：$\uparrow K_{4\text{-}5} \ C_{(4\text{-}5)} \ A_{4,2,5} \underline{G}_{(2:2)}$

4. 代表植物：

（1）观赏植物：爆仗竹（吉祥草）、金鱼草（龙头花）。

（2）田间路边杂草：母草、通泉草、野甘草、婆婆纳、蚊母草、江南马先蒿等。

（3）用材树种：泡桐（图7-59）。

图7-59 泡桐 *Paulownia fortunei*（Seem.）Hemsl.
（引自《中国高等植物图鉴》）

图7-60 一串红 *Salvia splendens* Ker. -Gawl.
（引自《中国高等植物图鉴》）

**（三十一）唇形科** LABIATAE

1. 形态特征：多为草本，稀灌木，常含芳香油。茎常四棱形。单叶对生或轮生。花轮生于叶腋；花两性；常两侧对称；花萼4～5裂或二唇形，宿存；花冠常唇形；雄蕊4枚，二强（2长2短），或退化成2枚，生于花冠上；子房上位，由2心皮合生而成，裂为4室，每室1胚珠，花柱1枚，插生于分裂子房的基部；花盘明显。果裂为4个小坚果。

2. 识别要点：茎四棱，单叶对生，花冠唇形，二强雄蕊，心皮2个，4个小坚果。

3. 花程式：$\uparrow K_{(5),(4)}\ C_{(5),(4)}\ A_{4,2}\ \underline{G}_{(2:4)}$

4. 代表植物：

（1）药用植物：紫背金盘、耳挖草、藿香、益母草、水苏、丹参、荔枝草、风轮菜、剪刀草、紫苏、薄荷等。

（2）观赏植物：西洋红（一串红）（图7-60）、彩叶草。

## 二、单子叶植物纲 MONOCOTYLEDONEAE

单子叶植物种子的胚，常具有1顶生子叶，茎内的维管束为星散排列，无形成层和次生组织，只有初生组织，叶脉常为平行脉或弧形脉。花部的基数常为

3，一般主根不发达，常为须根系。

### （三十二）鸭跖草科 COMMELINACEAE

1. 形态特征：草本。茎具明显的节和节间。叶互生，叶鞘明显。花两性，少单性，辐射对称或两侧对称；通常为蝎尾状聚伞花序，或缩短为头状，或伸长而集成圆锥状，或单生；萼片3；花瓣3，常分离，或中部连合成筒而两端分离；雄蕊6枚，全育或2~3枚能育，花丝常有念珠状长毛；子房上位，3室或退化为2室，每室有1至数个直生胚珠。蒴果。

2. 识别要点：茎具明显的节和节间；叶鞘明显；花部为3基数；花丝常有念珠状长毛；子房上位。

3. 花程式：$* \uparrow K_3\ C_3\ A_6\underline{G}_{(3:3)}$

4. 代表植物：

（1）观赏植物：紫万年青（图7-61）、紫竹梅、吊竹梅。

（2）药用植物：紫万年青、裸花水竹叶、吊竹梅。

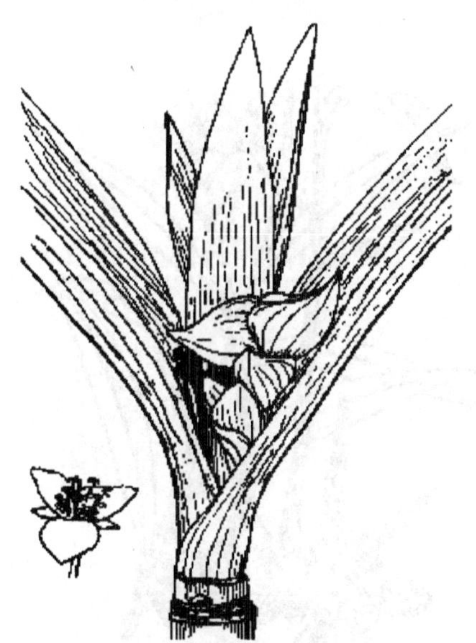

图7-61　紫万年青 *Tradescantia spathacea* Sw.
（引自《福建植物志》）

图7-62　凤梨 *Ananas comosus*（L.）Merr.
（引自《福建植物志》）

### （三十三）凤梨科 BROMELIACEAE

1. 形态特征：常为草本，少为灌木。茎短。叶狭长，多为基生，莲座式排列，全缘或有刺状锯齿。花多两性，稀单性；辐射对称或稍两侧对称；花序穗状、头状，总状或圆锥状；苞片通常明显而具颜色；萼片3，分离或基部合生；花瓣3，分离或连合成管状；雄蕊6枚；子房下位或半下位，3室，每室有多数胚珠。浆果、蒴果或聚花果。

2. 识别要点：茎短；叶狭长，基生，莲座式排列；苞片明显而具颜色；花各部为3基数；子房下位。

3. 花程式：$* \uparrow K_3\ C_3\ A_6\overline{G}_{(3:3)}$

4. 代表植物：凤梨（又称菠萝、为热带名果）（图7-62）。

### （三十四）芭蕉科 MUSACEAE

1. 形态特征：多年生高大草本。常具由叶鞘重叠而成的树干状假茎。叶通常大型，螺旋排列或呈两行排列。花单性或两性，两侧对称，数朵簇生于佛焰状苞内，再聚成花序（常为穗状花序）；花被片6枚，5枚合生，多少呈2唇形；雄蕊6个，通常5个发育，1个退化；子房下位，3室，中轴胎座，胚珠多数。肉质浆果，种子多数（栽培食用的无种子）。

2. 识别要点：高大草本；具由叶鞘重叠而成的树干状假茎；叶大型，常螺旋状排列；花序外具佛焰状大苞片；花各部常为3基数；子房下位，3室；肉质浆果。

3. 代表植物：

（1）果树：香蕉（图7-63）、大蕉、牙蕉。

（2）纤维植物：蕉麻。

（3）观赏植物：芭蕉、拟人蕉。其中拟人蕉可自成一科，即拟人蕉科 Strelitziaceae。

图7-63 香蕉 *Musa nana* Lour.

（引自《中国高等植物图鉴》）

图7-64 姜 *Zingiber officinale* Rosc.

（引自《中国高等植物图鉴》）

### （三十五）姜科 ZINGIBERACEAE

1. 形态特征：多年生草本，常具芳香。根状茎或块茎。叶常2列，或螺旋状排列，具开放或闭合的叶鞘，鞘顶具有明显的叶舌。花单生，或组成穗状、总状或圆锥状花序；花两性，两侧对称；花被6枚，2轮，外轮花萼状，合生成管；内轮花瓣状，基部合生成管；雄蕊3或5，2轮，外轮1枚发育，2枚退化为花瓣状或缺，内轮2枚合成1唇瓣；子房下位，3或1室，每室胚珠多数。蒴果或浆果。

2. 识别要点：植株常具芳香；根状茎或块茎；有叶舌；发育雄蕊1枚，不育雄蕊常退化为花瓣状；子房下位；蒴果或浆果。

3. 代表植物：

（1）调味植物：姜（图7-64）。

（2）药用植物：姜、山姜、艳山姜、砂仁、华山姜等。

### （三十六）百合科 LILIACEAE

1. 形态特征：多年生草本，稀木本。具各种地下茎。单叶，基生，互生或对生，也有轮生；通常具平行脉，稀为网状脉。多种花序；花两性，少单性；辐射对称或稍两侧对称；花被花瓣状，6片，排成两轮；雄蕊6枚，常与花被对生；雌蕊由3心皮合生，子房上位，稀半下位，中轴胎座，3室，每室1至多数胚珠；果实为蒴果或浆果。

2. 识别要点：单叶；花被花瓣状，6片，排成两轮；雄蕊6枚与花被片对生；子房3室；果实为蒴果或浆果。

3. 花程式：$* P_{3+3} A_{3+3} \underline{G}_{(3:3)}$

4. 代表植物：

（1）观赏植物：百合（图7-65）、文竹、凤尾丝兰、朱蕉等。

（2）蔬菜植物：葱、洋葱（图7-66）、金针菜、蒜、韭菜、石刁柏（芦笋）等。

（3）药用植物：蒜、石刁柏、天门冬、麦冬、芦荟等。

图7-65　百合 *Lilium brownii* F. E. Brown var. *viridulum* Baker
（引自《中国高等植物图鉴》）

图7-66　洋葱 *Allium cepa* L.
（引自《中国高等植物图鉴》）

### （三十七）天南星科 ARACEAE

1. 形态特征：草本，稀灌木或木质藤本。有根状茎或块茎。体内含苦汁、水汁或乳汁，常具草酸钙结晶。单叶或复叶，常基生，叶柄基部常具膜质鞘。肉穗花序，具佛焰苞；花小，常有臭味，两性或单性；单性时多为雌雄同株，稀雌雄异株，花被缺，雄蕊1至多数，分离或合生为雄蕊柱；单性同株时，雄花通常生于肉穗花序上部，雌花生于下部；两性花常有花被4～6片，雄蕊与之同数且对生；子房上位，1至数心皮合生，1至数室。浆果密集于花序轴上。

2. 识别要点：植物体含苦汁、水汁或乳汁；叶基部常具膜质鞘；花小，常有臭味，集生成肉穗花序，包于佛焰苞中；浆果密集于花序轴上。

3. 花程式：$P_{4\text{-}6}\ A_{4\text{-}6}\underline{G}_{(1\text{-}\infty\,:\,1\text{-}\infty)}$

♂ $P_0\ A_{(1\text{-}\infty),1\text{-}\infty}$

♀ $P_0\underline{G}_{(1\text{-}\infty\,:\,1\text{-}\infty)}$

4. 代表植物：

（1）粮食作物：芋（芋头）（图7-67）。

（2）观赏植物：海芋、龟背竹、麒麟尾、马蹄莲、花叶芋等。

（3）保健食品或药用植物：魔芋（图2-68）。

（4）饲料植物：水浮莲。

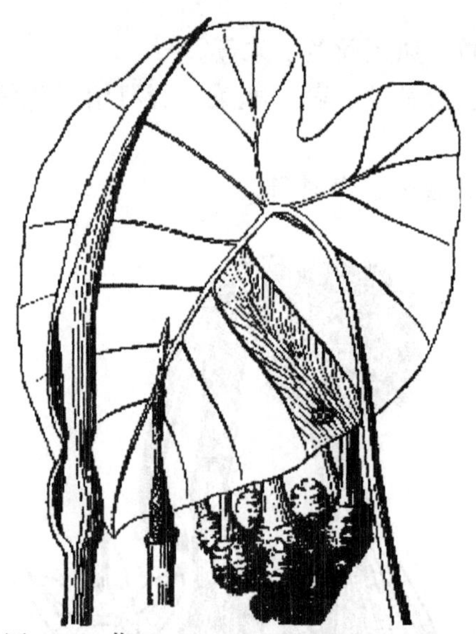

图7-67 芋 *Colocasia esculenta*（L.）Schott

（引自《中国高等植物图鉴》）

图7-68 魔芋 *Amorphophallus rivieri* Durien

（引自《中国高等植物图鉴》）

## （三十八）石蒜科 AMARYLLIDACEAE

1. 形态特征：草本，有鳞茎或根茎。叶细长，线形，基生，全缘。伞形花序，生于花葶顶端，下承以由1至多片苞片构成的总苞；花两性，花被花瓣状，有管或无管，裂片6，分为2轮，有时具副花冠；雄蕊6个，着生于花被裂片喉部或基部；下位子房，3室，中轴胎座。蒴果或浆果。

2. 识别要点：草本；有鳞茎或根茎；叶线形，伞形花序，下承以由1至多片苞片构成的总苞；花被片及雄蕊各6个；下位子房，3室；蒴果或浆果。

3. 花程式：$*\ P_{3+3}\ A_{3+3}\overline{G}_{(3:3)}$

4. 代表植物：

观赏植物：朱顶红、水仙（图7-69）、文殊兰、龙舌兰、金边龙舌兰（后两种植物可独立出来自成一科，即龙舌兰科）。

## (三十九) 棕榈科 PALMATES

1. 形态特征：常绿乔木或灌木，单干直立，多不分枝，稀藤本；茎干常被以宿存的叶基。叶大型，常丛生茎端，掌状或羽状分裂，稀全缘，裂片或小裂片在芽时内向或外向折叠，叶柄基部常扩大成具纤维的鞘。花小，辐射对称；两性或单性，同株或异株；由小花组成分枝或不分枝的肉穗花序，外为1至数枚大型的佛焰苞包着，生于叶丛中或叶鞘束下；萼片和花瓣各3片；雄蕊6个，稀较少或较多；上位子房，1~3室，稀4~7室，每室1胚珠；花柱短，柱头3。浆果或核果。

2. 识别要点：木本，茎干常被以宿存的叶基；叶丛生茎端，全缘或羽状、掌状分裂；叶柄基部常扩大成具纤维的鞘；花小，辐射对称；两性或单性；肉穗花序；大型佛焰苞1至多枚；浆果或核果。

3. 花程式：$* K_3 C_3 A_{3+3} \underline{G}_{(3)}$

4. 代表植物：

(1) 绿化观赏植物：蒲葵（图7-70）、棕榈、棕竹、假槟榔、皇后葵、短穗鱼尾葵等。

(2) 供藤制品用的植物：白藤、省藤等。

(3) 药用植物：蒲葵、棕竹、省藤、白藤等。

(4) 纤维植物：蒲葵、棕榈。

(5) 其他用途：蒲葵叶片可作葵扇。鱼尾葵和短穗鱼尾葵茎的髓心含淀粉，可食。

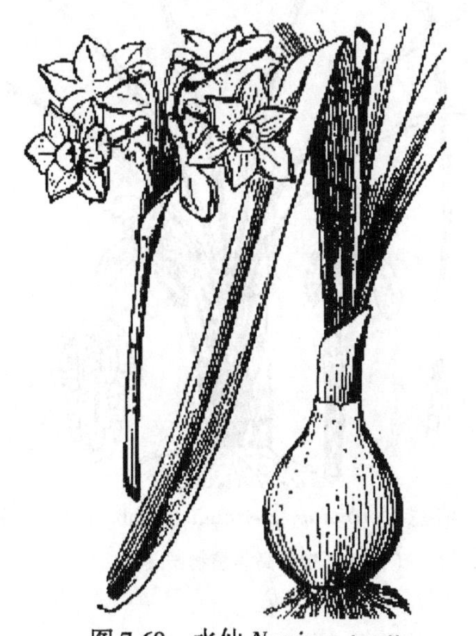

图7-69　水仙 *Narcissus tazetta* var. *chinensis* Roem.
（引自《中国高等植物图鉴》）

图7-70　蒲葵 *Livistona chinensis* (Jacq.) R. Br.
（引自《中国高等植物图鉴》）

## (四十) 兰科 ORCHIDACEAE

1. 形态特征：陆生、附生或腐生草本，稀有攀援藤本。陆生和腐生的常有根状茎或块茎；附生的常具肉质假鳞茎以及肥厚而有根被的气生根。单叶互生，常排成两列，稀对生或轮生；基部常具抱茎的叶鞘，有时退化成鳞片状。花葶顶生或侧生，花单生或排列成穗状、总状或圆锥花序；花两性，稀为单性；两侧对称；花被片6个，排成2轮，均花瓣状，外轮3枚为萼片，中央的1片称中萼片，与花瓣靠合成盔；两侧两片斜歪的称侧萼片，有时贴生于蕊柱脚上而形成萼囊；内轮两侧的2片称花瓣，中央的1片特化而称唇瓣；唇瓣常有鲜艳的色彩，其上通常有脊、褶片、胼胝体或腺毛等附属物，基部常有囊或距。雄蕊与花柱、柱头愈合成柱状体，称合蕊柱；雄蕊1或2枚（极少为3枚），花药2室，花粉颗粒状，通常粘结成2～8个花粉块；雌蕊有3个连合的心皮，子房下位，1室，侧膜胎座，稀3室而成中轴胎座，胚珠多数。蒴果，种子极小，多数。

2. 识别要点：陆生、附生或腐生草本；叶常互生，基部常具抱茎的叶鞘，有时退化为鳞片；花多为两性，两侧对称；花被片6个，排成2轮，均花瓣状；雄蕊1或2枚，与花柱、柱头愈合成合蕊柱；花粉粘结成花粉块；子房下位，1室，侧膜胎座；蒴果，种子极小，多数。

3. 花程式：$\uparrow P_{3+3}\ C_{2+1}\ A_{1\text{-}2}\ \overline{G}_{(3:1)}$

4. 代表植物：

（1）药用植物：白芨、天麻（图7-71）等。

（2）观赏植物：建兰、春兰（图7-72）、蕙兰等。

图7-71 天麻 *Gastrodia elata* Bl.
（引自《中国高等植物图鉴》）

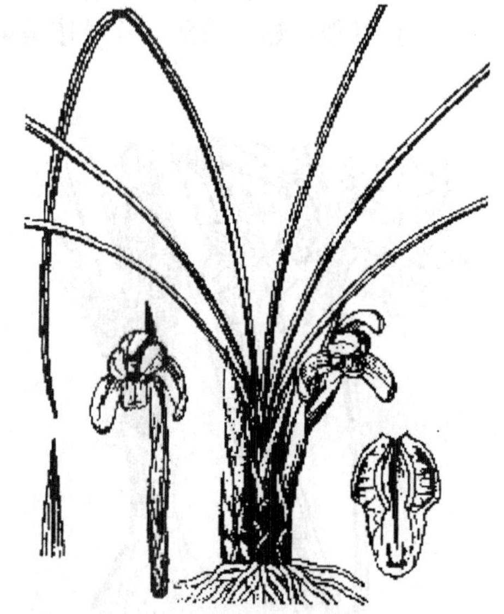

图7-72 春兰 *Cymbidium goerinigii* (Rchb. f.) Rchb. f.
（引自《中国高等植物图鉴》）

## （四十一）莎草科 CYPERACEAE

1. 形态特征：多年生或1年生草本。常具根状茎，有的为块茎或球茎；地上茎常三棱形，多实心。叶在茎杆基部簇生或茎生，常排成3列；叶片带状，有时退化仅有叶鞘；叶鞘多闭合。花小，两性或单性，生于鳞片（常称为颖）腋内，2至多数带花鳞片组成小穗，再由小穗排列成穗状、总状、圆锥状、头状或聚伞等各式花序；无花被或花被退化成下位鳞片、下位刚毛或丝状毛；雄蕊3

枚，少有2或1枚；子房上位，1室，含胚珠1枚；花柱1枚，柱头2~3个。小坚果或瘦果。

2. 识别要点：茎常三棱形，无节，实心；叶常3列，或仅有叶鞘，叶鞘闭合，无叶耳和叶舌；小穗组成各种花序；小坚果或瘦果。

3. 花程式：$K_0\ C_0\ A_{3-1}\ \underline{G}_{(2-3:1)}$

4. 代表植物：

（1）田间和路边杂草：香附子、砖子苗、水蜈蚣等。

（2）食用植物：荸荠（图7-73）球茎供生食，熟食或作菜用。

（3）药用植物：香附子（图7-74）、水蜈蚣等。

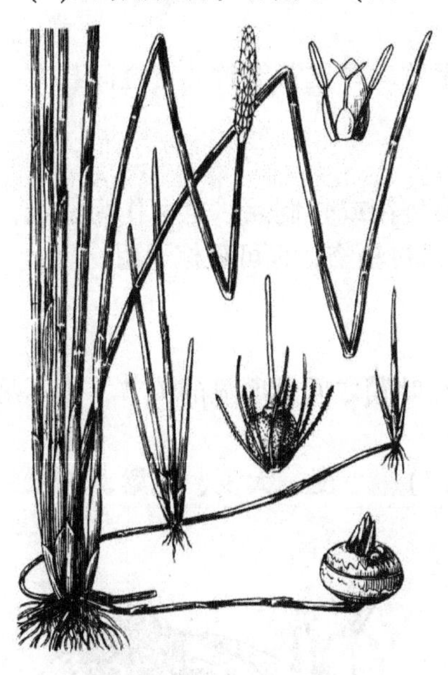

图7-73　荸荠 *Eleocharis tuberosa* (Roxb.) Roem et Schult
（引自《福建植物志》）

图7-74　香附子 *Cyperus rotundus* L.
（引自《福建植物志》）

## （四十二）禾本科 GRAMINEAE

1. 形态特征：草本或木本。秆常圆柱形，有明显的节和节间，节间常中空；叶2列互生，叶脉平行；叶带状，由叶鞘和叶片组成，叶鞘包秆边缘分离，在叶鞘和叶片之间常有叶耳和叶舌。花序复杂，常由小穗为基本组成单位，再由小穗排列成穗状、肉穗状、总状、指状、圆锥状等各式花序；小穗由小穗轴和基部2颖片、轴上着生1至多朵小花组成；小花常为两性，少为单性；每朵小花基部有2枚稃片，在外的称外稃，在内的称内稃，外稃与子房间常见2枚浆片；雄蕊3或6枚；雌蕊多由2心皮合生，子房上位，1室，含1倒生胚珠，柱头二歧，常呈羽毛状；颖果。

2. 识别要点：秆常圆柱形，有明显的节和节间，节间常中空；叶2列，叶鞘包秆边缘分离，常有叶耳和叶舌；由小穗组成种种花序；颖果。

3. 花程式：

（1）理论上的花程式：$K_3\ C_3\ A_{3+3}\ \underline{G}_{(3)}$

（2）典型的花程式：$K_0\ C_2\ A_3\ \underline{G}_{(2)}$

4. 分类概述：

本科是国民经济中最重要的一科，也是被子植物中最大科之一，约有 600 余属，10 000 多种，我国约有 200 余属，1 200 多种，各地皆有。本科常分为竹亚科和禾亚科。

（1）竹亚科 BAMBUSOIDEAE

①形态特征：多为灌木或乔木状竹类，秆一般为木质，秆的节间中空，秆箨（笋壳）与普通叶明显不同；箨叶通常缩小而无明显的主脉，箨鞘通常厚而革质，箨鞘与箨叶连接处常具箨舌和箨耳。枝生（普通）叶具明显叶脉，叶柄明显，与叶鞘连接处常具关节而易脱落。

②代表植物：

a. 绿化观赏植物：佛肚竹、方竹、凤尾竹、绿皮黄筋竹、黄金间碧竹、观音竹、丝竹、碧间黄金竹、紫竹等。

b. 用材树种：毛竹、麻竹、刚竹等。

c. 其他用途：如毛竹笋可食，茎杆可编竹筏或竹制品，也可作为造纸，制人造丝及玻璃纸的原料。麻竹的叶可制斗笠的衬垫物，也可裹粽子用。

（2）禾亚科 AGROSTIDOIDEAE

①形态特征：

1 年生或多年生草本。叶具中脉，叶片与叶鞘之间无明显的关节，也不易自叶鞘上脱落。

②代表植物：a. 农作物：水稻（图 7-75）、小麦、大麦、高粱、玉米、燕麦、粟（小米）、黑麦等。

图 7-75　水稻 *Oryza sativa* L.
（引自《中国高等植物图鉴》）

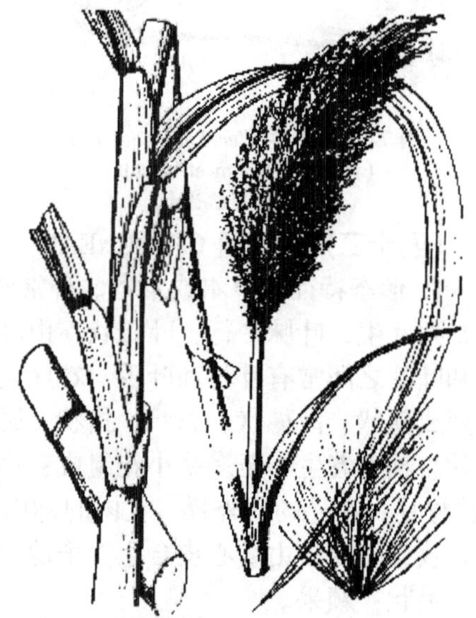

图 7-76　甘蔗 *Saccharum sinensis* Roxb.
（引自《中国高等植物图鉴》）

b. 糖料作物：甘蔗（图 7-76）。

c. 蔬菜：茭白。

d. 药用植物：薏苡（颖果供食用和药用），金丝草等。

e. 纤维植物和菌草植物：芒、五节芒、荻、类芦等。

f. 田间或路边杂草：看麦娘、狗尾草、早熟禾、鹅观草、白茅、牛筋草、马唐、狗牙根、稗、圆果雀稗等。

# 附录二　化石植物的研究方法和技术

随着时间的推移，生物界的发展从低级到高级，从简单到复杂。不同类别、不同属种生物的出现，有着一定的先后次序。在演化过程中，已有的生物或演化为更高级的门类、属种，或灭绝而不再出现。这种不可逆的生物发展演化过程，大都记录在从老到新的地层中。从老到新的地层中所保存的化石，清楚地揭示了生命从无到有、生物构造由简单到复杂、门类由少到多、与现生生物的差异由大到小、从低等到高等的生物演化的壮丽图卷：细菌-藻类-裸蕨-裸子植物-被子植物的植物演化。因而重现植物界历史的惟一方法是研究岩层中的化石植物，而古植物学正是研究化石植物的科学。古植物学家正在逐步综合植物界所发生过的巨大变化，以使我们了解当时复杂的情景。非古植物学者自然想了解化石植物产生在什么地方，它们是怎样形成的，到哪里去寻找它们以及采集之后又怎么办？本附录将从化石植物的保存、类型和研究方法等几个方面对古植物学加以简要介绍，作为对植物系统演化相关章节内容的补充并希望有助于同学们对植物进化过程的理解。

## 一、植物化石的形成和类型

### （一）化石植物的形成

化石是保存在岩层中的动植物的遗体残片和它们的遗迹。他们是如何形成并保存在地层中呢？简单来说，过去出现在地球上各时期的活的植物体及其未被微生物分解的枯枝落叶，以不同的方式，如被水、风、泥石流、火山灰或其他动力流带入河流、湖泊、沼泽等地中埋藏或被原地埋藏，并在一定化学和物理作用在沉积的岩层中被保存下来。因而，化石植物可以出现在地球的所有地区，除现代的火山岛外，哪里曾经发生过沉积，形成有沉积岩，哪里就有希望找到化石植物。

植物碎片如何变成化石？整株植物包埋于沉积物中并保存在原先生长的地方是很罕见的，通常我们看到的植物碎片（如叶、种子、枝等）是从植物体上脱落下来的。脱落机制也许是植物自然生活策略的一部分，例如许多生长在温带的被子植物乔木具有落叶习性。然而，更多的因素是强烈的外部影响造成的，例如暴风。植物碎片一旦脱离植物体，就可能落到生长地的附近，但那里通常是一个暴露地区，植物组织将被迅速分解。然而，由于空气和水流的搬运，植物碎片通常被带到那些可以被沉积物迅速覆盖的地方（如湖泊）保存下来。

因此，大多数植物化石组合通常并不代表植物个体的自然组合，而是混杂了不同生境中植被的植物碎片。原先植被的复原只有通过在那些罕有的植物残骸多少是原位保存的地区才能做到。例如晚石炭世的煤系中，大多化石发现于泥岩中，它们代表了非常狭窄的、沿河岸生长的植被带，而以高大的石松类植物占优势的森林生长在低地沼泽中，它们几乎没有像河岸植物那样被保存为压型化石。我们所知道的低地沼泽植被的组成主要来自煤线中看到的植物碎片（煤核中的孢子或石化标本），它们是在森林底部形成的泥炭遗骸。因而大多数情况下植物体的复原需要依靠我们能够发现拼合在一起的连接器官，例如叶和种子、叶和茎以及茎和球果的连接。植被的复原需要各种化石类型才可能更接近原来的面貌。

化石必须具备一定的生物特征，例如结构大小、形状、纹饰等等，他们必须能够证明过去生物的存在，还必须保存于岩层中。所以岩层中那些粗看起来似乎有定形的结合或其他无机结构如树枝石，不能认为是化石；而现代泥沙层中埋藏着的蚌蛎贝壳，也不是化石，因为它们是现代的产物。

从化石的形成过程我们可以看到，化石植物一般为分散的器官，很少有完整的植物体。根据保存下来的植物残体来分，可把化石植物分为两大类：植物大化石和微体化石。

大化石一般是指在野外肉眼可观察到，来源于化石植物的组织或器官，如根、茎、叶、花、果实和种子等器官或不完整的残片。微体化石一般指野外肉眼难以观察到的化石植物遗体，如孢子、花粉、微小藻类（硅藻）等。

### （二）哪里可以找到化石

虽然成为化石的机率很小，但有数量庞大的沉积岩，理论上应该埋藏有很多植物化石。那么，在哪里可找得到植物化石呢？最常见的地方是由于某种原因而使岩层本来含有的化石植物暴露出来了，那就是最常发现植物化石的地方。这些暴露了化石植物的岩层常出现于河、川的两侧。其他很多地方由于水蚀作用亦能使含化石的岩层暴露。沿海的峭壁上，常可发现化石。除了含植物的岩层自然暴露之外，挖掘也常能采得许多化石。煤矿常发现煤核，煤层顶板常常富含化石植物；留意新修道路的开挖面、制砖、瓷砖或陶器的黏土采石场及大型的建筑工地都有机会见到或采到丰富的植物化石。事实上，任何大型建筑工地，如堤坝、水电厂或深地基建筑物的建筑工地都有可能采到丰富的化石植物。

火山地貌一般很不稳定，而且沉积物经过很大的再造作用，因此，我们很难从中发现植物化石。但这种环境中，地表水通常富含矿物质，它们可使植物碎片形成石化化石。著名的莱尼（Rhynie）燧石层就是一个例子，泥盆纪积累的泥炭被富含矿物质的水体淹没时形成了这种沉积，其中保存了早期陆生植物精美的内部解剖。

### （三）化石植物保存的方式

1. 压型化石

植物体被沉积物掩埋过程中，在沉积物重压下植物体遭受挤压变形，于挤压的过程中水分被排挤渗透出来，水分与有机物挥发后内部细胞结构逐渐损毁消逝，仅留下一层炭质薄膜。这种类型的植物化石称为压型化石。

如洪水破坏冲积河岸，并把生长在堤上的植物冲走，这些植物的残骸被携带到废弃河道和其他地方，在那里，大量的沉积物把植物碎片埋藏并充填在牛轭湖中。可以想象，那些经过长途搬运的植物残骸会变得支离破碎，而就地沉积的植物则破坏较少。在沉积物堆积过程中，水分被挤压出来，因此沉积物变得很致密，里面的植物碎片被压扁。随着细胞的压扁，内部的结构亦随之消失，常常留下一层与植物残骸原形一致的碳质薄膜，就形成最常见的植物化石类型——压型化石。如果埋藏植物残骸的沉积颗粒粗而具棱角，那么所形成的压型化石必然不如在颗粒圆滑而细小的沉积中形成的那么清晰。绝大部分陆生植物叶片表皮都有一层角质层，以防止水分蒸散。角质层不是一层细胞层，它是紧贴于植物各器官表层外壁的不定形物质，具有很强的耐酸、耐碱性，经常可以在压型化石中保存下来。从角质层能观察化石植物表皮细胞的形状、气孔的结构与分布，以及表皮的毛与腺体，作为种属的鉴定依据。

压型化石也可能出现在沿泻湖、曲流河岸、池塘、沼泽或其他环境中。以下是另外的几种压型化石类型：

（1）凝灰岩内也可以发现植物的压型化石。形成这些化石的植物是生长在火山活动地区。当火山灰云喷射到空中，在接近火山处常有强烈的大气湍流，结果形成雷雨。雨水和火山灰形成细粒的泥浆，像瀑布一样冲到山坡下面，沿途将植物冲倒并掩埋。泥浆变硬后，植物碎片便埋在里面。这种情况下由于掩埋迅速，保存的化石结构比较清晰。例如在我国东北辽西地区保存大量白垩纪植物和鸟类化石。

（2）煤属于压型化石。它是植物体的堆积，再经上覆地层的压力压缩而成。通常煤的变质程度愈浅，成煤植物的清晰度就愈大。例如，褐煤是成煤早期阶段的代表，其植物体未经过度挤压而易于识别。有些褐煤，还可以取出其中的植物碎片，制成各种结构完整的标本。烟煤变质程度较深，植物体压得更扁，但其中的植物碎片仍有可能进行研究。无烟煤是变质最深的类型，原来的植物体已面目全非。某些煤可以制成薄片，用显微镜观察，花粉粒、孢子和角质层的碎片都能分辨。煤亦可以用化学方法浸解，把固体的煤分解，植物碎片便游离出来。这样可以观察角质层及树皮的碎片、小块的木质部、变硬的树脂，尤其是孢子和花粉粒。这些不同部分的鉴定，使我们可以确定生长在古代成煤沼泽中的植物。在罕见的情况下，煤是完全由角质层碎片和无定形的有机物质组成。角质层多到能剥成一片一片的。这种煤，由于它外观象纸而称纸煤。仅见于个别地方。用氢氧化钾的碱性溶液，把角质层碎片分离出来，是一件简单的事。分离出来的角质层洗净后，可直接固定在载玻片上进行观察。

（3）有一种十分罕见的母岩，是由微体植物硅藻的硅质壳形成的，其中偶尔有压型化石。这种由硅藻土形成的岩石，颗粒极小，所保存的化石往往也很好。因为硅藻细胞或硅藻壳是极小的微体植物（藻类），所以这种保存方式，使一种植物成为保存另一种植物的母岩。

2. *印痕化石*

如果把有化石植物碎片的岩石顺层面劈开，有一面可见到碳质薄膜，就是压型化石。在另一面，常有植物体的反面印痕，它很少或没有粘附碳质。“反面”的化石，可显示压型化石的表面细节，如叶形、脉序等，但不含原来的有机物质，这种化石，称为印痕化石。印痕化石的形成过程，与混凝土的人行道上常常出现的叶片印痕的形成过程类似。当叶片凋落粘贴在刚抹上的湿混凝土上，混凝土干了以后，紧贴着混凝土那一面的叶形便留在上面。之后，叶片破碎被风刮跑，于是，在坚硬的混凝土上，便留着与植物一模一样的印模。

3. *模型化石和模铸化石*

立体的植物器官，如茎或种子被搬到沉积盆地中掩埋，包围这些立体植物器官的沉积物，有时在植物断块被压扁之前就固结了，于是沉积物便含有立体的植物在内。如果植物体最后被分解，留在沉积物中的空洞，便称为模型化石。

如果植物体被分解形成的空洞，后来的沉积物或地下水所带来的胶体物质或矿物质与细粒碎屑物又在残留的空洞空隙中填充、固结，便铸成一个与原先植物体外观一样的复制品，就形成模铸化石或铸型化石，它早已脱胎换骨，不含植物体原来的任何成分，可说与植物体本身毫无关联，仅外形与原先的植物体相似。但它们能以立体形式显示植物体的外部形态。

4. *石化化石*

当植物残体完全浸入溶有矿物质的溶液中，矿液便逐渐渗透进入细胞腔而形成渗矿化或石化，溶解的矿物质可能是硅酸盐、碳酸盐、硫化物黄铁矿等，形成石化的植物化石如硅化木、钙化木，经常将植物体的立体结构和细节完整保存，可以用切片来研究植物体的组织。

虽然上述的是最常见的植物化石化的方式，但由于化石保存和形成过程的复杂性，还有另外一些化石类型，或者说是上述某些化石类型的集合体。例如，茎铸型化石的中央，有时含有轮廓模糊的输导系统。这样，铸型化石不只是原植物体的立体复制品，还含有原植物的部分组织。另外还有一类古生物遗体本身几乎全部或部分保存下来的化石，可以称为实体化石。原来的生物在特别适宜的情况下，避开了空气的氧化和细菌的腐蚀，其硬体和软体可以比较完整的保存而无显著的变化。例如在部分变质程度较浅的褐煤中保存的果实、种子、木材；丝炭化的植物器官残体、孢子和花粉、微体藻类（如无数硅藻的硅质细胞壁形成的硅藻土，可以认为是未变化的植物遗体，当细胞内含物消失后，硅质的细胞壁完整且保存得极为清晰，用普通显微镜就可以看到精致的纹饰）等，保存有完整细胞结构和器官原形。

还有一种未变化的植物物质——琥珀。琥珀这一名称泛指石炭纪至更新世的各种石化的植物树脂，大多数见于白垩纪和第三纪地层中。很多植物都产生琥珀，包括被子植物、松柏植物和其他种子植物。根据其化学成分可以推断产生这些琥珀的植物属种。

## 二、不同化石类型的制片方法

植物以各种形式保存在地壳之中。在保存期间它们发生了各种物理、化学的变化。此外，不同的环境和沉积过程也会导致化石出现种种不同的保存形式。针对保存类型的不同，古植物学家必须采用不同的技术处理，以便从中提取信息。

**（一）压型化石的制片方法**

多数压型化石，只要表面清晰，便很有价值，诸如叶形、有无叶柄、叶缘和脉序等特征，都是很容易辨认的。当一种植物具有丰富的叶片时，可观察其叶形的变化来推测一个种的变异程度。

最便于研究的压型化石是保存在浅色母岩内的颜色较深的碳质薄膜。因为反差大，所以观察、比较和照相都比较容易。可是有时母岩的颜色很深，几乎与压型化石的颜色相同。这样，照相就困难了，若把化石完全浸泡在水或二甲苯的溶液中，便可以提高其清晰度。

还有少数在低温、低压条件下保存的压型化石，这些化石全部细胞的内含物都没有消失。Niklas 等（1978）的著作中提到，把中新世被子植物叶片的压型化石包埋和切片，再用透射电子显微镜观察细胞的内部结构，结果发现，这些化石的保存，精细到连细胞壁上微纤维丝的结构都能观察到的程度。甚至更令人惊讶的是，压型化石的叶肉细胞内竟然保存了颗粒体和淀粉的叶绿体、有缩合染色质的细胞核和胞间连丝等这样的一些细胞结构。

虽然多数压型化石仅能看到表面的一些细节，但有时却可以研究到许多有关表皮的详细情况。所有陆生植物地上部分的表面，都有一层叫做角质层的薄膜，含有蜡质和角质，能防止植物表面过度失水。角质层不是细胞层，而是一种与植物器缩表面细胞的轮廓一致的无定形物质。角质层可以剥离，可用针或刷子机械地分离，也可以用化学方法把母岩溶解，把剥离的角质层漂白，用常用的生物染色剂染色，然后固定在载玻片上，用显微镜观察，便可看到表皮的细节。能看清表皮细胞的形状、气孔器的结构、气孔的分布、表皮毛和腺体以及其他明显的特征。由于大多数植物都有不同的表皮特征，因而化石植物的角质层，就像指纹一样，常用于种的鉴定。此外，由于植物体各部分的角质层都是相同的，所以可用角质层来确定如叶、花、种子等分散的植物碎片是否同属一种植物。

近年来，古植物学家常借助扫描电子显微镜检查，把化石植物和植物器官的微结构高倍放大。有时可直接用扫描电子显微镜（SEM）观察角质层。此外，为了说明其复杂的结构状况，还需要制作植物表面的乳胶模子。在古植物学的许多领域内，扫描电子显微镜检查已经成为阐明诸如花粉粒、孢子等植物结构的常规方法。

另一种研究角质层或表皮特征的方法，是把压型化石从母岩上移离到可用显微镜观察的透明薄膜上。这种薄膜的制取是先用塑胶液（如透明的指甲油）倾注在压型化石上，然后把黏有角质层的薄膜从母岩上揭下来。另一种相似的技术，如同制作生物切片那样，把化石表面包埋在塑胶液里，然后溶去岩石，化石的表层便会黏附在塑胶上，即可用反射光或透射光观察。

### （二）印痕化石和模型化石的制片方法

由于印痕化石上没有附着有机物，所以不能看到细胞的细节，但有时，尤其是母岩的颗粒特别细的时候，可用乳胶或类似乳胶的材料，把印痕拓下来，它能精确复制出印痕化石表面的详细情况。用扫描电镜观察，可以很清楚地看到诸如表皮的样式。

模型化石可以精确地拓下某一部位的表面特征，如茎上叶基的特征或种子和果实的纹饰，但其中一般不含有机物。其他沉积物如果在模中充填、固结，便铸成一个与原先的植物体一样的复制品（铸型化石），它不含有真正的植物成分，但外形与原先的植物体完全相同。其过程，与雕塑师塑造青铜铸像的过程相似。他们不直接在青铜块上雕刻，而先用木构或蜡等介质制成一个原模型，再作一个包裹着原模型的模子，模子制成后，再设法把里面的原模型取出，把模子制成活动的，或把蜡溶掉。在重新装好的模子内，注入熔融的青铜，这样便制成一个与原模型一模一样的复制品，但它不含有原模型的材料。某些能形成模型化石和铸型化石的地区，其沉积作用的速度是惊人的。举例来说，在加拿大新斯科舍（Nova Scotia）省 Joggins 的海蚀崖，出露了许多 3～8m 高的树干铸型化石。这些树必然是极其迅速就地掩埋的，后来沉积物固结，树木腐烂；在坚硬的岩石上便留下一些空洞，以后，空洞又被其他较后的沉积物所充填。模型化石和铸型化石之所以重要，是它们能以立体形式显示植物体当初的外部形态。

### （三）石化化石的制片方法

石化化石的形成，是由于植物体完全浸入溶有矿物质的溶液中，植物体（例如一段木头）完全被溶液浸透，含有矿物质的溶液渗入所有细胞和组织内。溶解的矿物质可能是硅化物、碳酸盐、氧化物或其他化合物。对在这阶段所发生的作用还不清楚，但有些因素（如 pH 值的变化）会使溶解了的矿物质发生沉淀，因此植物碎片里外都变硬。到矿物完全固结时，植物碎片便包埋在固结的岩石内。这些化石，多半只有细胞壁被保存，细胞和细胞间隙则到处都填满了矿物质，但有时细胞质也可保存。

现代生物材料的包埋和切片技术，就是模拟这种石化过程。例如，把一段植物材料在适当的化学药品中固定，然后用一系列浓度不同的酒精使组织脱水，最后，把材料放人熔化的石蜡（或类似的物质）里。石蜡冷却后，植物材料便完全包埋在石蜡里，在组织内部亦有石蜡。

研究石化化石，必须制出薄到可以通过透射光的切片。常用于石化植物材料切片的技术实质上与地质学家制作岩石薄片的方法相同——即磨片法。首先用特制的切片机（必须能切开最坚硬的石化材料），这些切片机的锯片为平坦的钢盘，边缘嵌有金刚石粉末。工作时，常用油或其他冷却剂以防止锯片温度过高。切割较软的材料时，用普通的锯片，加上金刚砂或其他磨料即可。用切片机切下材料中有用的部分，把切片的表面抛光，再用粘合剂把抛光的表面粘在玻璃片上。等粘合剂干了以后，再用切片机将玻璃片上的岩石尽量切至最薄。此时，岩石切片仍为不透明的。下一步是磨研石化材料的表面（有些机器能自动完成这一过程)，使它越来越透明。最后，植物材料就薄到可以用显微镜来观察了。有时，粘石化材料的玻璃片是用于研究的正式载玻片。这样，就要用一种耐久的环氧树脂来固定。有些人喜欢把磨薄的片子转移到清洁的玻璃片上，那就要用一种能再溶化的胶结剂。但在揭开薄片之前，要用一层塑料状的透明材料把它封住，以保持其完整，然后用天然的或合成的胶结介质把薄片固定在干净的载玻片上，盖上盖玻片。当胶结物变硬后，便可用双目显微镜观察。

有时石化的矿物质是碳酸钙，如煤核就是最熟悉的例子。煤核是各种不同形状的结核，见于烟煤煤层中。煤核中的植物碎片，通常保存了清晰的细胞结构而且很少被挤压。对采煤工来说煤核是煤层中的矸石，常被称为“拦路虎”，但对古植物学家来说，它们却提供了各类化石植物极为重要的信息。有人认为煤核中的植物生长在离海岸不远的低洼沼泽地带。周期性的暴风把富含碳酸盐的海水带进淡水沼泽内，这种富含矿物质的水产生的碳酸盐就在植物体内、外沉淀下来。这种石化植物可以切成薄片，用显微镜详细观察。

还有一种简单的石化材料制片技术——撕片法，多用于煤核和石化材料的研究。其方法是先用带金刚石的锯片把煤核切开，抛光。抛光时，先用粗磨料(金刚砂)，再依次换用较细的磨料，在转动的磨盘上磨，然后把抛光的表面放在稀盐酸溶液内腐蚀。因为酸只对碳酸盐发生反应而对煤核内有机的残骸不起作用，故碳酸钙慢慢地被溶蚀掉，留下细胞壁（如果有细胞内含物，也会留下)，它们突出在煤核的表面，轮廓分明。表面经冲洗和干燥后，即准备就绪，可以制片了。此时，千万不要触及腐蚀过的表面，因为细胞壁是很脆弱的。

先把丙酮浇在腐蚀面上，在丙酮蒸发前，即小心地在表面上放一张醋酸纤维膜。丙酮会将纤维膜的下表面溶解，使它成为液体而流入细胞及细胞周围的空腔和细胞间隙中。丙酮极易挥发，它很快就挥发掉，所以醋酸纤维膜的下表面重新变成固体，把突出于煤核表面的细胞壁牢牢粘住。当薄膜完全干了以后，要很细心地把薄膜连同下面的细胞壁从煤核上揭下来。用细磨料抛光、腐蚀和重复上述的操作过程，还可以制成许多切片。这种“揭片”方法亦可用于与煤核不同的石化化石，但当母岩不是碳酸钙或碳酸镁的物质时，则必须用另一种酸。例如，硅化的植物化石就要用氢氟酸。

石化作用对植物微细结构的保存十分有利，诸如细胞核、各种类型的膜、绒毡层和种子植物雄配子体的某些细胞等，通常都保存下来。

有时，由于母岩太疏松，无法制备揭片的基材，因此，就不能采用揭片法。这样抛光了的切面，就只能用反射显微镜去观察了。如需要连续的切面，就必须照相或连续绘图，因为标本不断磨掉，观察过的每一切面，都不可能保留下来，由于材料有限，而切面需要绘图或照相时，亦可采用这种方法。植物化石有时埋藏在沉积物颗粒非常细的地区，因此，后期的压缩作用或微生物的分解作用都可能很弱，但埋藏过程中仍会挤掉水分。这样保存的化石处于相对稳定的状态，内部结构清晰，而又无矿物质进入植物体内。偶尔可发现一些叶片、茎干、果实和种子，这些化石，可用现代植物的切片方法来处理。切片前，先用氢氟酸溶解附着在上面的砂粒或粘土粒，以免损坏切片机的刀具。

古植物学家还应用 X 射线分析法研究深度变质的页岩，因为化石标本大部分隐藏在其中。这种技术不仅能达到常规方法所不能达到的效果，而且通过应用立体镜的 x 射线分析，还可能使一些化石复原。

## 三、如何确定植物化石出现的年代

既然化石植物可能出现在不同的地质时期，那么当我们发现植物化石时，如何确定其生活的的年代呢？即如何确定化石所在岩层的地质时代呢？

**（一）放射性同位素测定年龄**

目前，最精确的年龄测定，是利用岩石中各种矿物所含有的天然放射性同位素。其原理是：地层中存在某些放射性同位素，这些同位素经过衰变成为稳定的同位素，同时释放能量。一种已知的元素，其放射性同位素的半衰期是固定不变的（$t^{1/2}=0.693/\lambda$）。因此，测量当时放射性同位素的含量和稳定的同位素含量，便能计算出含有该矿物的岩石自形成以来经过了多长时间。例如，已知同位素$^{238}U$ 衰变成$^{206}Pb$ 的半衰期是 45 亿年。因此，测量铀和铅的相对含量，就能确定衰变所经历的时间，这样便可计算出岩石形成的时间。其他放射性同位素亦可利用这种方法，但它们的半衰期不同。采用这些测定方法的困难是，放射性同位素最常见于火成岩和变质岩中，而大多数的化石却保存在沉积岩内。人们有时测定沉积岩上下的火成岩或变质岩年龄，来估计中间沉积岩的形成年代。现在，已经可以直接用同位素测定沉积岩，但只有当沉积岩中含有与沉积岩本身的沉积同时或几乎同时结晶的矿物才能适用。海绿石是这些矿物中的一种，它是含钾的一种硅酸盐，由于钾中含有部分同位素$^{40}K$，即可用钾－氩法测定。用铷－锶法测定泥岩的时代亦获得成功，但因过程繁难而不常用。

由于半衰期的不同，选择不同的同位素所能测定的年代也不同。如选择碳同位素，在大气层上部，宇宙射线轰击$^{14}N$ 同位素，形成有放射性的碳同位素$^{14}C$。这种碳元素与氧结合产生二氧化碳。植物吸收了含有碳同位素（$^{12}C$ 和$^{13}C$）的二氧化碳，当植物生活的时候，二氧化碳被不断吸收。植物一旦死亡，就不再和大气交换二氧化碳，于是，$^{14}C$、$^{13}C$ 或$^{12}C$ 的比率在那时便固定下来。从那一瞬间到现在，$^{14}C$ 以它特定的衰变速率（$^{14}C$ 的半衰期约为 5 710 年）衰变为$^{14}N$。因此$^{14}C$ 与$^{12}C$ 或$^{13}C$ 的比率是与植物的年代（换句话说，从植物死亡到现在所经历的时间）成比例的。因为$^{14}C$ 的半衰期短，采用这种方法所测定的年代只限于 6 万年左右，但大多数化石植物出现的年代比较古老，所以，这种技术用于古植物学上显然有一些局限性。人类对地球的影响，亦使$^{14}C$ 测定法的运用受到限制，因为化石燃料的燃烧和核试验人为地改变了碳总储量中$^{14}C$ 的含量，从而给保持现代标准碳样的可靠性带来了问题。标本中$^{14}C$ 的增减和过去大气层中$^{14}C$ 丰度的明显波动，都影响此测定方法的使用范围。但最近产生了用高能加速器直接探测$^{14}C$ 原子的新的分析方法。这种方法的特点是碳的用量少，不足 1mg，而用其他方法，都要用 1 000mg 以上；其次是时间短，几小时内便能得出测定结果；第三是灵敏度高，可以非常精确地测定到距今约 7 万年。

### （二）标准化石法

由于放射性测定法不是对所有地区的所有岩系都适用，因而有必要准确地对比已知岩石单位的绝对年龄。一种方法是用标准化石把已知的一套沉积岩序列按年代分层。标准化石应具有以下的特征：①与其他化石可以区别，并易于鉴定；②在地质时期中，生存时间比较短；③数量丰富；④地理分布广泛；⑤生活在不同的沉积环境中，故在不同的沉积岩内均有化石保存。显然，不是很多化石都能全部满足这些要求，故通常几个化石属种的组合，比单个的种更为有用。通常，生活在古代海洋中的生物，最适用于地层对比，因为在大陆上易于见到的大多数含化石的沉积岩都是浅海的海相沉积。由于浮游生物的分布遍及全球，所以，至少在某种气候带内，能作出最大范围的对比。浮游生物包括：硅藻、有孔虫、硅质鞭毛藻和颗石藻等，它们在岩层对比中之所以特别重要，还在于它们的残骸非常小，即使一小块样品，如钻孔岩芯的切面，就集中了大量的化石。其他如那些栖居在海洋底层的（底栖的）生物，它们的分布常受空间的限制，只适用于较小范围的对比。

### （三）根据地层形成的年代判断

对于地层研究比较清楚的地区，我们也可以根据地层的特征及其沉积年代来大致判断化石植物出现的时间。

## 四、化石植物的命名

所有经过研究的生物，都要给予科学的名称，即学名（scientific name）。按国际命名法规，生物各级分类等级的学名，应用拉丁字或拉丁化文字。古植物的名称，多数是根据分散保存的植物体化石碎片建立的。我们通常应用一个与现代植物学中非常相似的命名系统给植物化石命名，毕竟植物化石是曾经生活的植物残骸。但古植物命名方法有一个要点与现代植物命名不同，而且经常引起混淆。植物化石几乎不能用与现生植物同样的方式来命名，因为大多植物残骸仅是原先植物的碎片，所以我们无法得到整株植物。古植物学家必须借助于一个命名系统，给予这些植物的离体部分不同的属名和种名。最常用的例子之一是晚古生代高大的石松植物化石，它们的不同部分被归入不同的属，在这种情况下它们被叫做形态属（Form-genera），形态属是把不同生物的相同部分，按照他们形态的相似性归入同一属，给予同一属名。在同一形态属之下，可以包括许多来源不同，有时亲缘关系异常疏远的植物。形态属一般不能归入某一科，但仍可和某一更高的分类单位，如目、纲等相联系。如：根座属（*Stigmaria*）用于命名根结构，鳞木属（*Lepidodendron*）用于茎的名字等等。在每个形态属中，种是基于相关器官的性状，而不是基于对整个植物原先自然种群的了解。例如，大多数石松植物的根结构难以区分，人们倾向于将它们归入单个形态属种脐根座（*Stigmaria ficodies*）。茎形态属主要基于变化很大的叶座性状。人们已经识别出许多不同的茎形态属种，但其中一些可能只代表了同一自然种内的变异甚或是植物不同部位之间的变异。古植物学家通常尽可能使形态属成为自然类群，他们通过组合特征来完成这个工作，例如角质层的表皮结构，但这种方法不太容易确定形态属与自然的整体植物分类单位的关系。

有时，形态分类单位方法遇到的另一个问题是“整株植物应该叫什么”。易于复原的小草本植物通常不会出现这个问题，而且它们常常使用与现生植物相似的方法来命名。对于大型的植物这就有困难了。然而，它可能只是一个理论性的问题，因为很少要求对所复原的乔木状整体植物种命名。教科书中看到的许多复原图已经综合了多种信息。我们也许知道了球果和茎形态种具有机连接或非常相似的茎与根形态种是相连的，但是完整地复原一个植物种各个部分的例子还是非常少的。复原提供了一个植物整体类群可能的模型，但它们并不是真正由正式的植物命名法规建立的分类单位。因此，我们可以给这些理论上的复原起一个非正式的名字，如鳞木 *Lepidodendron*。它通常来源于大多数已知器官的正式名字（即茎干的名称）。

## 五、化石植物所提供的信息

化石记录虽然具有不完整性和偏差性，但它却是了解过去生活植物的惟一直接证据。其他来源的证据多是基于现今资料对过去的推测，而且分析中需要许多假设。化石记录至少向我们显示了许多生活在过去的植物。虽然化石记录具有局限性，但它却揭示了植物演化的历史。

化石记录还能提供其他信息，古植物群工作（即调查植物化石的地理分布）有助于古地理的复原。石炭纪植物化石分布与现今相连大陆上化石分布的明显反常现象是魏格纳在 19 世纪 20 年代发展大陆漂移学说的论据之一。魏格纳的假说构成了板块构造理论的基础，现在被用来解释地球科学中许多宏观机制。

地质时期中植物群分布的变化还是过去气候变化极其珍贵的指示者。叶相的变化就是一个例子，尤其是被子植物叶相的变化。气孔密度的变化已用于估计大气中二氧化碳长期和短期的波动。现在，人们甚至认为丝炭植物化石的出现是对大气中氧气估计的一个重要局限性因素。大气中氧气如果低于一定的水平，就不可能产生野火，因为有人认为丝炭主要是野火产生的。

植物化石也可用于估计围岩的相对年龄，这个学科被称为生物地层学。植物化石一般更多地被应用于非海相地层，尤其是晚古生代地层，其中的物种更替似乎非常迅速。在非海相和海陆交互相沉积中，植物和孢子的分布对两个环境之间的对比尤为有用。

研究植物化石也有纯粹的经济需求。在自然资源的开发中，植物化石的生物地层学价值非常大。植物残骸也构成了世界上最重要的能源之一“煤”的基础。大多数煤是沼泽森林形成的泥炭残骸。最优化地利用煤炭资源，在于人们对泥炭形成的认识，也在于对原先森林植被动力学的认识，而这些认识只能通过研究植物化石来确定。

# 附录三　被子植物的主要分类系统及原始与进化性状的概念

被子植物是当今植物界中属、种极其繁多而庞杂的一个类群，为了帮助同学们在被子植物分类的实践中，以及在编写植物资源名录的过程中，更好地认识其原始类群与进化类群各自具有什么样的特征，更好地探究植物的起源、发生和进化途径以及彼此间的亲缘关系，弄清植物系统发育的规律性，有必要对被子植物的主要分类系统及原始与进化性状的概念作一介绍。

## 一、被子植物的主要分类系统

从达尔文进化论问世以后，分类学力求建立客观反映生物界亲缘关系和进化顺序的自然分类系统，很多分类学家根据各自的系统发育理论提出许多不同的被子植物系统，其中最有影响的分类系统有恩格勒（A. Engler）系统（1897）和哈钦松（J. Hutchinson）系统（1959）。此外，近代较著名的还有克郎奎斯特（A. Cronquist）系统（1981）和塔赫他间（A. Takhtajan）系统（1980，1987）等。尽管这些系统都属自然分类系统，但由于研究者的论据不同，所建立的系统也是不同的。到目前为止，还没有一个为大家所公认的、完美的、真正反映系统发育的分类系统，要达到这个目的，还需各学科的深入研究和大量工作。现把常用的三个分类系统，即恩格勒系统、哈钦松系统和克郎奎斯特系统简介如下：

### （一）恩格勒系统

这一系统是由德国植物学家恩格勒（A. Engler）和柏兰特（Prantl）在1897年发表的《植物自然分科志》提出的，是分类学史上第一个比较完整的自然分类系统。在他们的著作里，把植物界分为13门，被子植物是第十三门中的一个亚门，即种子植物门的被子植物亚门。以后几经修订，到1964年第十二版由原来的45目280科增加到62目344科，并把被子植物列为一门和其它增加的门而列为第十七门，同时把原来放在分类系统前面的单子叶植物移到双子叶植物之后。

恩格勒系统认为，被子植物花的雄蕊和心皮分别相当于一个极端退化的裸子植物单性孢子叶球的雄花和雌花，因而设想被子植物来自裸子植物的麻黄类中的弯柄麻黄 *Ephedra campylopoda*。在这个设想里，雄花的苞片变为花被，雌花的苞片变为心皮，每个雄花的苞片消失后，只剩下1个雄蕊。同样，雌花的苞片退化后只剩下胚珠，着生于子房基部。由于裸子植物，尤其是麻黄和买麻藤都是以单性花为主，所以原始的被子植物，也必然是单性花。被子植物中具有单性花的葇荑花序类就被认为是最原始的类型。被子植物的花是由花序演化来的，不是一个真正的花而是一个演化了的花序，这一假设就是假花说(pseudanthium theory)。

假花说的理论认为，葇荑花序类植物的无花瓣、单性、木本、风媒传粉等特征是被子植物中最原始的类型。与此相反，有花瓣、两性、虫媒传粉等是进化的特征。因此把木兰科 Magnoliaceae、毛茛科 Ranunculaceae 认为是较进化的类型，同时认为单子叶植物出现在双子叶植物之前，应放在双子叶植物的前面。它的系统概要如下（目下所列科为我国部分习见科）：

## 被子植物门 Anglospermae

### Ⅰ. 双子叶植物纲 Dicotyledoneae

#### （Ⅰ）原始花被亚纲 Archichlamydeae

1. 木麻黄目 Casuarinales，1 科，木麻黄科 Casuarinaceae。
2. 胡桃目 Juglandales，2 科，胡桃科 Juglandaceae 等。
3. 假橡树目 Balanopsidales，1 科。
4. 银毛木目 Leitneriales，2 科。
5. 杨柳目 Salicales，1 科，杨柳科 Salicaceae。
6. 山毛榉目 Fagales，2 科，山毛榉科 Fagaceae、桦木科 Betulaceae。
7. 荨麻目 Urticales，5 科，榆科 Ulmaceae、桑科 Moraceae、荨麻科 Urticaceae 等。
8. 山龙眼目 Proteales，1 科，山龙眼科 Proteaceae。
9. 檀香目 Santalales，7 科，檀香科 Santalaceae 等。
10. 蛇菰目 Balanophorales，1 科。
11. 毛丝花目 Medusandrales，1 科。
12. 蓼目 Polygonales，1 科，蓼科 Polygonaceae。
13. 中央种子目 Centrospermae，13 科，藜科 Chenopodlaceae、苋科 Amaranthaceae、石竹科 Caryophyllaceae 等。
14. 仙人掌目 Cactales，1 科，仙人掌科 Cactaceae。
15. 木兰目 Magnoliales，22 科，木兰科 Magnoliaceae、樟科 Lauraceae 等。
16. 毛茛目 Ranales，7 科，毛茛科 Ranunculaceae、防己科 MenIspermaceae 等。
17. 胡椒目 Piperales，4 科，胡椒科 Piperaceae 等。
18. 马兜铃目 Aristolochiales，3 科，马兜铃科 Aristolochiaceae 等。
19. 藤黄目 Guttiferales，16 科，山茶科 Theaceae 等。
20. 瓶子草目 Sarraceniales，3 科，猪笼草科 Nepenthaceae 等。
21. 罂粟目 PapaVerales，6 科，罂粟科 Papaveraceae、十字花科 Cruciferae 等。
22. 肉穗果目 Batales，1 科
23. 蔷薇目 Rosales，19 科，虎耳草科 Saxifragaceae、蔷薇科 Rosaceae、豆科 Leguminosae 等。
24. 水穗目 Hydrostachyales，1 科。
25. 川苔草目 Padostemales，1 科。
26. 牻牛儿苗目 Geraniales，9 科，牻牛儿苗科 Geraniaceae、蒺藜科 Zygophyllaceae、大戟科 Euphorbiaceae 等。
27. 芸香目 Rutales，12 科，芸香科 Rutaceae 等。
28. 无患子目 Sapindales，10 科，漆树科 Anacardiaceae、槭树科 Aceraceae、凤仙花科 Balsaminaceae 等。
29. 三柱目 Julianiales，1 科。
30. 卫矛目 Celastrales，13 科，卫矛科 Celastraceae 等。
31. 鼠李目 Rhamnales，3 科，鼠李科 Rhamnaceae 等。
32. 锦葵目 Malvales，7 科，锦葵科 Malvaceae 等。

33. 瑞香目 Thymelaeales，5 科，瑞香科 Thymelaeaceae 等。

34. 堇菜目 Violales，20 科，堇菜科 Violaceae 等。

35. 葫芦目 Cucurbitales，1 科，葫芦科 Cucurbitaceae。

36. 桃金娘目 Myrtales，17 科，桃金娘科 Myrtaceae、柳叶菜科 Oenotheraceae 等。

37. 伞形目 UmBelales，7 科，伞形科 UmBelliFerae 等。

**（Ⅱ）合瓣花亚纲 Sympetalae**

1. 岩梅目 Diapensiales，1 科。

2. 杜鹃花目 Ericales，5 科，杜鹃科 Ericaceae 等。

3. 报春花目 Primulales，3 科，报春科 Primulaceae 等。

4. 白花丹目 Plumbaginales，1 科。

5. 柿目 Ebenales，7 科，柿科 Ebenaceae 等。

6. 木犀目 Oleales，1 科，木犀科 Oleaceae。

7. 龙胆目 Gentianales，7 科，龙胆科 Gentianaceae、夹竹桃科 Apocynaceae、萝藦科 Asclepiadaceae、茜草科 Rubiaceae 等。

8. 管花目 TubiFlorae，26 科，旋花科 Convolvulaceae、唇形科 Labiatae、茄科 Solanaceae、玄参科 Scrophulariaceae 等。

9. 车前目 Plantaginales。1 科，车前科 Plantaginaceae。

10. 山萝卜目（川续断目）Dipsacales，4 科，忍冬科 Caprifoliaceae 等。

11. 桔梗目 Campanulales，8 科，桔梗科 Campanulaceae、菊科 Compositae 等。

**Ⅱ. 单子叶植物纲 Monocotyledoneae**

1. 沼生目 Helobiales，9 科，眼子菜科 Potamogetonaceae 等。

2. 霉草目 Triuridales，1 科。

3. 百合目 Liliales，17 科，百合科 Liliaceae、石蒜科 Amaryllidaceae、鸢尾科 Iridaceae 等。

4. 灯心草目 Juncales，2 科，灯心草科 Juncaceae 等。

5. 凤梨目 Bromeliales，1 科，凤梨科 Bromeliaceae。

6. 鸭跖草目 Ccommelinales，8 科，鸭跖草科 Commelinaceae 等。

7. 禾本目 Graminales，1 科，禾本科 Gramineae。

8. 棕榈目 Palmales，1 科，棕榈科 Palmae。

9. 合蕊目 Synanthae，1 科。

10. 佛焰花目 SpathiFlorae，2 科，天南星科 Araceae 等。

11. 露兜树目 Pandanales，3 科，香蒲科 Typhaceae 等。

12. 莎草目 Cyperales，1 科，莎草科 Cyperaceae。

13. 蘘荷目 Scitamineae，5 科，姜科 Zingiberaceae、美人蕉科 Cannaceae 等。

14. 微子目 Microspermae，1 科，兰科 Orchidaceae。

### （二）哈钦松系统

这一系统是英国植物学家哈钦松（Hutchinson）于 1926 年发表《有花植物科志》中提出的，他的工作是在英国边心（Bentham）及虎克（Hooker）的分类系统，和以美国植物学家柏施（Bessey）的花是由两性孢子叶球演化而来的概念为基础发展起来的。根据化石植物的证据认为，被子植物的花是由已灭绝的裸子植物的本内苏铁目 Bennettites 的两性孢子叶球演化来的，孢子叶球主轴的顶端演化为花托，生于伸长主轴上的大孢子叶演化为雌蕊，其下的小孢子叶演化为雄蕊，下部的苞片演化为花被。这一学说与恩格勒系统的假花说相反，称为真花说

（Euanthium theory）。

真花说认为：两性花比单性花原始；花各部分分离、多数比连合、有定数为原始；花各部分螺旋状排列比轮状排列为原始；木本植物比草本植物原始。该学说认为双子叶植物中的木兰目 Magnoliales 和毛茛目 Ranales 的花与古代裸子植物本内苏铁目十分相似，因此，它们在被子植物中属于原始类型。他们认为葇荑花序类要比离生心皮（木兰目和毛茛目）进化，无被花种类是由有被花类特化而来。他们还认为木兰目和毛茛目是被子植物的两个起点，从木兰目演化出一支木本植物，从毛茛目演化出一支草本植物，并认为单子叶植物源于双子叶植物毛茛目，因此将单子叶植物列于双子叶植物之后。

哈钦松在 1973 年经过修订，从原先的 332 科增至 411 科，现将哈钦松系统中各目的顺序及目下我国常见的科列表于下：

**Ⅰ. 双子叶植物纲 Dicotyledoneae**

**（Ⅰ）木本支 Lignosae**

1. 木兰目 Magnoliales，9 科，木兰科 Magnoliaceae、八角科 Illiciaceae 等。
2. 番荔枝目 Annonales，2 科，番荔枝科 Annonaceae 等。
3. 樟目 Laurales，7 科，樟科 Lauraceae 等。
4. 五桠果目（第伦桃目）Dilleniales，4 科。
5. 马桑目 Coriariales，1 科，马桑科 Coriariaceae。
6. 蔷薇目 Rosales，3 科，蔷薇科 Rosaceae、蜡梅科 Calycanthaceae 等。
7. 豆目 Leguminales，3 科，苏木科 Caesalpiniaceae、含羞草科 Cimosaceae、蝶形花科 Fabaceae（Papilionaceae）等。
8. 火把树目 Cunoniales，10 科，山梅花科 Philadelphaceae 等。
9. 野茉莉目 Styracales，3 科，野茉莉科 Styraceae 等。
10. 五加目 Araliales，6 科，山茱萸科 Cornaceae、五加科 Araliaceae、忍冬科 CapriFoliaceae 等。
11. 金缕梅目 Hamamilidales，8 科，金缕梅科 Hamamelidaceae、悬铃木科 Platanaceae 等。
12. 杨柳目 Salicales，1 科，杨柳科 Salicaceae。
13. 银毛木目 Leitneriales，1 科。
14. 杨梅目 Myricales，1 科，杨梅科 Cyricaceae。
15. 假橡树目 Balanopsidales，1 科。
16. 壳斗目（山毛榉目）Fagales，3 科，桦木科 Betulaceae、壳斗科（山毛榉科）Fagaceae、榛科 Corylaceae。
17. 胡桃目 Juglandales，3 科，胡桃科 Juglandaceae 等。
18. 木麻黄目 Casuarinales，1 科，木麻黄科 Casuarinaceae。
19. 荨麻目 Urticales，6 科，榆科 Ulmaceae、桑科 Coraceae、荨麻科 Urticaceae、杜仲科 Eucommiaceae 等。
20. 红木目 Binales，7 科，大风子科 Flacourtiaceae 等。
21. 瑞香目 Thymelaeales，6 科，瑞香科 thymelaeaceae、紫茉莉科 Nyclaginaceae 等。
22. 山龙眼目 Proteales，1 科。
23. 海桐目 Pittosporales，5 科，海桐科 Pittosporaceae 等。
24. 白花菜目 Capparidales，3 科，白花菜科 Capparidaceae 等。
25. 柽柳目 Tamaricales，3 科，柽柳科 Tamaricaceae 等。

26. 堇菜目 Violales，1 科，堇菜科 Violaceae。

27. 远志目 Polygalales，4 科，远志科 Polygalaceae 等。

28. 硬毛草目 Loasales，2 科。

29. 西番莲目 PassiFlorales，3 科，西番莲科 PassiFloraceae 等。

30. 葫芦目 Cucurbitales，4 科，葫芦科 Cucurbitaceae、秋海棠科 Begoniaceae、番木瓜科 Caricaceae 等。

31. 仙人掌目 Cactales，1 科，仙人掌科 Cactaceae。

32. 椴树目 Tiliales，6 科，椴树科 Tiliaceae、梧桐科 Sterculiaceae 等。

33. 锦葵目 Malvales，1 科，锦葵科 Calvaceae。

34. 金虎尾目 Malpighiales，12 科，亚麻科 Linaceae、蒺藜科 Zygophyllaceae 等。

35. 大戟目 Euphorbiales，1 科，大戟科 Euphorbiaceae。

36. 山茶目 Theales，10 科，茶科 Theaceae、猕猴桃科 Actinidiaceae 等。

37. 金莲木目 Ochnales，6 科。

38. 杜鹃花目 Ericales，8 科，鹿蹄草科 Pyrolaceae、杜鹃花科 Ericaceae 等。

39. 金丝桃目 GuttiFerales，4 科，金丝桃科 Hypericaceae 等。

40. 桃金娘目 Myrtales，7 科，桃金娘科 Cyrtaceae、石榴科 Punicaceae、使君子科 Combretaceae 等。

41. 卫矛目 Celastrales，19 科，冬青科 AQuiFoliaceae、卫矛科 Celastraceae 等。

42. 铁青树目 Olacales，6 科。

43. 檀香目 Santalales，5 科，桑寄生科 Loranthaceae、檀香科 Santalaceae 等。

44. 鼠李目 Rhamnales，4 科，胡颓子科 Elaeagnaceae、鼠李科 Rhamnaceae、葡萄科 Vitaceae 等。

45. 紫金牛目 Myrsinales，3 科。

46. 柿树目 Ebenales，3 科，柿树科 Ebenaceae 等。

47. 芸香目 Rutales，4 科，芸香科 Rutaceae、苦木科 Simaroubaceae 等。

48. 楝目 Meliales，1 科，楝科 Celiaceae。

49. 无患子目 Sapindales，11 科，无患子科 Sapindaceae、漆树科 Anacardiaceae、槭树科 Aceraceae、七叶树科 Hippocastanaceae 等。

50. 马钱目 Loganiales，7 科，马钱科（断肠草科）Loganiaceae、木犀科 Oleaceae 等。

51. 夹竹桃目 Apocynales，4 科，夹竹桃科 Apocynaceae、萝藦科 Asclepiadaceae 等。

52. 茜草目 Rubiales，2 科，茜草科 Rubiaceae 等。

53. 紫葳目 Bignoniales，4 科，紫葳科 Bignoniaceae、胡麻科 Pedaliaceae 等。

54. 马鞭草目 Verbenales，5 科，马鞭草科 Verbenaceae、透骨草科 Phrymaceae 等。

**（Ⅱ）草本支 Herbaceae**

55. 毛茛目 Ranales，7 科，毛茛科 Ranunculaceae、睡莲科 Nymphaeaceae、金鱼藻科 Ceratophyllaceae 等。

56. 小檗目 Berberidales，6 科，木通科 Lardizabalaceae、防已科 Cenispermaceae、小檗科 Berberidaceae。

57. 马兜铃目 Aristolochiales，4 科，马兜铃科 Aristolochiaceae、猪笼草科 Nepenthaceae 等。

58. 胡椒目 Piperales，3 科，胡椒科 Piperaceae 等。

59. 罂粟目 Rhoeadales，2 科，罂粟科 Papaveraceae、紫堇科 Fumariaceae。

60. 十字花目 Cruciales，1 科，十字花科 Cruciferae。

61. 木樨草目 Resedales，1 科。

62. 石竹目 Caryophyllales，5 科，石竹科 Caryophyllaceae、马齿苋科 Portulacaceae 等。

63. 蓼目 Polygonales，2 科，蓼科 Polygonaceae 等。

64. 藜目 Chenopodiadles，10 科，商陆科 Phytolaccaceae、藜科 Chenopodiaceae、苋科 Amaranthaceae 等。

65. 千屈菜目 Lythrales，5 科，千屈菜科 Lythraceae、柳叶菜科 Onagraceae、菱科 Trapaceae 等。

66. 龙胆目 Gentianales，2 科，龙胆科 Gentianaceae、荇菜科 Cenyanthaceae。

67. 报春花目 Primulales，2 科，报春花科 Primulaceae、白花丹科（蓝雪科、矶松科）Plumbaginaceae。

68. 车前目 Plantaginales，1 科，车前科 Plantaginaceae。

69. 虎耳草目 Saxifragales，9 科，景天科 Crassulaceae、虎耳草科 Saxifragaceae 等。

70. 管叶草目 Sarraceniales，2 科，茅膏菜科 Droseraceae 等。

71. 川苔草目 Podostemales，2 科。

72. 伞形目 Umbellales，1 科，伞形科 Umbelliferae。

73. 败酱目 Valerianales，3 科，败酱科 Valerianaceae、川续断科 Dipsacaceae 等。

74. 桔梗目 Campanales，2 科，桔梗科 Campanulaceae 等。

75. 草海桐目 Goodeniales，3 科。

76. 菊目 Asterales，1 科，菊科 Compositae。

77. 茄目 Solanales，3 科，茄科 Solanaceae，旋花科 Covolvulaceae 等。

78. 玄参目 Personales，6 科，玄参科 Scrophulariaceae、爵床科 Acanthaceae、苦苣苔科 Gesneriaceae、列当科 Orobanchaceae 等。

79. 牻牛儿苗目 Geraniales，5 科，牻牛儿苗科 Geraniaceae、酢酱草科 Oxalidaceae、旱金莲科 Tropaeolaceae、凤仙花科 Balsaminaceae 等。

80. 花荵目 Polemoniales，3 科，花荵科 Polemoniaceae 等。

81. 紫草目 Boraginales，1 科，紫草科 Boraginaceae。

82. 唇形目 Laminales，4 科，唇形科 Labiatae 等。

### Ⅱ. 单子叶植物纲 Monocotyledones

#### （Ⅰ）萼花区 CalyciFerae

83. 花蔺目 Butomales，2 科，花蔺科 Butomaceae 等。

84. 泽泻目 Alismatales，3 科，泽泻科 Alismataceae 等。

85. 霉草目 Triuridales，1 科。

86. 水麦冬目 Juncaginales，3 科。

87. 水蕹目 Aponogetonales，2 科。

88. 眼子菜目 Potamogetonales，2 科，眼子菜科 Potamogetonaceae 等。

89. 茨藻目 NaJadales，2 科，茨藻科 NaJadaceae 等。

90. 鸭跖草目 Commelinales，4 科，鸭跖草科 Commelinaceae 等。

91. 黄眼草目 Xyridales，2 科。

92. 谷精草目 Eriocaulales，1 科。

93. 凤梨目 Bromeliales，1 科，凤梨科 Bromeliaceae。

94. 姜目 Zingiberales，6 科，芭蕉科 Cusaceae、姜科 Zingiberaceae、美人蕉科 Cannaceae 等。

#### （Ⅱ）冠花区 CorolliFerae

95. 百合目 Liliales，6 科，百合科 Liliaceae、菝葜科 Smilacaceae 等。

96. 彩花扭柄目 Alstroemeriales，3 科。

97. 天南星目 Arales，2 科，天南星科 Araceae、浮萍科 Lemnaceae。

98. 香蒲目 Typhales，2 科，香蒲科 Typhaceae 等。

99. 石蒜目 Amaryllidales，1 科，石蒜科 Amaryllidaceae。

100. 鸢尾目 Iridales，1 科，鸢尾科 Iridaceae。

101. 薯蓣目 Dioscoreales，4 科，薯蓣科 Dioscoreaceae 等。

102. 龙舌兰目 Agavales，2 科，龙舌兰科 Agavaceae 等。

103. 棕榈目 Palmales，1 科，棕榈科 Palmae。

104. 露兜树目 Pandanales，1 科。

105. 巴拿马草目 Cyclanthales，1 科

106. 血皮草目 Haemodorales，6 科。

107. 水玉簪目 Burmanniales，3 科。

108. 兰目 Orchidales，1 科，兰科 Orchidaceae。

**（Ⅲ）颖花区 GlumiFlorae**

109. 灯心草目 Juncales，4 科，灯心草科 Juncaceae 等。

110. 莎草目 Cyperales，1 科，莎草科 Cyperaceae。

111. 禾本目 Graminales，1 科，禾本科 Gramineae。

### （三）克郎奎斯特系统

这个系统是美国学者克郎奎斯特（A. cronquist）1958 年发表的。他的分类系统也采用真花学说的观点，认为有花植物起源于一类已经绝灭的种子蕨；现代所有生活的被子植物各亚纲，都不可能是从现存的其他亚纲的植物进化而来的；木兰亚纲是被子植物的基础复合群，木兰目是被子植物的原始类型；柔荑花序类各目起源于金缕梅目；单子叶植物起源于类似现代睡莲目的祖先，并认为泽泻亚纲是百合亚纲进化线上近基部的一个侧枝。在 1981 年修订的分类系统中，他把被子植物（称木兰植物门）分为木兰纲和百合纲（即双子叶植物和单子叶植物），前者包括 6 个亚纲，64 目，318 科，后者包括 5 亚纲，19 目，65 科，合计 11 亚纲，83 目，383 科。

现将 1981 年修订的克郎奎斯特被子植物系统各亚纲简要特征及其纲、亚纲、目和科的顺序列于下面（目下所列的科为我国有分布的科）。

#### 木兰植物门 Division magnoliophyta

#### Ⅰ. 木兰纲 Class magnoliopsida

**（Ⅰ）木兰亚纲 Magnoliidae**

木本或草本。花整齐或不整齐，常下位花；花被通常离生，常不分化成萼片和花瓣，或为单被，有时极度退化而无花被；雄蕊常多数，向心发育；花粉粒常具 2 核，多数为单萌发孔或其衍生类型；雌蕊群心皮离生，胚珠多具双珠被及厚珠心。种子常具胚乳和小胚。

本亚纲共有 8 目、39 科，约 12 000 种。

1. 木兰目 Magnoliales，10 科，木兰科 Cagnoliaceae、番荔枝科 Annonaceae、肉豆蔻科 Cyristacaceae 等。

2. 樟目 Laurales，8 科，蜡梅科 Calycanthaceae、樟科 Lauraceae、莲叶桐科 Hernandiaceae 等。

3. 胡椒目 Piperales，3 科，金粟兰科 Chloranthaceae、三白草科 Saururaceae、胡椒科 Piperaceae。

4. 马兜铃目 Aristolochiales，1 科，马兜铃科 Aristolochiaceae。

5. 八角［茴香］目 Illiciales，2 科，八角［茴香］科 Illiciaceae、五味子科 Schisandraceae。

6. 睡莲目 Nymphaeales，5 科，莲科 Nelumbonaceae、睡莲科 Nymphaeaceae、莼菜科 Cabombaceae、金鱼藻科 Ceratophyllaceae 等。

7. 毛茛目 Ranales，8 科，毛茛科 Ranunculaceae、小檗科 Berberidaceae、大血藤科 SargentodoXaceae、木通科 LardiZabalaceae、防己科 Cenispermaceae、马桑科 Coriariaceae、清风藤科 Sabiaceae。

8. 罂粟目 Papaverales，2 科，罂粟科 Papaveraceae、紫堇科 Fumariaceae。

**（Ⅱ）金缕梅亚纲 Hamamelidae**

木本或草本。单叶，稀为羽状或掌状复叶。花常单性，组成柔荑花序或否，通常无花瓣或常缺花被，多半为风媒传粉；雄蕊 2（偶 1）至数枚，稀多数，花粉粒 2 或 3 核；雌蕊心皮分离或联合，边缘胎座、中轴胎座等，胚珠少数，倒生至直生，常具双珠被及厚珠心，柔荑花序类各目常合点受精。

本亚纲共有 11 目，24 科，约 3 400 种。

1. 昆栏树目 Trochodendrales，2 科，水青树科 Tetracentraceae、昆栏树科 Trochodendraceae。

2. 金缕梅目 Hamamelidales，5 科，连香树科 Cercidiphyllaceae、悬铃木科 Platanaceae、金缕梅科 Hamamelidaceae 等。

3. 交让木目 Daphniphyllales，1 科，交让木科 Daphniphyllaceae。

4. Didymelales，1 科。

5. 杜仲目 Eucommiales，1 科，杜种科 Eucommiaceae。

6. 荨麻目 Urticales，6 科，榆科 Ulmaceae、大麻科 Cannabaceae、桑科 Coraceae、荨麻科 Urticaceae 等。

7. 银毛木目 Leitneriales，1 科。

8. 胡桃目 Juglandales，2 科，胡桃科 Juglandaceae 等。

9. 杨梅目 Myricales，1 科，杨梅科 Cyricaceae。

10. 壳斗目 Fagales，3 科，壳斗科 Fagaceae、桦木科 Betulaceae 等。

11. 木麻黄目 Casuarinales，1 科，木麻黄科 Casuarinaceae。

**（Ⅲ）石竹亚纲 Caryophyllidae**

多数为草本，常为肉质或盐生植物。叶常为单叶，互生、对生或轮生。花常两性，整齐；花被分离或结合，形态复杂而多变，同被、异被或常单被，花瓣状或萼片状；雄蕊常定数，离心发育，花粉粒常 3 核，稀 2 核；子房上位或下位，常 1 室，胚珠 1 至多数，特立中央胎座或基底胎座，胚珠弯生、横生或倒生，具双珠被及厚珠心。种子常具外胚乳或否，贮藏物质常为淀粉；胚常弯曲、环形或直立。

本亚纲共有 3 目，14 科，约 11 000 种。

1. 石竹目 Caryophyllales，12 科，商陆科 Phytolaccaceae、紫茉莉科 Nyctaginaceae、番杏科 Aizoaceae、仙人掌科 Cactaceae、藜科 Chenopodiaceae、苋科 Amaranthaceae、马齿苋科 Portulacaceae、落葵科 Basellaceae、粟米草科 Colluginaceae、石竹科 Caryophyllaceae 等。

2. 蓼目 Polygonales，1 科，蓼科 Polygonaceae。

3. 蓝雪目 Plumbaginales，1 科，蓝雪科 Plumbaginaceae。

**（Ⅳ）五桠果亚纲 Dilleniidae**

常木本。单叶，全缘或具锯齿，偶为掌状或多回羽状复叶。花离瓣，稀合瓣；雄蕊多数到少数，离心发育，花粉粒除十字花科外均具2核，萌发孔3，典型的为3孔沟；除五桠果目外，雌蕊全为合生心皮，上位子房，中轴胎座或侧膜胎座，偶为特立中央胎座或基底胎座，胚珠具双珠被或单珠被，厚或薄珠心。胚乳存在或否，但多数无外胚乳。

本亚纲共有13目，78科，约25 000种。

1. 五桠果目 Dilleniales，2科，五桠果科 Dilleniaceae、芍药科 Paeoniaceae。

2. 山茶目 Theales，18科，金莲木科 Ochnaceae、龙脑香科 Dipterocarpaceae、山茶科 Theaceae、猕猴桃科 Actinidiaceae、五列木科 Pentaphylacaceae、沟繁缕科 Elatinaceae、藤黄科 Clusiaceae 等。

3. 锦葵目 Malvales，5科，杜英科 Elaeocarpaceae、椴树科 Tiliaceae、梧桐科 Sterculiaceae、木棉科 Bombacaceae、锦葵科 Calvaceae。

4. 玉蕊目 Lecythidales，1科，玉蕊科 Lecythidaceae。

5. 猪笼草目 Nepenthales，3科，瓶子草科 Sarraceniaceae、猪笼草科 Nepenthaceae、茅膏菜科 Droseraceae。

6. 堇菜目 Violales，24科，大风子科 Flacourtiaceae、红木科 Bixaceae、半日花科 Cistaceae、旌节花科 Stachyuraceae、堇菜科 Violaceae、柽柳科 Tamaricaceae、瓣鳞花科 Frankeniaceae、钩枝藤科 Ancistrocladaceae、西番莲科 Passifloraceae、番木瓜科 Caricaceae、葫芦科 Cucurbitaceae、四数木科 Datiscaceae、秋海棠科 Begoniaceae 等。

7. 杨柳目 Salicales，1科，杨柳科 Salicaceae。

8. 白花菜目 Capparales，5科，白花菜科 Capparaceae、十字花科 Brassicaceae、辣木科 Coringaceae 等。

9. 肉穗果目 Batales，2科。

10. 杜鹃花目 Ericales，8科，山柳科 Clethraceae、岩高兰科 Empetraceae、杜鹃花科 Ericaceae、鹿蹄草科 Pyrolaceae、水晶兰科 Conotropaceae 等。

11. 岩梅目 Diapensiales，1科，岩梅科 Diapensiaceae。

12. 柿树目 Ebenales，5科，山榄科 Sapotaceae、柿树科 Ebenaceae、野茉莉科 Styracaceae、山矾科 Symplocaceae 等。

13. 报春花目 Primulales，3科，紫金牛科 Cyrsinaceae、报春花科 Primulaceae 等。

**（V）蔷薇亚纲 Rosidae**

木本或草本。单叶或常羽状复叶，偶极度退化或无。花被明显分化，异被，分离或偶结合；蜜腺种种，具雄蕊内盘或雄蕊外盘；雄蕊多数或少数，向心发育，花粉粒常2核，极少3核，常具3个萌发孔；雌蕊心皮分离或结合，子房上位或下位，心皮多数或少数；胚珠具双或单珠被，厚或薄珠心，偶具珠被绒毡层；胚乳存在或否，但外胚乳大多数不存在。

本亚纲占木兰纲总数的1/3，共有18目，114科，约58 000种。

1. 蔷薇目 Rosales，24科，牛栓藤科 Connaraceae、海桐花科 Pittosporaceae、八仙花科 Hydrangeaceae、景天科 Crassulaceae、虎耳草科 Saxifragaceae、蔷薇科 Rosaceae 等。

2. 豆目 Fabales，3科，含羞草科 Cimosaceae、云实科 Caesalpiniaceae、豆科 Fabaceae 等。

3. 山龙眼目 Proteales，2科，胡颓子科 Elaeagnaceae、山龙眼科 Proteaceae。

4. 川苔草目 Podostemales，1科，川苔草科 Podostemaceae。

5. 小二仙草目 Haloragales，2科，小二仙草科 Haloragaceae 等。

6. 桃金娘目 Myrtales，12科，海桑科 Sonneratiaceae、千屈菜科 Lythraceae、隐翼科 Crypteroniaceae、瑞香科 Thymelaeaceae、菱科 Trapaceae、桃金娘科 Cyrtaceae、石榴科 Punicaceae、柳叶菜科 Onagraceae、野牡丹科 Celastomataceae、使君子科 Combretaceae 等。

7. 红树目 Rhizophorales，1 科，红树科 Rhizophoraceae。

8. 山茱萸目 Cornales，4 科，八角枫科 Alangiaceae、蓝果树科（珙桐科）Nyssaceae、山茱萸科 Cornaceae 等。

9. 檀香目 Santalales，10 科，十齿花科 Dipentodontaceae、铁青树科 Olacaceae、山柚子科 Opiliaceae、檀香科 Santalaceae、桑寄生科 Loranthaceae 等。

10. 大花草目 Rafflesiales，3 科。

11. 卫矛目 Celastrales，11 科，卫矛科 Celastraceae、翅子藤科 Hippocrateaceae、刺茉莉科 Salvadoraceae、冬青科 Aquifoliaceae、茶茱萸科 Icacinaceae、心翼果科 Cardiopteridaceae、毒鼠子科 Dichapetalaceae 等。

12. 大戟目 Euphorbiales，4 科，黄杨科 Buxaceae、小盘木科 Pandaceae、大戟科 Euphorbiaceae 等。

13. 鼠李目 Rhamnales，3 科，鼠李科 Rhamnaceae、火筒树科 Leeaceae、葡萄科 Vitaceae。

14. 亚麻目 Linales，5 科，古柯科 Erythroxylaceae、亚麻科 Linaceae 等。

15. 远志目 Polygalales，7 科，金虎尾科 Calpighiaceae、远志科 Polygalaceae、黄叶树科 Xanthophyllaceae 等。

16. 无患子目 Sapindales，15 科，省沽油科 Staphyleaceae、钟萼木科 Bretschneideraceae、无患子科 Sapindaceae、七叶树科 Hippocastanaceae、槭树科 Aceraceae、橄榄科 Burseraceae、漆树科 Anacardiaceae、苦木科 Simaroubaceae、楝科 Celiaceae、芸香科 Rutaceae、蒺藜科 Zygophyllaceae 等。

17. 牻牛儿苗目 Geraniales，5 科，酢浆草科 Oxalidaceae、牻牛儿苗科 Geraniaceae、旱金莲科 Tropaeolaceae、凤仙花科 Balsaminaceae 等。

18. 伞形目 Apiales，2 科，五加科 Araliaceae、伞形科 Apiaceae。

**（Ⅵ）菊亚纲 Asteridae**

木本或草本。叶为单叶，极少为多种多样裂叶或复叶。花冠结合，偶分离或单被；雄蕊和花冠裂片同数或更少，常着生在花冠筒上，绝不和花冠裂片对生；花粉粒 2 或 3 核，具 3 个萌发孔；常具花盘；心皮 2 至 5，常 2，结合，子房上位或下位，胚珠每室 1 至多数，单珠被及薄珠心，常具珠被绒毡层。种子具核型或细胞型胚乳或否。

本亚纲是木兰纲中大的亚纲之一，共有 11 目，49 科，约 60 000 种。

1. 龙胆目 Gentianales，6 科，马钱科 Loganiaceae、龙胆科 Gentianaceae、夹竹桃科 Apocynaceae、萝藦科 Asclepiadaceae 等。

2. 茄目 Solanales，8 科，茄科 Solanaceae、旋花科 Convolvulaceae、菟丝子科 Cuscutaceae、花荵科 Polemoniaceae、田基麻科 Hydrophyllaceae 等。

3. 唇形目 Lamiales，4 科，紫草科 Boraginaceae、马鞭草科 Verbenaceae、唇形科 Lamiaceae 等。

4. 水马齿目 Callitrichales，3 科。

5. 车前目 Plantaginales，1 科，车前科 Plantaginaceae。

6. 玄参目 Scrophulariales，12 科，醉鱼草科 BuddleJaceae、木犀科 Oleaceae、玄参科 Scrophulariaceae、苦槛榄科 Cyoporaceae、列当科 Orobanchaceae、苦苣苔科 Gesneriaceae、爵床科 Acanthaceae、胡麻科 Pedaliaceae、紫葳科 Bignoniaceae、狸藻科 Lentibulariaceae 等。

7. 桔梗目 Campanulales，7 科，桔梗科 Campanulaceae、花柱草科 Stylidiaceae、草海桐科 Goodeniaceae 等。

8. 茜草目 Rubiales，2 科，茜草科 Rubiaceae 等。

9. 川续断目 Dipsacales，4 科，忍冬科 Caprifoliaceae、五福花科 Adoxaceae、败酱科 Valeri-

anaceae、川续断科 Dipsacaceae。

10. Calycerales，1 科。

11. 菊目 Asterales，1 科，菊科 Asteraceae。

## Ⅱ. 百合纲 Class liliopsida

### (Ⅰ) 泽泻亚纲 Alismatidae

水生或湿生草本，或菌根营养而无叶绿素。单叶，常互生，平行脉，通常基部具鞘。花常大而显著，整齐或不整齐，两性或单性，花序种种；花被 3 数 2 轮，异被，或退化或无；雄蕊 1 至多数，花粉粒全具 3 核，单槽或无萌发孔；雌蕊具 1 至多个分离或近分离的心皮，偶结合，每个心皮或每室具 1 至多枚胚珠，通常具双珠被及厚珠心。胚乳无，或不为淀粉状。

本亚纲共有 4 目，16 科，近 500 种。

1. 泽泻目 Alismatales，3 科，花蔺科 Butomaceae、泽泻科 Alismataceae 等。

2. 水鳖目 Hydrocharitales，1 科，水鳖科 Hydrocharitaceae。

3. 茨藻目 NaJadales，10 科，水蕹科 Aponogetonaceae、水麦冬科 Juncaginaceae、眼子菜科 Potamogetonaceae、川蔓藻科 Ruppiaceae、茨藻科 NaJadaceae、角果藻科 Zannichelliaceae、丝粉藻科 Cymodoceaceae、大叶藻科 Zosteraceae 等。

4. 霉草目 Triuridales，2 科，霉草科 Triuridaceae 等。

### (Ⅱ) 槟榔亚纲 Arecidae

多数为高大棕榈型乔木。叶宽大，互生，基生或着生茎端，常摺扇状网状脉，基部扩大成叶鞘。花多数，小型，常集成具佛焰苞包裹的肉穗花序，两性或单性；花被常发育，或退化，或无；雄蕊 1 至多数，花粉常 2 核；雌蕊由 3（稀 1 至多数）心皮组成，常结合，子房上位；胚珠具双珠被及厚珠心；胚乳发育为沼生目型、核型和细胞型，常非淀粉状。

本亚纲多数热带分布，共有 4 目，5 科，约 5 600 种。

1. 槟榔目 Arecales，1 科，槟榔科 Arecaceae。

2. 环花草目 Cyclanthales，1 科。

3. 露兜树目 Pandanales，1 科，露兜树科 Pandanaceae。

4. 天南星目 Arales，2 科，天南星科 Araceae、浮萍科 Lemnaceae。

### (Ⅲ) 鸭跖草亚纲 Commelinidae

草本，偶木本，无次生生长和菌根营养。叶互生或基生，单叶，全缘，基部具开放或闭合的叶鞘或无。花两性或单性，常无蜜腺；花被常显著，异被，分离，或退化成膜状、鳞片状或无；雄蕊常 3 或 6，花粉粒 2 或 3 核，单萌发孔，偶无萌发孔；雌蕊 2 或 3（稀 4）心皮结合，子房上位；胚珠 1 至多数，常具双珠被，厚或薄珠心；胚乳发育为核型，有时为沼生目型，全部或大多数为淀粉。果实为干果，开裂或不开裂。

本亚纲广布温带，共有 7 目，16 科，约 15 000 种。

1. 鸭跖草目 Commelinales，4 科，黄眼草科 Xyridaceae、鸭跖草科 Commelinaceae 等。

2. 谷精草目 Eriocaulales，1 科，谷精草科 Eriocaulaceae。

3. 帚灯草目 Restionales，4 科，须叶藤科 Flagellariaceae、帚灯草科 Restionaceae、刺鳞草科 Centrolepidaceae 等。

4. 灯芯草目 Juncales，2 科，灯芯草科 Juncaceae 等。

5. 莎草目 Cyperales，2 科，莎草科 Cyperaceae、禾本科 Poaceae。

6. Hydatellales，1 科。

7. 香蒲目 Typhales，2 科，黑三棱科 Sparganiaceae、香蒲科 Typhaceae。

### (Ⅳ) 姜亚纲 Zingiberidae

陆生或附生草本，无次生生长和明显的菌根营养。叶互生，具鞘，有时重叠成“茎”，平行脉或羽状－平行脉。花序通常具大型、显著且着色的苞片；花两性或单性，整齐或否，异被；雄蕊3或6，常特化为花瓣状的假雄蕊，花粉粒2或3核，单槽到多孔或无萌发孔；雌蕊常3心皮结合，子房下位或上位；常具分隔蜜腺；胚珠倒生或弯生，双珠被及厚珠心；胚乳为沼生目型或核型，常具复粒淀粉。

本亚纲多数热带分布，共有2目，9科，约3 800种。

1. 风梨目 Bromeliales，1科，风梨科 Bromeliaceae。

2. 姜目（蘘荷目）Zingiberales，8科，鹤望兰科 Strelitziaceae、芭蕉科 Cusaceae、兰花蕉科 Lowiaceae、姜科（蘘荷科）Zingiberaceae、闭鞘姜科 Costaceae、美人蕉科 Cannaceae、竹芋科 Carantaceae 等。

**（V）百合亚纲 Liliidae**

陆生、附生或稀为水生草本，稀木本，常极度菌根营养。单叶，互生，常全缘，线形或宽大，平行脉或网状脉。花常两性，整齐或不整齐，花序种种，但非肉穗状；花被常3数2轮，全为花冠状，同被或异被；雄蕊常1、3或6，花粉粒2核，单槽或无萌发孔；雌蕊常3心皮结合，上位或下位，中轴胎座或侧膜胎座；具蜜腺；胚珠1至多数，常双珠被，厚或薄珠心；胚乳发育为沼生目型、核型或细胞型，胚乳常无，或为半纤维素、蛋白质或油脂。

本亚纲温带分布，共有2目，19科，约25 000种。

1. 百合目 Liliales，15科，田葱科 Philydraceae、雨久花科 Pontederiaceae、百合科 Liliaceae、鸢尾科 Iridaceae、芦荟科 Aloeaceae、龙舌兰科 Agavaceae、蒟　蒻科 Taccaceae、百部科 Stemonaceae、菝葜科 Smilacaceae、薯蓣科 Dioscoreaceae 等。

2. 兰目 Orchidales，4科，水玉簪科 Burmanniaceae、兰科 Orchidaceae 等。

上面有关真花说和假花说之争还处于白热化状态，比较起来，较多的学者认为真花说较能说明被子植物演化的规律和分类原则而得到赞同和采用。再从以上三个系统比较来看，恩格勒系统认为葇荑花序类是被子植物中最原始的类型，这一理论是行不通的。因为葇荑花序类无论从形态上还是解剖学上看，它们不可能是最原始的代表，葇荑花序类有可能是由多心皮类中的无花被类型产生的。因此，恩格勒系统的进化线路受到许多学者的批评。但因该系统比较完整，过去曾被广泛采用，故至今也仍有许多著作、教材、标本室沿用恩格勒系统。哈钦松系统为多心皮学派奠定了基础，但由于该系统坚持将木本和草本作为第一级区分，因此，导致许多亲缘关系很近的科（如草本的伞形科和木本的山茱萸科、五加科等等）远远分开，系统位置相隔很远。为此，把被子植物分为木本支和草本支是形式上的附会，有着时代性的错误，故该系统很难被人接受。半个多世纪以来，许多学者对多心皮系统进行了多方面的修订。克郎奎斯特系统就是在此基础上发展起来的，此系统在各级分类系统的安排上，似乎比前两个分类系统更为合理，科的数目及范围较适中，有利于教学使用，而为许多教材所采用。

## 二、被子植物的原始与进化性状的概念

从上面所介绍的真花说与假花说就可以看到，各分类学派在制定分类系统时，由于论据和基本图式有所不同，对于性状的原始和进化的意见分歧是相当大的。现将一般公认的被子植物原始与进化性状归纳如下：

**被子植物原始与进化性状归纳表**

| | 初生的、较原始的特征 | 次生的、进化的特征 |
|---|---|---|
| 茎 | 1. 乔木、灌木 | 1. 多年生草本或一、二年生草本 |
| | 2. 直立 | 2. 藤本 |
| | 3. 木质部无导管，只有管胞 | 3. 木质部有导管 |
| | 4. 不分枝或总状分枝、二叉分枝 | 4. 分枝很多，合轴分枝 |
| | 5. 维管束环状排列 | 5. 维管束散生 |
| 叶 | 6. 单叶 | 6. 复叶 |
| | 7. 互生或螺旋状排列 | 7. 对生或轮生 |
| | 8. 常绿性 | 8. 落叶性 |
| | 9. 网状脉 | 9. 平行脉 |
| | 10. 有叶绿素（自养植物） | 10. 无叶绿素（腐生，寄生植物） |
| 花 | 11. 单生花 | 11. 有花序 |
| | 12. 花部（如萼片、花瓣、雄蕊群、雌蕊群）螺旋排列 | 12. 花部轮状排列 |
| | 13. 花托柱状或稍隆起 | 13. 花托平或下凹为杯状、壶状、盘状、有时在中央部分隆起 |
| | 14. 花组成部分数目多，为不定数 | 14. 花组成部分数目较少，为定数（3、4、5、乃至1或2） |
| | 15. 有两层花被（即花萼、花冠均存） | 15. 有一层花被或无花被（裸花） |
| | 16. 萼片、尤其花瓣分离 | 16. 萼片、花瓣合生 |
| | 17. 花冠辐射对称（整齐） | 17. 花冠两侧对称（不整齐） |
| | 18. 雄蕊多数、离生 | 18. 雄蕊定数（通常3、4、5或加倍）有时合生 |
| | 19. 心皮离生，雌蕊群由多数心皮组成，也可为少数心皮离生 | 19. 心皮2至多个，合生 |
| | 20. 子房上位 | 20. 子房半下位或下位 |
| | 21. 两性花 | 21. 单性花，雌雄异株比同株更进化 |
| | 22. 虫媒花 | 22. 风媒花 |
| 果实 | 23. 单果 | 23. 聚花果 |
| | 24. 蓇葖果、蒴果、瘦果 | 24. 核果、浆果、梨果、瓠果、颖果 |
| 种子 | 25. 种子多（花期胚珠多） | 25. 种子少（花期胚珠少） |
| | 26. 胚小，胚乳丰富，子叶2至多个 | 26. 胚较大，胚乳少或无，子叶1个 |
| 寿命 | 27. 多年生 | 27. 一年生或二年生乃至短命植物 |

应该明确的是：多数情况下，上述各器官性状的演化是互相关联的，因此在讨论系统发育时不应孤立地强调某一器官的特征；同时，在系统发育过程中各器官不是同步并进的，因而出现形形色色的支派的类群。因此，分析器官性状演化的相关性与非相关性，这对于研究植物类群的原始或进化，正确地认识植物界的演化发展规律，具有十分重要的意义。

# 第八章

# 植物的识别

本章是室外实践活动的内容，主要任务是识别植物。任务完成后，要求每位同学认识一些常见的植物，并学会编写自己所认识的常见的资源植物名录。编写时，可依照哈钦松系统或恩格勒系统（参阅本书第七章附录三）的顺序写出每一种植物的科名、中名、学名、用途（或经济价值）和分布的地区范围。

**本章教学课题和教学方式安排表**

| | 教学课题 | 主要教学方式 | 辅助教学方式 |
|---|---|---|---|
| 实验十六 | 野生植物的识别 | 由任课教师带队，进行野生植物的识别 | 利用多媒体系统演示或放映裸子植物和被子植物分类的知识 |
| 实验十七 | 园林植物的识别 | 由任课教师带队，进行园林（植物园或花圃）观赏植物的识别 | |

## 实验十六　野生植物的识别

### 一、目的要求

认识一些常见的野生植物，初步学会编写野生资源植物名录的方法，为将来更好地开发利用野生植物资源以及从事相关的科学研究打下良好的基础。

### 二、观察内容

观察路边、农田、果园、苗圃、山坡等处野生的树木花草。

### 三、注意事项

（1）准备好笔记本、钢笔或圆珠笔或铅笔等用品，认真作记录；

（2）不得乱采摘野生植物，不得乱丢植物枝叶；

（3）严格遵守纪律，不迟到，不早退。

### 四、作　业

编写一份自己所认识的常见的野生资源植物名录。编写时，可依照哈钦松系统、恩格勒系统或克郎奎斯特系统的顺序（参阅第七章附录三的被子植物分类系统以及中国植物志、地方植物志、中国高等植物图鉴等书籍）写出每一种植物的科名、中名、学名、用途（或经济价值）和分布的地区范围。

## 实验十七　园林植物的识别

### 一、目的要求

认识一些常见的园林观赏植物，初步学会编写园林资源植物名录的方法，为将来更好地从事园林植物的引种栽培和遗传育种以及相关的科学研究打下良好的基础。

### 二、观察内容

观察植物园、园艺场、树木园或公园等处的园林观赏植物。

### 三、注意事项

(1) 准备好笔记本、钢笔或圆珠笔或铅笔等用品，认真作记录；

(2) 不得采摘园林观赏植物；

(3) 严格遵守纪律，不迟到，不早退。

### 四、作　业

编写一份自己所认识的常见的园林资源植物名录。编写时，可依照哈钦松系统、恩格勒系统或克郎奎斯系统的顺序（参阅第七章附录三的被子植物分类系统以及中国植物志、地方植物志、中国高等植物图鉴等书籍）写出每一种植物的科名、中名、学名、用途（或经济价值）和分布的地区范围。

## 附录一　种子植物主要科代表植物名录

下面是以福建农林大学为中心的福州金山学区以及福州几个主要公园和树木园常见的种子植物（包括栽培的、野生的和市场上常见销售的）主要科代表植物名录，只列出科名、属名、中名和学名，可供同学识别植物和编写资源植物名录时参考。虽然所列的只是一个区域的植物名录，但由于一些栽培的种类多引种于全国各地，因此这份名录不仅涵盖了亚热带（尤其是南亚热带和中亚热带）主要科的代表植物，也有一些热带和温带的植物种类。每次室外识别植物时，在老师指导下，同学可在名录上把已认识的植物作个记号，并注明该植物的分布地点，为重复观察（复习）时提供线索。在编写资源植物名录时，同学可参阅中国高等植物图鉴、中国植物志和地方植物志（如福建植物志、广州植物志、浙江植物志和江苏植物志等）等书籍，把具体植物的用途和分布的地区范围查出来。

### 一、裸子植物

| 科、属名 | 中　名 | 学　名 |
|---|---|---|
| **1. 苏铁科 Cycadaceae** | | |
| 苏铁属 | 苏铁 | *Cycas revoluta* Thunb. |
| 苏铁属 | 台湾苏铁 | *C. taiwaniana* Carruthers. |
| 苏铁属 | 华南苏铁 | *C. rumphii* Miq. |

**2. 银杏科 Ginkgoaceae**

银杏属 银杏 *Ginkgo biloba* L.

**3. 南洋杉科 Araucariaceae**

南洋杉属 大叶南洋杉 *Araucaria bidwillii* Hook.

南洋杉属 南洋杉 *A. cuminghamia* Sw.

南洋杉属 异叶南洋杉 *A. heterophylla* ( Salisb ) Franco.

**4. 松科 Pinaceae**

雪松属 雪松 *Cedrus deodara* (Roxb.) Loud.

油杉属 油杉 *Keteleeria fortunei* (Murr.) Carr.

油杉属 江南油杉 *K. cyclolepis* Flous

松属 马尾松 *Pinus massoniana* Lamb.

松属 日本五针松 *P. parviflora* Sieb et Zucc.

松属 黑松 *P. thunbergii* Parl.

松属 黄山松 *P. taiwanensis* Hayata

松属 湿地松 *P. elliottii* Engelm.

松属 火炬松 *P. taeda* L.

金钱松属 金钱松 *Pseudolarix kaempferi* Gord.

铁杉属 南方铁杉 *Tsuga chinensis* (Franch.) Pritz. var. *tchekiangensis* (Flous) Cheng et L. K. Fu

铁杉属 长苞铁杉 *T. longibracteata* Cheng

**5. 杉科 Taxodiaceae**

柳杉属 日本柳杉 *Cryptomeria japonica* (L. f.) D. Don

柳杉属 柳杉 *C. fortunei* Hooibrenk ex Otto et Dietr.

杉木属 杉木 *Cunninghamia lanceolata* (Lamb.) Hook.

水松属 水松 *Glyptostrobus pensilis* (Staunt.) Koch

水杉属 水杉 *Metasequoia glyptostroboides* Hu et Cheng

台湾杉属 台湾杉 *Taiwania cryptomerioides*

落羽杉属 落羽杉 *Taxodium distichum* (L.) Rich.

落羽杉属 池杉 *T. ascendens* Brongn

**6. 柏科 Cupressaceae**

侧柏属 侧柏 *Platycladus orientalis* (L.) Franco

侧属柏 千头柏 *P. orientalis* cv. "Sieboldii" Dallimore et jackson

柏木属 柏木 *Cupressus funebris* Endl.

福建柏属 福建柏 *Fokienia hadginsii* (Dunn) Henry et Thomas

圆柏属 铺地柏 *Sabina procumbens* (Endl.) Iwata et Kusaka

圆柏属 圆柏 *S. chinensis* (L.) Antione

圆柏属 龙柏 *S. chinensis* cv. "Kaizuca" Hort.

**7. 罗汉松科 Podocarpaceae**

罗汉松属 短叶罗汉松 *Podocarpus macrophylla* var. *maki* Endl.

罗汉松属 竹柏 *P. nagi* (Thunb.) Zoll. et Moritz.

**8. 三尖杉科 Cephalotaxaceae**

三尖杉属 三尖杉 *Cephalotaxus fortunei* Hook. f.

**9. 红豆杉科 Taxaceae**

| | | |
|---|---|---|
| 红豆杉属 | 南方红豆杉 | *Taxus chinensis* (Pilg.) Rehd. var. *mairei* (Lemee et Levl.) Cheng et L. K. Fu |

## 二、被子植物

**1. 木麻黄科 Casuarinaceae**

| | | |
|---|---|---|
| 木麻黄属 | 木麻黄 | *Casuarina equisetifolia* L. |

**2. 杨柳科 Salicaceae**

| | | |
|---|---|---|
| 柳属 | 垂柳 | *Salix babylonica* L. |

**3. 杨梅科 Myricaceae**

| | | |
|---|---|---|
| 杨梅属 | 杨梅 | *Myrica rubra* (Lour.) Sieb. et Zucc. |

**4. 胡桃科 Juglandaceae**

| | | |
|---|---|---|
| 枫杨属 | 枫杨 | *Pterocarya stenoptera* DC. |

**5. 壳斗科 Fagaceae**

| | | |
|---|---|---|
| 栗属 | 锥栗 | *Castanea henryi* (Skan.) Rehd. et Wils. |
| 栲属 | 米槠 | *Castanopsis carlesii* (Hemsl.) Hayata |
| 栲属 | 苦槠 | *C. sclerophylla* (Lindl.) Schott. |
| 栲属 | 裂斗锥 | *C. fissa* (Champ. ex Benth.) Rehd. et Wils. |
| 栲属 | 南岭锥 | *C. fordii* Hance |
| 栲属 | 栲树 | *C. fargesii* Franch. |
| 栲属 | 甜槠 | *C. eyrei* (Champ. ex Benth.) Tutch. |
| 栲属 | 大叶锥 | *C. tibetana* Hance |
| 青冈属 | 青冈 | *Cyclobalanopsis glauca* (Thunb.) Oerst. |
| 石栎属 | 石栎 | *Lithocarpus glaber* (Thunb.) Nakai |
| 栎属 | 乌冈栎 | *Quercus phillyraeoides* A. Gray |

**6. 榆科 Ulmaceae**

| | | |
|---|---|---|
| 朴属 | 朴树 | *Celtis sinensis* Pers |
| 山黄麻属 | 山油麻 | *Trema dielsiana* Hand. -Mazz. |
| 山黄麻属 | 山黄麻 | *T. orientalis* (L.) Bl. |
| 榆属 | 榔榆 | *Ulmus parvifolia* Jacq. |

**7. 桑科 Moraceae**

| | | |
|---|---|---|
| 构树属 | 小构树 | *Broussonetia kazinoki* Sieb. et Zucc. |
| 构树属 | 构树 | *B. papyrifera* (L.) Vent. |
| 榕属 | 无花果 | *Ficus carica* L. |
| 榕属 | 印度橡胶树 | *F. elastica* L. |
| 榕属 | 榕树 | *F. microcarpa* L. f. |
| 榕属 | 薜荔 | *F. pumila* L. |
| 桑属 | 桑 | *Molus alba* L. |
| 葎草属 | 葎草 | *Humulus scandens* (Lour.) Merr. |

**8. 荨麻科 Urticaceae**

| | | |
|---|---|---|
| 苎麻属 | 苎麻 | *Boehmeria nivea* (L.) Gaud. |

冷水花属 小叶冷水花 *Pilea microphylla* (L.) Liebm.
糯米团属 糯米团 *Gonostegia hirta* (Bl.) Miq.
紫麻属 紫麻 *Oreocnide frutescens* (Thunb.) Miq.

**9. 山龙眼科 Proteaceae**

银桦属 银桦 *Grevillea robusta* A. Cunn.

**10. 蓼科 Polygonaceae**

荞麦属 荞麦 *Fagopyrum sagittatum* Gilib.
竹节蓼属 竹节蓼 *Homalocladium platycladum* (F. Muell. ex Hook.) Bailey
蓼属 火炭母 *Polygonum chinense* L.
蓼属 虎杖 *P. cuspidatum* Sied. et Zucc.
蓼属 辣蓼 *P. hydropiper* L.
蓼属 杠板归 *P. perfoliatum* L.
蓼属 廊茵 *P. senticosum* (Meisn.) Franch. et. Savat.
酸模属 羊蹄 *Rumex japonicus* Meisn.

**11. 藜科 Chenopodiaceae**

藜属 土荆芥 *Chenopodium ambrosioides* L.
菠菜属 菠菜 *Spinacia oleracea* L.

**12. 苋科 Amaranthaceae**

牛膝属 土牛膝 *Achyranthes aspera* L.
莲子草属 锦绣苋 *Alternanthera bettzickiana* (Regel.) Bith.
莲子草属 空心莲子草 *A. philoxeroides* (Mart.) Griseb.
苋属 刺苋 *A. spinosus* L.
苋属 苋 *A. tricolor* L.
青葙属 青葙 *Celosia argentea* L.
青葙属 鸡冠花 *C. cristata* L.
千日红属 千日红 *Gomphrena globosa* L.

**13. 紫茉莉科 Nyctaginaceae**

叶子花属 光叶子花 *Bougainvillea glabra* Choisy
紫茉莉属 紫茉莉 *Mirabilis jalapa* L.

**14. 商陆科 Phytolaccaceae**

商陆属 商陆 *Phytolacca acinosa* Roxb.

**15. 落葵科 Basellaceae**

落葵属 落葵 *Basella rubra* L.

**16. 马齿苋科 Portulacaceae**

马齿苋属 马齿苋 *Portulaca oleracea* L.
马齿苋属 大花马齿苋 *P. grandiflora* Hook.
土人参属 土人参 *Talinum paniculatum* (Jacq.) Gaertn.

**17. 石竹科 Caryophyllaceae**

蚤缀属 蚤缀 *Arenaria serpyllifolia* L.
卷耳属 簇生卷耳 *Cerastium caespitosum* Gilib.
石竹属 石竹 *Dianthus chinensis* L.
鹅肠菜属 牛繁缕 *Malachium aquaticum* (L.) Fries

| | | |
|---|---|---|
| 漆姑草属 | 漆姑草 | *Sagina japonica* (Sw.) Ohwi |
| 繁缕属 | 繁缕 | *Stellaria media* (L.) Cyr. |
| **18. 睡莲科 Nymphaeaceae** | | |
| 莲属 | 莲 | *Nelumbo nucifera* Gaerth. |
| 萍蓬草属 | 萍蓬草 | *Nuphar pumilum* (Timm.) DC. |
| 睡莲属 | 睡莲 | *Nymphaea tetragona* Georgi. |
| **19. 小檗科 Berberidaceae** | | |
| 八角莲属 | 八角莲 | *Dysosma versipellis* (Hance) Cheng |
| 十大功劳属 | 十大功劳 | *Mahona fortunei* (Lindl.) Fedde |
| 南天竹属 | 南天竹 | *Nandina demostica* Thunb. |
| **20. 防己科 Menispermaceae** | | |
| 木防已属 | 木防已 | *Cocculus trilobus* (Thunb.) DC. |
| 细圆藤属 | 细圆藤 | *Pericampylus glaucus* (Lam.) Merr. |
| 千金藤属 | 千金藤 | *Stephania japonica* (Thunb.) Miers |
| 千金藤属 | 粪箕笃 | *S. longa* Lour. |
| **21. 木兰科 Magnoliaceae** | | |
| 鹅掌楸属 | 马褂木 | *Liriodendron chinense* (Hemsl.) Sarg. |
| 木兰属 | 夜合 | *Magnolia coco* (Lour.) DC. |
| 木兰属 | 玉兰 | *M. denudata* Desr. |
| 木兰属 | 荷花玉兰 | *M. grandiflora* L. |
| 木兰属 | 紫玉兰 | *M. liliflora* Desr. |
| 木兰属 | 凹叶厚朴 | *M. officinals* Rehd. et Wills ssp. *biloba* Cheng et Law |
| 木莲属 | 木莲 | *Manglietia fordiana* (Hemsl.) Oliv. |
| 含笑属 | 白兰花 | *Michelia alba* DC. |
| 含笑属 | 含笑 | *M. figo* (Lour.) Spreng |
| 含笑属 | 黄兰 | *M. champaca* L. |
| 含笑属 | 深山含笑 | *M. maudiae* Dunn |
| **22. 蜡梅科 Calycanthaceae** | | |
| 蜡梅属 | 蜡梅 | *Chimonanthus praecox* (L.) Link |
| **23. 番荔枝科 Annonaceae** | | |
| 瓜馥木属 | 瓜馥木 | *Fissistigma oldhamii* (Hemsl.) Merr. |
| **24. 樟科 Lauraceae** | | |
| 樟属 | 樟树 | *Cinnamomum camphora* (L.) Presl. |
| 樟属 | 肉桂 | *C. cassia* (L.) Presl. |
| 樟属 | 阴香 | *C. burmanii* (C. G. et Th. Nees) Bl. |
| 樟属 | 华南桂 | *C. austro-sinense* H. T. Chang |
| 山胡椒属 | 黑壳楠 | *Lindera megaphylla* Hemsl. |
| 山胡椒属 | 乌药 | *L. aggregata* (Sims) Kosterm. |
| 木姜子属 | 山鸡椒 | *Litsea cubeba* (Lour.) Pers. |
| 润楠属 | 红楠 | *Machilus thunbergii* Sieb. et Zucc. |
| 润楠属 | 绒毛润楠 | *M. velutina* Champ. ex Benth. |
| 润楠属 | 黄绒润楠 | *M. grijsii* Hance |

润楠属 薄叶润楠 *M. leptophlla* Hand. -Mazz.
楠属 闽楠 *Phoebe bournei* (Hemsl.) Yang
檫木属 檫木 *Sassafras taumu* Hemsl.

**25. 毛茛科 Ranunculaceae**

芍药属 牡丹 *Paeonia suffruticosa* Andr.
芍药属 芍药 *P. obovata* Maxim
毛茛属 毛茛 *Ranunculus japonicus* Thunb.
毛茛属 扬子毛茛 *R. sieboldii* Miq.
毛茛属 石龙芮 *R. sceleratus* L.

**26. 罂粟科 Papaveraceae**

紫堇属 黄堇 *Corydalis pallida* (Thunb.) Pers.
血水草属 血水草 *Eomecon chionantha* Hance
博落回属 博落回 *Macleaya cordata* (Willd.) R. Br.
罂粟属 罂粟 *Papaver somniferum* L.

**27. 十字花菜科 Cruciferae**

芸薹属 芥蓝菜 *Brassica alboglabra* Bailey
芸薹属 球茎甘蓝 *B. caulorapa* Pasq.
芸薹属 油菜 *B. campestris* L.
芸薹属 青菜 *B. chinensis* L.
芸薹属 芥菜 *B. juncea* (L.) Czern. et Coss.
芸薹属 雪里蕻 *B. juncea* var. *multiceps* Tsen et Lee
芸薹属 大头菜 *B. juncea* var. *megarrhiza* Tsen et Lee
芸薹属 榨菜 *B. juncea* var. *tamida* Tsen et Lee
芸薹属 欧洲油菜 *B. napus* L.
芸薹属 花菜 *B. oleracea* L. var. *botrytis* L.
芸薹属 卷心菜 *B. oleracea* L. var. *capitayta* L.
芸薹属 大白菜 *B. pekinensis* (Lour.) Rupr.
荠菜属 荠菜 *Capsella bursa-pastoris* (L.) Medic.
碎米荠属 碎米荠 *Cardamine hirsuta* L.
独行菜属 北美独行菜 *Lepidium virginicum* L.
萝卜属 萝卜 *Raphanus sativus* L.
蔊菜属 印度蔊菜 *Rorippa indica* (L.) Hiern

**28. 茅膏菜科 Droseraceae**

茅膏菜属 茅膏菜 *Drosera peltata* Smith var. *lunata* (Buch. -Ham.) Larke

**29. 景天科 Crassulaceae**

落地生根属 圆齿落地生根 *Bryophyllum crentum* Baker
落地生根属 落地生根 *B. pinnatum* (L. f.) Oken
落地生根属 洋吊钟 *B. tubiflorum* Harv.
景天属 垂盆草 *Sedum sarmentosum* Bunge

**30. 虎耳草科 Saxifragaceae**

绣球属 绣球 *Hydrangea macrophylla* (Thunb.) Seringe
鼠刺属 长圆叶鼠刺 *Itea chinensis* Hook. et Arn. var. *oblonga* (Hand. -Mazz.) Wu

虎耳草属　虎耳草　*Saxifranga stolomnifera* Meerb. Afbeedld. Pl.

**31. 海桐花科 Pittosporaceae**

海桐花属　海桐　*Pittosporum tobira* (Thunb.) Ait.

**32. 金缕梅科 Hamamelidaceae**

蕈树属　细柄蕈树　*Altingia gracilipes* Hemsl.

枫香属　枫香　*Liquidambar formosana* Hance

檵木属　檵木　*Loropetalum chinense* (R. Br.) Oliv.

**33. 杜仲科 Eucommiaceae**

杜仲属　杜仲　*Eucommia ulmoides* Oliv.

**34. 悬铃木科 Platanaceae**

悬铃木属　二球悬铃木　*Platanus hispanica* Muenchh

**35. 蔷薇科 Rosaceae**

**绣线菊亚科 Spiraeoideae**

绣线菊属　麻叶绣线菊　*Spiraea cantoniensis* Lour.

**蔷薇亚科 Rosoideae**

龙芽草属　龙芽草　*Agrimonia pilosa* Ledeb.

蛇莓属　蛇莓　*Duchesnea indica* (Andre) Focke

草莓属　草莓　*Fragaria ananassa* Duch

委陵菜属　蛇含委陵菜　*Potentilla sundaica* (Bl.) O. K.

蔷薇属　月季　*Rosa chinensis* Jacq.

蔷薇属　小果蔷薇　*R. cymosa* Tratt.

蔷薇属　金樱子　*R. laevigata* Michx.

蔷薇属　玫瑰　*R. rugosa* Thunb

悬钩子属　茅莓　*Rubus parvifolius* L.

悬钩子属　蓬蘽　*R. hirsutus* Thunb.

悬钩子属　山莓　*R. corchorifolius* L. f.

悬钩子属　木莓　*R. swinhoei* Hance

悬钩子属　黄脉莓　*R. xanthoneurus* Focke ex Diels

**李亚科 Prunoideae**

李属　梅　*Prunus mume* (Sieb.) Sieb. et Zucc.

李属　桃　*P. persica* (L.) Batsch.

李属　杏　*P. vulgaris* Lam.

李属　樱桃　*P. pseudocerasus* Lindl.

李属　李　*P. salicina* Lindl.

李属　大叶桂樱　*P. zippeliana* Miq.

李属　福建山樱花　*P. campanulata* Maxim.

**苹果亚科 Maloideae**

山楂属　山楂　*Crataegus pinnatifida* Bunge

枇杷属　枇杷　*Eriobotrya japonica* (Thunb.) Lindl.

石斑木属　石斑木　*Phaphiolepis indica* (L.) Lindl.

石楠属　椤木石楠　*Photinia davidsoniae* Rehd. et Wils.

木瓜属　木瓜　*Chaenomeles sinensis* (Thouin) Koehne

| | | |
|---|---|---|
| 梨属 | 沙梨 | *Pyrus pyrifolia* (Burm. f.) Nakai |
| 苹果属 | 苹果 | *Mulus pumila* Mill. |

**36. 豆科 Leguminosae**

**含羞草亚科 Mimosoideae**

| | | |
|---|---|---|
| 金合欢属 | 台湾相思 | *Acacia confusa* Merr. |
| 金合欢属 | 耳叶相思 | *A. auriculiformis* A. Cunn. ex Benth. |
| 金合欢属 | 黑荆 | *A. mearnsii de* Willd. |
| 合欢属 | 南洋楹 | *Albizzia falcataria* (L.) Fosberg. |
| 银合欢属 | 银合欢 | *Leucarna glauca* (L.) Benth. |
| 含羞草属 | 含羞草 | *Mimosa pudica* L. |

**云实亚科 Caesalpinioideae**

| | | |
|---|---|---|
| 羊蹄甲属 | 羊蹄甲 | *Bauhinia variegata* L. |
| 羊蹄甲属 | 龙须藤 | *B. championii* (Benth.) Benth. |
| 云实属 | 云实 | *Caesalpinia decapetala* (Roxb.) Alston |
| 紫荆属 | 紫荆 | *Cercis chinensis* Bung. |
| 凤凰木属 | 凤凰木 | *Delonix regia* (Boj.) Rafin |
| 决明属 | 黄槐 | *Cassia surattensis* Burm. f. |
| 红豆属 | 红豆树 | *Ormosia hosiei* Hemsl. et Wils. |
| 槐属 | 槐树 | *Sophora japonica* L. |

**蝶形花亚科 Papilionoideae**

| | | |
|---|---|---|
| 合萌属 | 合萌 | *Aeschynomene indica* L. |
| 落花生属 | 落花生 | *Arachis hypogaea* L. |
| 紫云英属 | 紫云英 | *Astragalus sinicus* L. |
| 木豆属 | 木豆 | *Cajanus cajan* (L.) Millsp. |
| 山蚂蝗属 | 假地豆 | *Desmodium heterocarpon* (L.) DC. |
| 黄檀属 | 藤黄檀 | *Dalbergia hancei* Benth. |
| 刺桐属 | 刺桐 | *Erythrina variegata* var. *orientalis* (L.) Me |
| 大豆属 | 大豆 | *Glycine max* (L.) Merr. |
| 鸡眼草属 | 鸡眼草 | *Kummerowia striata* (Thunb.) Schindl. |
| 胡枝子属 | 截叶铁扫帚 | *Lespedeza cuneata* (Dum Caus) G. Don |
| 胡枝子属 | 胡枝子 | *L. bicolor* Turcz. |
| 崖豆藤属 | 香花崖豆藤 | *Millettia dielsiana* Harms. |
| 豆薯属 | 豆薯 | *Pachyrhizus erosus* (L.) Urban. |
| 菜豆属 | 菜豆 | *Phaseolus vulgaris* L. |
| 菜豆属 | 绿豆 | *P. radiatus* L. |
| 豌豆属 | 豌豆 | *Pisum sativum* L. |
| 葛属 | 越南野葛 | *Pueraria montana* (Lour.) Merr. |
| 蚕豆属 | 蚕豆 | *Vicia faba* L. |
| 紫藤属 | 紫藤 | *Wistaria sinensis* (Sims.) Sw. |

**37. 酢浆草科 Oxalidaceae**

| | | |
|---|---|---|
| 阳桃属 | 阳桃 | *Averrhoa carambola* L. |
| 酢浆草属 | 酢浆草 | *Oxalis corniculata* L. |

| | | |
|---|---|---|
| 酢浆草属 | 红花酢浆草 | *O. corymbosa* DC. |

**38. 旱金莲科 Tropaeolaceae**

| | | |
|---|---|---|
| 旱金莲属 | 旱金莲 | *Tropaeolum majus* L. |

**39. 芸香科 Rutaceae**

| | | |
|---|---|---|
| 柑橘属 | 酸橙 | *Citrus aurantium* L. |
| 柑橘属 | 柚 | *C. grandis* (L.) Osbeck |
| 柑橘属 | 柠檬 | *C. limon* (L.) Burm. f. |
| 柑橘属 | 橘 | *C. reticulata* Blanco |
| 柑橘属 | 甜橙 | *C. sinensis* (L.) Osbeck |
| 黄皮属 | 黄皮 | *Clausena lansium* (Lour.) Skeels |
| 吴茱萸属 | 三叉苦 | *Euodia lepta* (Spreng.) Merr. |
| 金橘属 | 金橘 | *Fortunella margarita* (Lour.) Swingle |
| 九里香属 | 九里香 | *Murraya exotica* L. |
| 枳属 | 枸橘 | *Poncirus trifoliata* (L.) Raf. |
| 飞龙掌血属 | 飞龙掌血 | *Toddallia asiatica* (L.) Lam. |
| 花椒属 | 两面针 | *Zanthoxylum nitidum* (Roxb.) DC. |

**40. 橄榄科 Burseraceae**

| | | |
|---|---|---|
| 橄榄属 | 橄榄 | *Canarium album* (Lour.) Reausch. |

**41. 楝科 Meliaceae**

| | | |
|---|---|---|
| 米仔兰属 | 米仔兰 | *Agalacia odorata* Lour. |
| 麻楝属 | 麻楝 | *Chukrasia tabularis* A. Juss. |
| 楝属 | 楝 | *Melia azedarach* L. |
| 香椿属 | 香椿 | *Toona sinensis* (A. Juss.) Roem. |

**42. 大戟科 Euphorbiaceae**

| | | |
|---|---|---|
| 铁苋菜属 | 铁苋菜 | *Acalypha australis* L. |
| 铁苋菜属 | 红桑 | *A. wilkesiana* Muell. -Arg. |
| 油桐属 | 油桐 | *Vernicia fordii* (Hemsl) Airy Shaw |
| 油桐属 | 木油桐 | *V. montana* Lour. |
| 重阳木属 | 重阳木 | *Bischofia javanica* Bl. |
| 黑面神属 | 黑面神 | *Breynia fruticosa* (L.) Hook. f. |
| 变叶木属 | 变叶木 | *Codiaeum variegatum* (L.) Bl. |
| 交让木属 | 虎皮楠 | *Dapniphyllum oldhamii* (Hemsl.) Rosenth. |
| 大戟属 | 泽漆 | *Euphorbia helioscopia* L. |
| 大戟属 | 飞扬草 | *E. hirta* L. |
| 大戟属 | 铁海棠 | *E. milii* Ch. des Moulins |
| 大戟属 | 霸王鞭 | *E. neriifolia* L. |
| 大戟属 | 一品红 | *E. pulcherrima* Willd. et Klotzsch. |
| 大戟属 | 铺地草 | *E. prostrata* Ait. |
| 海漆属 | 红背桂花 | *Excoecaria cochinchinensis* Lour. |
| 算盘子属 | 尖叶算盘子 | *Glochidion triandrum* (Blanco) C. B. Rob. |
| 橡胶树属 | 橡胶树 | *Hevea brasliensis* (HBK.) Muell. -Arg. |
| 野桐属 | 白背叶 | *Mallotus apelta* (Lour.) Muell-Arg. |

| | | |
|---|---|---|
| 木薯属 | 木薯 | *Manihot esculenta* Crantz |
| 叶下珠属 | 叶下珠 | *Phyllanthus urinaria* L. |
| 叶下珠属 | 余甘子 | *P. emblica* L. |
| 蓖麻属 | 蓖麻 | *Ricinus communis* L. |
| 乌桕属 | 乌桕 | *Sapium sebiferum* (L.) Roxb. |
| 乌桕属 | 山乌桕 | *S. discolor* (Champ. ex Benth.) Muell. -Arg. |
| **43. 黄杨科 Buxaceae** | | |
| 黄杨属 | 雀舌黄杨 | *Buxus harlandii* Hance |
| 黄杨属 | 黄杨 | *B. sinica* (Rehd. et Wils.) Cheng ex M. Cheng |
| **44. 漆树科 Anacardiaceae** | | |
| 南酸枣属 | 南酸枣 | *Choerospondias axillaris* (Roxb.) Burtt. et Hill |
| 杧果属 | 杧果 | *Mangifera indica* L. |
| 盐肤木属 | 盐肤木 | *Rhus chinensis* Mill. |
| 漆树属 | 野漆树 | *Toxicodendron succedanaeum* (L.) O. Ktze. |
| 漆树属 | 木腊树 | *T. sylvestre* (Sieb. et Zucc.) O. Kuntze |
| **45. 冬青科 Aquifoliaceae** | | |
| 冬青属 | 枸骨 | *Ilex cornuta* Lindl. ex Paxt. |
| 冬青属 | 毛冬青 | *I. pubescens* Hook. et Arn. |
| 冬青属 | 三花冬青 | *I. triflora* Bl. |
| 冬青属 | 梅叶冬青 | *I. asprella* (Hook. et. Arn.) Champ. ex Benth. |
| **46. 省沽油科 Staphyleaceae** | | |
| 野鸦椿属 | 野鸦椿 | *Euscaphis japonica* (Thunb.) Kanitz |
| **47. 槭树科 Aceraceae** | | |
| 槭属 | 鸡爪槭 | *Acer palmatum* Thunb. |
| 槭属 | 五裂槭 | *A. oliverianum* Pax |
| 槭属 | 紫果槭 | *A. cordatum* Pax |
| **48. 无患子科 Sapindaceae** | | |
| 龙眼属 | 龙眼 | *Dimocarpus longan* Lour. |
| 车桑子属 | 车桑子 | *Dodonaea viscosa* (L.) Jacq. |
| 栾树属 | 全缘叶栾树 | *Koelreuteria bipinnata* Fr. var. *integrifoliota* (Merr.) T. Chen |
| 荔枝属 | 荔枝 | *Litchi chinensis* Sonn. |
| 无患子属 | 无患子 | *Sapindus mukorossi* Gaertn. |
| **49. 凤仙花科 Balsaminaceae** | | |
| 凤仙花属 | 凤仙花 | *Impatiens balsamina* L. |
| **50. 鼠李科 Rhamnaceae** | | |
| 枳椇属 | 枳椇 | *Hovenia acerba* Lindl. |
| 雀梅藤属 | 雀梅藤 | *Sageretia thea* (Osbeck.) Johnst. |
| 枣属 | 枣 | *Zizyphus jujuba* Mill. |
| **51. 葡萄科 Vitaceae** | | |
| 蛇葡萄属 | 显齿蛇葡萄 | *Ampelopsis grossedentata* (Hand. -Mazz.) W. T. Wang |
| 乌蔹莓属 | 角花乌蔹莓 | *Cayratis corniculata* (Benth.) Gagnep |
| 葡萄属 | 葡萄 | *Vitis vinifera* L. |

| | | |
|---|---|---|
| 爬山虎属 | 爬山虎 | *Parthenocissus tricuspidata* (Sieb. et Zucc.) Planch. |
| 爬山虎属 | 异叶爬山虎 | *P. heterophylla* (Bl.) Merr. |
| 崖爬藤属 | 三叶崖爬藤 | *Tetrastigma hemsleyanum* Diels et Gilg |

**52. 杜英科 Elaeocarpaceae**

| | | |
|---|---|---|
| 杜英属 | 山杜英 | *Elaeocarpus sylvestris* (Lour.) Poir. |
| 猴欢喜属 | 猴欢喜 | *Sloanea sinensis* (Hance) Hemsl. |

**53. 椴树科 Tiliaceae**

| | | |
|---|---|---|
| 黄麻属 | 甜麻 | *Corchorus aestuans* L. |
| 黄麻属 | 黄麻 | *Corchorus capsularis* L. |

**54. 锦葵科 Malvaceae**

| | | |
|---|---|---|
| 棉属 | 海岛棉 | *Gossypium barbadense* L. |
| 棉属 | 陆地棉 | *G. hirsutum* L. |
| 木槿属 | 木芙蓉 | *Hibiscus mutabilis* L. |
| 木槿属 | 重瓣木芙蓉 | *H. mutabilis* L. var. *flore-pleno* Andreus |
| 木槿属 | 朱槿 | *H. rosa-sinensis* L. |
| 木槿属 | 重瓣朱槿 | *H. rosa-sinensis* L. var. *rubro-plenus* Sw. Hort. Brit |
| 木槿属 | 吊灯花 | *H. schizopetalus* (Masters) Hook. f. |
| 木槿属 | 木槿 | *H. syriacus* L. |
| 木槿属 | 黄槿 | *H. tiliaceus* L. |
| 悬铃花属 | 垂花悬铃花 | *Malvascus arboreus* Cav. var. *penduliflorus* Schery |
| 梵天花属 | 肖梵天花 | *Urena lobata* L. |
| 梵天花属 | 梵天花 | *U. procumbens* L. |

**55. 木棉科 Bombacaceae**

| | | |
|---|---|---|
| 木棉属 | 木棉 | *Bombax ceiba* L. |

**56. 梧桐科 Sterculiaceae**

| | | |
|---|---|---|
| 梧桐属 | 梧桐 | *Firmiana simplex* (L.) W. F. Wight |

**57. 猕猴桃科 Actinidiaceae**

| | | |
|---|---|---|
| 猕猴桃属 | 中华猕猴桃 | *Actinidia chinensis* Planch. |

**58. 山茶科 Theaceae**

| | | |
|---|---|---|
| 黄瑞木属 | 黄瑞木 | *Adinandra millettii* (Hook. et Arn.) Benth. et Hook. f. ex Hance |
| 山茶属 | 山茶花 | *Camellia japonica* L. |
| 山茶属 | 油茶 | *C. oleifera* Abel. |
| 山茶属 | 茶 | *C. sinensis* O. Ktze. |
| 柃属 | 格药柃 | *Eurya muricata* Dunn |
| 柃属 | 细齿叶柃 | *E. nitida* Korthals |
| 木荷属 | 木荷 | *Schima superba* Gardn. et Champ. |

**59. 藤黄科 Guttiferae**

| | | |
|---|---|---|
| 金丝桃属 | 地耳草 | *Hypericum japonicum* Thunb. ex Murray |
| 金丝桃属 | 元宝草 | *H. sampsonii* Hance |

**60. 堇菜科 Violaceae**

| | | |
|---|---|---|
| 堇菜属 | 三色堇 | *Viola tricolor* L. |

堇菜属　紫花地丁　*V. yedoensis* Makino

**61. 西番莲科 Passifloraceae**

西番莲属　紫果西番莲　*Passiflora edulis* Sims.

**62. 秋海棠科 Begoniaceae**

秋海棠属　四季秋海棠　*Begonia semperflorens* Link. et Otto

**63. 番木瓜科 Caricaceae**

番木瓜属　番木瓜　*Carica papaya* L.

**64. 仙人掌科 Cactaceae**

昙花属　昙花　*Epiphyllum oxypetalum* (DC.) Haw.
量天尺属　量天尺　*Hylocereus undatus* (Haw.) Britt. et Rose
仙人掌属　仙人掌　*Opuntia dillenii* (Ker. -Gaul.) Haw.
蟹爪兰属　蟹爪兰　*Schlumbergera truncatus* (Haw.) Moran

**65. 千屈菜科 Lythraceae**

萼距花属　细叶萼距花　*Cuphea hyssopifolia* H. B. K.
紫薇属　紫薇　*Lagerstroemia indica* L.
紫薇属　大花紫薇　*L. speciosa* (L.) Pers.
节节菜属　圆叶节节菜　*Rotala rotundifolia* (Buch. – Ham. ex Roxb.) Koehne

**66. 安石榴科 Punicaceae**

安石榴属　石榴　*Punica granatum* L.

**67. 蓝果树科 Nyssaceae**

喜树属　喜树　*Camptotheca acuminata* Decne.

**68. 桃金娘科 Mytaceae**

桉属　柠檬桉　*Eucalyptus citriodora* Hook. f.
桉属　窿缘桉　*E. exserta* F. V. Muell.
桉属　大叶桉　*E. robusta* Sm.
桉属　柳叶桉　*E. saligna* Sm.
桉属　细叶桉　*E. tereticornis* Smith
白千层属　白千层　*Melaleuca leucadendron* (L.) L. Mant.
番石榴属　番石榴　*Psidium guajava* L.
桃金娘属　桃金娘　*Rhodomyrtus tomentosa* (Ait.) Hassk.
蒲桃属　蒲桃　*Syzygium jambos* (L.) Alston
蒲桃属　赤楠　*S. buxifolium* Hook. et Arn.

**69. 野牡丹科 Melastomataceae**

野牡丹属　野牡丹　*Melastoma candidum* D. Don.
野牡丹属　地菍　*M. dodecandrum* Lour.

**70. 柳叶菜科 Onagraceae**

丁香蓼属　丁香蓼　*Ludwigia prostrata* Roxb.

**71. 五加科 Araliaceae**

五加属　五加　*Acanthopanax gracilistylus* W. W. Smith
楤木属　黄毛楤木　*Aralia decaisneana* Hance
树参属　树参　*Dendropanax dentiger* (Harms) Merr.
常春藤属　常春藤　*Hedera nepalensis* K. Koch var. *sinensis* (Tobl.) Rehd.

| | | |
|---|---|---|
| 鹅掌柴属 | 鹅掌柴 | *Scheffera octophylla* (Lour.) Harms |

**72. 伞形科 Umbelliferae**

| | | |
|---|---|---|
| 芹属 | 芹菜 | *Apium graveolens* L. |
| 积雪草属 | 积雪草 | *Centella asiatica* (L.) Urban |
| 芫荽属 | 芫荽 | *Coriandrum sativum* L. |
| 胡罗卜属 | 胡罗卜 | *Duncus carota* L. var. *sativa* DC. |
| 天胡荽属 | 天胡荽 | *Hydrocotyle sibthorpioides* Lam. |
| 水芹属 | 水芹 | *Oenanthe javanica* (Bl.) DC. |
| 窃衣属 | 窃衣 | *Torilis scabra* (Thunb.) DC. |

**73. 杜鹃花科 Ericaceae**

| | | |
|---|---|---|
| 杜鹃花属 | 锦绣杜鹃 | *Rhododendron pulchrum* Sweet |
| 杜鹃花属 | 杜鹃 | *R. simsii* Planch. |
| 杜鹃花属 | 刺毛杜鹃 | *R. championae* Hook. |
| 杜鹃花属 | 马银花 | *R. ovatum* (Lindl.) Planch. ex Maxim. |
| 越橘属 | 乌饭树 | *Vaccinium bracteatum* Thunb. |
| 越橘属 | 米饭花 | *V. mandarinorum* Diels |
| 越橘属 | 短尾越橘 | *V. carlesii* Dunn |

**74. 紫金牛科 Myrsinaceae**

| | | |
|---|---|---|
| 紫金牛属 | 罗伞树 | *Ardisia quinquegona* Bl. |
| 杜茎山属 | 杜茎山 | *Maesa japonica* (Thunb.) Moritzi. ex Zoll. |
| 密花树属 | 密花树 | *Rapanea neriifolia* (Sieb. et Zucc.) Mez |

**75. 报春花科 Primulaceae**

| | | |
|---|---|---|
| 琉璃繁缕属 | 琉璃繁缕 | *Anagallis coerulea* Schreb. |
| 珍珠菜属 | 过路黄 | *Lysimachia christinae* Hance |
| 珍珠菜属 | 星宿菜 | *L. fortunei* Maxim. |

**76. 柿树科 Ebenaceae**

| | | |
|---|---|---|
| 柿树属 | 柿 | *Diospyros kaki* L. f. |

**77. 山矾科 Symplocaceae**

| | | |
|---|---|---|
| 山矾属 | 华山矾 | *Symplocos chinenis* (Lour.) Druce |
| 山矾属 | 老鼠矢 | *S. stellaris* Brand. |
| 山矾属 | 山矾 | *S. sumuntia* Buch. - Ham. ex D. Don |

**78. 安息香科 Styracaceae**

| | | |
|---|---|---|
| 赤杨叶属 | 赤杨叶 | *Alniphyllum fortunei* (Hemsl.) Makino |
| 安息香属 | 白花龙 | *Styrax confusa* Hemsl. |
| 安息香属 | 赛山梅 | *S. confusus* Hemsl. |

**79. 木樨科 Oleaceae**

| | | |
|---|---|---|
| 素馨属 | 迎春花 | *Jasminum nudiflorum* Lindl. |
| 素馨属 | 茉莉 | *J. sambac* (L.) Aiton |
| 女贞属 | 女贞 | *Ligustrum lucidum* Ait. |
| 女贞属 | 小蜡 | *L. sinense* Hemsl. |
| 木樨属 | 桂花 | *Osmanthus fragrans* (Thunb.) Lour. |

**80. 马钱科 Loganiaceae**

| | | |
|---|---|---|
| 醉鱼草属 | 醉鱼草 | *Buddleja lindleyana* Fort. |
| 醉鱼草属 | 驳骨丹 | *B. asiatica* Lour. |

**81. 龙胆科 Gentianaceae**

| | | |
|---|---|---|
| 龙胆属 | 五岭龙胆 | *Gentiana davidii* Franch. |

**82. 夹竹桃科 Apocynaceae**

| | | |
|---|---|---|
| 黄蝉属 | 黄蝉 | *Allemanda neriifolia* Hook. |
| 鸡骨常山属 | 糖胶树 | *Alstonia scholaris* (L.) R. Br. |
| 长春花属 | 长春花 | *Catharanthus roseus* (L.) G. Don |
| 花皮胶藤属 | 酸叶胶藤 | *Ecdysanthera rosea* Hook. et Arn. |
| 鸡蛋花属 | 鸡蛋花 | *Plumeria rubra* L. cv. "Acutifolia" |
| 夹竹桃属 | 夹竹桃 | *Nerium indicum* Mill. |
| 黄花夹竹桃属 | 黄花夹竹桃 | *Thevetia peruviana* (Pers.) K. Schum |
| 络石属 | 络石 | *Trachelospermum jasminoides* (Lindl.) Lem. |

**83. 萝藦科 Asclepiadaceae**

| | | |
|---|---|---|
| 鹅绒藤属 | 牛皮消 | *Cyanachum auriculatum* Royle ex Wight |

**84. 旋花科 Convolvulaceae**

| | | |
|---|---|---|
| 菟丝子属 | 菟丝子 | *Cuscuta chinensis* Lam. |
| 番薯属 | 空心菜 | *Ipomoea aquatica* Forsk. |
| 番薯属 | 甘薯 | *I. batatas* (L.) Lam. |
| 番薯属 | 五爪金龙 | *I. cairica* (L.) Sw. |
| 茑萝属 | 茑萝 | *Quamoclit pennata* (Desv.) Boj. |
| 牵牛属 | 裂叶牵牛 | *Pharbitis nii* (L.) Choisy |
| 牵牛属 | 圆叶牵牛 | *P. purpurea* (L.) Voigt |

**85. 紫草科 Boranaceae**

| | | |
|---|---|---|
| 斑种草属 | 柔弱斑种草 | *Bothriospermum tenellum* (Hornem) Risch et Mey |
| 厚壳树属 | 福建茶 | *Ehretia micrphylla* Lam. |
| 附地菜属 | 附地菜 | *Trigonotis peduncularis* (Trev.) Benth. ex S. Moore et Baker |

**86. 马鞭草科 Verbenaceae**

| | | |
|---|---|---|
| 大青属 | 龙吐珠 | *Clerodendrun thomsonae* Balf. |
| 大青属 | 大青 | *C. cyrtophyllum* Turcz. |
| 紫珠属 | 枇杷叶紫珠 | *Callicarpa kochiana* Makino |
| 假连翘属 | 假连翘 | *Duranta repens* L. |
| 马缨丹属 | 马缨丹 | *Lantana camara* L. |
| 马鞭草属 | 马鞭草 | *Verbena officinalis* L. |
| 牡荆属 | 山牡荆 | *Vitex quinata* (Lour.) Will. |
| 牡荆属 | 黄荆 | *V. negundo* L. |

**87. 唇形科 Labiatae**

| | | |
|---|---|---|
| 筋骨草属 | 紫背金盘 | *Ajuga nipponensis* Makino |
| 风轮菜属 | 细风轮菜 | *Clinopodium gracile* (Benth.) O. Ktze. |
| 鞘蕊花属 | 五彩苏 | *Coleus scutellarioides* (L.) Benth. |
| 益母草属 | 益母草 | *Leonurus japonicus* Houtt. |

薄荷属　薄荷　*Mentha haplocalyx* Briq.
石荠苎属　石荠苎　*Mosla punctulata* (J. F. Gmel.) Nakai
紫苏属　紫苏　*Perilla frutescens* (L.) Britt.
夏枯草属　夏枯草　*Prunella vulgaris* L.
鼠尾草属　荔枝草　*Salvia plebeia* R. Br.
鼠尾草属　一串红　*S. splendens* Ker-Gawl.
黄芩属　韩信草　*Scutellaria indica* L.
水苏属　水苏　*Stachys japonica* Miq.

**88. 茄科 Solanaceae**

番茉莉属　鸳鸯茉莉　*Brunsfelsia acuminata* (Plhl.) Benth.
辣椒属　辣椒　*Capsicum frutescens* L.
辣椒属　灯笼椒　*C. frutescens* var. *grossum* (L.) Bailey
夜香树属　夜香树　*Cestrum nocturnum* L.
枸杞属　枸杞　*Lycium chinense* Mill.
番茄属　番茄　*Lycopersicon esculentum* Mill.
烟草属　烟草　*Nicotiana tabacum* L.
碧冬茄属　碧冬茄　*Petunia hybrida* Vilm.
茄属　茄　*Solanum melangense* L.
茄属　龙葵　*S. nigrum* L.
茄属　少花龙葵　*S. photeinocarpum* Nakam. Et Odash.
茄属　癫茄　*S. suratense* Burm. f.
茄属　马铃薯　*S. tuberosum* L.
茄属　白英　*S. lyratum* Thunb.

**89. 玄参科 Scrophulariaceae**

金鱼草属　金鱼草　*Antirrhinum majus* L.
母草属　母草　*Lindernia crustacea* (L.) F. Muell.
通泉草属　通泉草　*Mazus japonicus* (Thunb.) O. Kuntze
鹿茸草属　绵毛鹿茸草　*Monochasma savatieri* Franch. ex Maxim
泡桐属　白花泡桐　*Paulownia fortunei* (Seem.) Hemsl.
爆仗竹属　爆仗竹　*Russelia equisetiformis* Schlecht. et. Cham
野甘草属　野甘草　*Scoparia dulcis* L.
蝴蝶草属　紫萼蝴蝶草　*Torenia violacea* (Azaola ex Blanco) Pennell
婆婆纳属　婆婆纳　*Veronica didyma* Tenore
婆婆纳属　水苦荬　*V. undulata* Wall.

**90. 紫葳科 Bignoniaceae**

凌霄属　凌霄花　*Campsis grandiflora* (Thunb.) Loise.
蓝花楹属　蓝花楹　*Jacaranda acutifolia* Humb. et Bonpl.
猫爪藤属　猫爪藤　*Macfadyena unguis-cati* (L.) A. Gentry
炮仗花属　炮仗花　*Pyrostegia venusta* (Ker) Miers
菜豆树属　菜豆树　*Radermachera sinica* (Hance) Hemsl.

**91. 胡麻科 Pedaliaceae**

胡麻属　芝麻　*Sesamum orientale* L.

**92. 列当科 Orobanchaceae**

野菰属 野菰 *Aeginetia indica* L.

**93. 苦苣苔科 Gesneriaceae**

半蒴苣苔属 半蒴苣苔 *Hemiboea henryi* Clarke

**94. 爵床科 Acanthaceae**

穿心莲属 穿心莲 *Andrographis paniculata* (Burm. f.) Nees
虾衣草属 虾衣草 *Callispidia guttata* (Brand.) Bremek.
爵床属 爵床 *Rostellularia procumbens* (L.) Nees

**95. 车前科 Plantaginaceae**

车前属 车前 *Plantago asiatica* L.
车前属 大车前 *P. major* L.

**96. 茜草科 Rubiaceae**

水团花属 水团花 *Adina pilulifera* (Lam.) Franch. et Drake
团花属 大叶黄粱木 *Anthocephalus chinensis* (Lam.) Rich. ex Walp.
拉拉藤属 猪殃殃 *Galium aparina* var. *tenerum* (Gren. et Godr.) Rcbb.
黄栀子属 黄栀子 *Gardenia jasminoides* Ellis
耳草属 金毛耳草 *Hedyotis chrysotricha* (Palisb.) Merr.
龙船花属 龙船花 *Ixora chinensis* Lam.
粗叶木属 污毛粗叶木 *Lasianthus hartii* Franch.
巴戟天属 羊角藤 *Morinda umbellata* L.
玉叶金花属 玉叶金花 *Mussaenda pubescens* Ait. f.
鸡矢藤属 鸡矢藤 *Paederia scandens* (Lour.) Merr.
山黄皮属 山黄皮 *Randia cochinchinensis* (Lour.) Merr.
茜草属 金剑草 *Rubia alata* Wall.
六月雪属 六月雪 *Serissa serissoides* (DC.) Druce
狗骨柴属 狗骨柴 *Tricalysia dubia* (Lindl.) Ohwi
钩藤属 钩藤 *Uncaria rhynchophylla* (Miq.) Miq et Havil.

**97. 忍冬科 Caprifoliaceae**

忍冬属 金银花 *Lonicera japonica* Thunb.
接骨木属 接骨草 *Sambucus chinensis* Lindl.
荚蒾属 南方荚蒾 *Viburnum fordiae* Hance

**98. 败酱科 Valerianaceae**

败酱属 败酱 *Patrinia scabiosaefolia* Fisch. ex Trev.

**99. 葫芦科 Cucurbitaceae**

冬瓜属 冬瓜 *Benincasa hispida* (Thunb.) Cogn.
西瓜属 西瓜 *Citrullus lanatus* (Thunb.) Mansfeld.
黄瓜属 香瓜 *Cucumis melo* L.
黄瓜属 黄瓜 *C. sativus* L.
南瓜属 南瓜 *Cucurbita moschata* (Duch.) Poir.
绞股蓝属 绞股蓝 *Gynostemma pentaphyllum* (Thunb.) Makino
葫芦属 葫芦 *Lagenaria siceraria* (Molina) Standl.
葫芦属 瓠瓜 *L. siceraria* var. *depressa* (Ser.) Hara

| 属 | 中文名 | 学名 |
| --- | --- | --- |
| 丝瓜属 | 棱角丝瓜 | *Luffa acutangula* (L.) Roxb. |
| 丝瓜属 | 丝瓜 | *L. cylindrica* (L.) Roem. |
| 苦瓜属 | 苦瓜 | *Momordica charantia* L. |
| 佛手瓜属 | 佛手瓜 | *Sechium edule* (Jacq.) Swartz. |
| 罗汉果属 | 罗汉果 | *Siraitia grosvenorii* (Swingle) C. Jeffrey ex Lu et Z. Y. Zhang |

**100. 桔梗科 Campanulaceae**

| 属 | 中文名 | 学名 |
| --- | --- | --- |
| 半边莲属 | 半边莲 | *Lobelia chinensis* Lour. |
| 半边莲属 | 线萼山梗菜 | *L. melliana* E. Wimm. |
| 蓝花参属 | 蓝花参 | *Wahlenbergia marginata* (Thunb.) A. DC. |

**101. 菊科 Compositae**

**管状花亚科 Tubuliflorae**

| 属 | 中文名 | 学名 |
| --- | --- | --- |
| 霍香蓟属 | 胜红蓟 | *Ageratum conyzoides* L. |
| 蒿属 | 艾蒿 | *Artemisia argyi* Levl. et Vant. |
| 蒿属 | 茵陈蒿 | *A. capillaris* Thunb. |
| 蒿属 | 奇蒿 | *A. anomala* S. Moore |
| 紫菀属 | 钻形紫菀 | *Aster subulatus* Michx. |
| 鬼针草属 | 三叶鬼针草 | *Bidens pilosa* L. |
| 茼蒿属 | 茼蒿 | *Chrysanthemum coronarium* L. |
| 蓟属 | 大蓟 | *Cirsium japonicum* DC. |
| 白酒草属 | 加拿大蓬 | *Conyza canadensis* (L.) Cronq. |
| 白酒草属 | 白酒草 | *C. japonica* Less. |
| 金鸡菊属 | 线叶金鸡菊 | *Coreopsis lanceolata* L. |
| 瓜叶菊属 | 瓜叶菊 | *Cineraria cruenta* Mass. ex L′Herit. |
| 大丽花属 | 大丽花 | *Dahlia pinnata* Cav. |
| 菊属 | 野菊 | *Dendranthema indicum* (L.) Des Moul |
| 菊属 | 菊花 | *D. morifolium* (Ramut.) Tzvel. |
| 鱼眼草属 | 鱼眼草 | *Dichrocephala auriculata* (Thunb.) Druce |
| 鳢肠属 | 旱莲草 | *Eclipta prostrata* L. |
| 地胆草属 | 地胆草 | *Elephantopus scaber* L. |
| 一点红属 | 一点红 | *Emilia sonchifolia* (L.) DC. |
| 飞蓬属 | 一年蓬 | *Erigeron annuus* (L.) Pers |
| 牛膝菊属 | 牛膝菊 | *Galinsoga parviflora* Cav. |
| 鼠麴草属 | 鼠麴草 | *Gnaphalium affine* D. Don |
| 鼠麴草属 | 秋鼠麴草 | *G. hypoleucum* DC. |
| 野茼蒿 | 野茼蒿 | *Gynura crepidioides* Benth. |
| 向日葵属 | 向日葵 | *Helianthus annuus* L. |
| 菊芋属 | 菊芋 | *H. tuberosus* L. |
| 泥胡菜属 | 泥胡菜 | *Hemistepta lyrata* Bunge |
| 马兰属 | 马兰 | *Kalimeris indica* (L.) Sch. - Bip. |
| 银胶菊属 | 银胶菊 | *Parthenium hysterophorus* L. |
| 豨莶属 | 豨莶 | *Siegesbeckia orientalis* L. |
| 裸柱菊属 | 裸柱菊 | *Soliva anthemifolia* (Juss.) R. Br. |

| | | |
|---|---|---|
| 千里光属 | 千里光 | *Senecio scandens* Buch. – Ham. ex D. Don |
| 华千里光属 | 蒲儿根 | *Sinosenecio oldhamianus* (Maxim.) B. Nord. |
| 万寿菊属 | 万寿菊 | *Tagetes erecta* L. |
| 肿柄菊属 | 肿柄菊 | *Tithonia diversifolia* A. Gray |
| 蟛蜞菊属 | 蟛蜞菊 | *Wedelia chinensis* (Osbeck.) Merr. |
| 苍耳属 | 苍耳 | *Xanthium sibiricum* Patrin ex Widder |

**舌状花亚科 Liguliflorae**

| | | |
|---|---|---|
| 苦荬菜属 | 苦荬菜 | *Ixeris denticulata* (Houtt.) Stebb. |
| 苦荬菜属 | 匍匐苦荬菜 | *I. repens* (L.) A. Gray |
| 莴苣属 | 莴苣 | *Lactuca sativa* L. |
| 翅果菊属 | 翅果菊 | *Pterocypsela indica* (L.) Shih |
| 苦苣菜属 | 苦苣菜 | *Sonchus oleraceus* L. |
| 蒲公英属 | 蒲公英 | *Taraxacum mongolicum* Hand. – Mazz. |
| 黄鹌菜属 | 黄鹌菜 | *Youngia japonica* (L.) DC. |

**102. 露兜树科 Pandanaceae**

| | | |
|---|---|---|
| 露兜树属 | 露兜树 | *Pandanus tectorius* Sol. |

**103. 眼子菜科 Potamogetonaceae**

| | | |
|---|---|---|
| 眼子菜属 | 小叶眼子菜 | *Potamogeton cristatus* Regel et Maack |

**104. 泽泻科 Alismataceae**

| | | |
|---|---|---|
| 慈姑属 | 慈姑 | *Sagittaria trifolia* L. var. *sinensis* (Sims.) Makino |

**105. 水鳖科 Hydrocharitaceae**

| | | |
|---|---|---|
| 黑藻属 | 黑藻 | *Hydrilla verticillata* (L. f.) Royle |

**106. 禾本科 Gramineae**

**竹亚科 Bambusoideae**

| | | |
|---|---|---|
| 酸竹属 | 福建酸竹 | *Acidosasa notata* (Z. P. Wang et G. H. Ye) S. S. You |
| 簕竹属 | 粉单竹 | *Bambusa chungii* McClure |
| 簕竹属 | 青皮竹 | *B. textilis* McClure |
| 簕竹属 | 佛肚竹 | *B. ventricosa* McClure |
| 簕竹属 | 黄金间碧竹 | *B. vulgaris* Schrad. var. *stricta* Gamble |
| 簕竹属 | 大肚竹 | *B. vulgaris* Schrader ex Wendland cv. "Waminii" McClure |
| 簕竹属 | 凤尾竹 | *B. multiplex* (Lour.) Raeusch var. *rivierum* (R. Maire) Keng f. |
| 寒竹属 | 方竹 | *Chimonobambusa quadrangularis* (Fenzi) Makino |
| 绿竹属 | 绿竹 | *Dendrocalamopsis oldhami* (Munro) Keng f. |
| 箬竹属 | 箬竹 | *Indocalamus tesselatus* (Munro) Keng f. |
| 少穗竹属 | 糙花少穗竹 | *Oligostachyum scabriflorum* Z. P. Wang et G. H. Ye |
| 刚竹属 | 刚竹 | *Phyllostachys viridis* (Young) McClure |
| 刚竹属 | 毛竹 | *P. heterocyclea* cv. "Pubescens" Keng f. |
| 刚竹属 | 紫竹 | *P. nigra* (Lodd ex Lindle) Munro |
| 苦竹属 | 苦竹 | *Pleioblastus amarus* (Keng) Keng f. |
| 茶秆竹属 | 茶秆竹 | *Pseudosasa amabilis* (McClure) Keng f. |
| 慈竹属 | 麻竹 | *Sinocalamus latiflorus* (Munro) McClure. |
| 玉山竹属 | 毛秆玉山竹 | *Yushania hirticaulis* Z. P. Wang et G. H. Ye |

**禾亚科 Agrostidoideae**

| | | |
|---|---|---|
| 看麦娘属 | 看麦娘 | *Alopecurus aequalis* Sobol. |
| 水蔗属 | 水蔗草 | *Apluda mutica* L. |
| 荩草属 | 荩草 | *Arthraxon hispidus* (Thunb.) Makino |
| 类芦属 | 类芦 | *Arundo reynaudiana* (Kunth) Keng |
| 薏苡属 | 薏苡 | *Coix laeryma-jobi* L. |
| 狗牙根属 | 狗牙根 | *Cynodon dactylon* (L.) Pers. |
| 弓果黍属 | 弓果黍 | *Cyrtococcum patens* (L.) A. Camus |
| 龙爪茅属 | 龙爪茅 | *Dactyloctenium aegyptium* (L.) Beauv. |
| 马唐属 | 升马唐 | *Digitaria ciliaris* (Retz.) Koel. |
| 油芒属 | 油芒 | *Ecciolopus cotulifera* (Thunb.) A. Camus |
| 稗属 | 光头稗 | *Echinochloa colonum* (L.) Link |
| 稗属 | 稗 | *E. crusgalli* (L.) Beauv. |
| 穇属 | 牛筋草 | *Eleusine indica* (L.) Gaertn. |
| 画眉草属 | 画眉草 | *Eragrostis pilosa* (L.) Beauv. |
| 画眉草属 | 知风草 | *E. ferruginea* (Thunb.) Beauv. |
| 大麦属 | 大麦 | *Hordeum vulgare* L. |
| 白茅属 | 白茅 | *Imperata cylindrica* var. *major* (Mees) C. E. Hubb. |
| 柳叶箬属 | 柳叶箬 | *Isachne globosa* (Thunb.) Kuntze |
| 鸭嘴草属 | 纤毛鸭嘴草 | *Ischaemum indicum* (Houtt.) Merr. |
| 千金子属 | 千金子 | *Leptochloa chinensis* (L.) Nees |
| 淡竹叶属 | 淡竹叶 | *Lophatherum gracile* Brongn. |
| 芒属 | 五节芒 | *Miscanthus floridulus* (Labill.) Warb. |
| 芒属 | 芒 | *M. sinensis* Ander |
| 稻属 | 水稻 | *Oryza sativa* L. |
| 黍属 | 铺地黍 | *Panium repens* L. |
| 狼尾草属 | 狼尾草 | *Pennisetum alopecuroides* (L.) Spreng. |
| 雀稗属 | 圆果雀稗 | *Paspalum orbiculare* Forst. |
| 雀稗属 | 雀稗 | *P. thunbergii* Kunth et Steud. |
| 金丝草属 | 金丝草 | *Pogonatherum crinitum* (Thunb.) Kunth |
| 早熟禾属 | 早熟禾 | *Poa annua* L. |
| 棒头草属 | 棒头草 | *Polypogon fugax* Nees ex Steud. |
| 芦苇属 | 芦苇 | *Phragmites Australis* (Cav.) Trin. ex Steud. |
| 鹅观草属 | 鹅观草 | *Roegneria kamoji* Ohwi |
| 甘蔗属 | 甘蔗 | *Saccharum sinensis* L. |
| 狗尾草属 | 皱叶狗尾草 | *Setaria plicata* (Lam.) T. Cooke |
| 狗尾草属 | 狗尾草 | *S. viridis* (L.) Beauv. |
| 蜀黍属 | 高粱 | *Sorghum vulgare* Pers. |
| 鼠尾粟属 | 鼠尾粟 | *Sporobolus fertilis* (Steud.) W. D. Clayt. |
| 小麦属 | 小麦 | *Triticum aestivum* L. |
| 玉蜀黍属 | 玉米 | *Zea mays* L. |
| 菰属 | 茭白 | *Zizania caduciflora* (Turcz.) Hand. - Mazz. |
| 结缕草属 | 沟叶结缕草 | *Zoysia matrella* (L.) Merr. |

**107. 莎草科 Cyperaceae**

| | | |
|---|---|---|
| 苔草属 | 穹窿苔草 | *Carex gibba* Wahl. |
| 莎草属 | 香附子 | *Cyperus rotundus* L. |
| 莎草属 | 扁穗莎草 | *C. compressus* L. |
| 荸荠属 | 荸荠 | *Eleocharis tuberosa* (Roxb.) Roem. et Schult. |
| 水蜈蚣属 | 水蜈蚣 | *Kyllinga brevifolia* Rottb. |
| 砖子苗属 | 砖子苗 | *Mariscus umbellatus* Vahl. |
| 珍珠茅属 | 皱果珍珠茅 | *Scleria rugosa* R. Br. |

**108. 棕榈科 Palmae**

| | | |
|---|---|---|
| 桄榔属 | 桄榔 | *Arenga pinnata* (Wurmb.) Merr. |
| 假槟榔属 | 假槟榔 | *Archontophoenix alexandrae* (F. Muell.) H. Wedl. et Druce |
| 糖棕属 | 糖棕 | *Borassus flabellifer* L. |
| 省藤属 | 毛鳞省藤 | *Calamus thysanolepis* Hance |
| 鱼尾葵属 | 短穗鱼尾葵 | *Caryota mitis* Lour. |
| 鱼尾葵属 | 董棕 | *C. urens* L. |
| 椰子属 | 椰子 | *Cocos nucifera* L. |
| 散尾葵属 | 散尾葵 | *Chrysalidocarpus lutescens* H. Wendl. |
| 蒲葵属 | 蒲葵 | *Livistona chinensis* (Jacq.) R. Br. |
| 刺葵属 | 刺葵 | *Phoenix hanceana* Naud. |
| 刺葵属 | 海枣 | *P. dactylifera* L. |
| 棕竹属 | 棕竹 | *Rhapis excelsa* (Thunb.) Henry et Rehd. |
| 王棕属 | 王棕 | *Roystonea regia* (Kunth) O. F. Cook |
| 金山葵属 | 皇后葵 | *Syagrys romanzoffiana* (Cham.) Glassm. |
| 棕榈属 | 棕榈 | *Trachycarpus fortunei* (Hook.) H. Wendl. |
| 丝葵属 | 大丝葵 | *Washingtonia robusta* H. Wendl. |

**109. 天南星科 Araceae**

| | | |
|---|---|---|
| 粤万年青属 | 粤万年青 | *Aglaonema modestum* Schott. |
| 海芋属 | 海芋 | *Alocasia macrorrhiza* (L.) Schott. |
| 魔芋属 | 魔芋 | *Amorphophallus rivieri* Durien |
| 天南星属 | 一把伞南星 | *Arisaema erubescens* (Wall.) Schott |
| 五彩芋属 | 花叶芋 | *Caladium bicolor* (Ait.) Vent. |
| 芋属 | 芋 | *Colocasia esculenta* (L.) Schott. |
| 麒麟叶属 | 绿萝 | *Epipremnum aureum* (Linden et Andre) Bunting |
| 麒麟叶属 | 麒麟尾 | *E. pinnatum* (L.) Schott. |
| 龟背竹属 | 龟背竹 | *Monstera dellciosa* Liedm. |
| 大薸属 | 水浮莲 | *Pistia stratiotes* L. |
| 犁头尖属 | 犁头尖 | *Typhonium divaricatum* (L.) Decne. |
| 马蹄莲属 | 马蹄莲 | *Zantedeschia aethiopica* (L.) Spreng. |

**110. 浮萍科 Lemnaceae**

| | | |
|---|---|---|
| 浮萍属 | 浮萍 | *Lemna minor* L. |

**111. 凤梨科 Bromiliaceae**

| | | |
|---|---|---|
| 凤梨属 | 凤梨 | *Ananas comosus* (L.) Merr. |

**112. 鸭跖草科 Commelinaceae**

| | | |
|---|---|---|
| 鸭跖草属 | 鸭跖草 | *Commelina communis* L. |
| 水竹叶属 | 裸花水竹叶 | *Murdannia nudiflora* (L.) Brenan. |
| 杜若属 | 杜若 | *Pollia japonica* Thunb. |
| 紫露草属 | 紫万年青 | *Tradescantia spathacea* Sw. |
| 紫露草属 | 吊竹梅 | *T. zebrina* Hort. |
| 紫露草属 | 紫竹梅 | *T. pallida* (Rose) D. R. Hunt cv. "Purpurea" |
| 紫露草属 | 紫鸭跖草 | *T. virginiana* L. |

**113. 雨久花科 Pontederiaceae**

| | | |
|---|---|---|
| 凤眼莲属 | 凤眼莲 | *Eichhornia crassipes* (Mart.) Solms. |
| 雨久花属 | 鸭舌草 | *Monochoria vaginalis* (Burm. f.) Presl |

**114. 灯心草科 Juncaceae**

| | | |
|---|---|---|
| 灯心草属 | 灯心草 | *Juncus effusus* L. |

**115. 百合科 Liliaceae**

| | | |
|---|---|---|
| 葱属 | 洋葱 | *Allium cepa* L. |
| 葱属 | 葱 | *A. fistulosum* L. |
| 葱属 | 蒜 | *A. sativum* L. |
| 葱属 | 韭菜 | *A. tuberosum* Rottler ex Sprenge |
| 芦荟属 | 芦荟 | *Aloe vera* L. var. *chinensis* (Haw.) Berg. |
| 天门冬属 | 天门冬 | *Asparagus cochinchinensis* (Lour.) Merr. |
| 天门冬属 | 石刁柏 | *A. officinalis* L. |
| 天门冬属 | 文竹 | *A. setaceus* (Kunth) jessop |
| 蜘蛛抱蛋属 | 蜘蛛抱蛋 | *Aspidistra elatior* Bl. |
| 吊兰属 | 吊兰 | *Chlorophytum comosum* (Thunb.) Jacq. |
| 朱蕉属 | 朱蕉 | *Cordyline fruticosa* (L.) A. Cheval. |
| 山菅属 | 山菅 | *Dianella ensifolia* (L.) DC. |
| 萱草属 | 黄花菜 | *Hemerocallis citrina* Baroni |
| 百合属 | 百合 | *Lilium brownii* var. *viridulum* Baker |
| 沿阶草属 | 沿阶草 | *Ophiopogon bodinieri* Levl. |
| 沿阶草属 | 麦冬 | *O. japonicus* (L. f.) Ker-Gawl. |
| 重楼属 | 七叶一枝花 | *Paris polyphylla* Smith |
| 虎尾兰属 | 虎尾兰 | *Sansevieria trifasciata* Prain. |
| 虎尾兰属 | 金边虎尾兰 | *S. trifasciata* var. *rourentii* N. E. Brown |
| 菝葜属 | 菝葜 | *Smilax china* L. |
| 郁金香属 | 郁金香 | *Tulipa gesneriana* L. |
| 丝兰属 | 凤尾丝兰 | *Yucca gloriosa* L. |
| 丝兰属 | 丝兰 | *Y. filamentosa* L. |

**116. 石蒜科 Amaryllidaceae**

| | | |
|---|---|---|
| 龙舌兰属 | 龙舌兰 | *Agave americana* L. |
| 龙舌兰属 | 剑麻 | *A. sisalana* Perr. ex Engelm. |
| 朱顶红属 | 朱顶红 | *Hippeastrum vittatum* (L'Her.) Herb. |
| 君子兰属 | 君子兰 | *Clivia maniata* |

| | | |
|---|---|---|
| 文殊兰属 | 文殊兰 | *Crinum asiaticum* var. *sinicum* (Roxb. ex Herb) Baker |
| 水鬼蕉属 | 水鬼蕉 | *Hymenocallis littoralis* (Jacq.) Salisb. |
| 石蒜属 | 石蒜 | *Lycoris radiata* (L'Her.) Herb. |
| 水仙属 | 水仙 | *Narcissus tazetta* var. *chinensis* Roem. |
| 葱莲属 | 葱莲 | *Zephyranthes candida* (Lindl.) Herb. |
| 葱莲属 | 风雨花 | *Z. grandiflora* Lindl. |

**117. 薯蓣科 Diosc + oreaceae**

| | | |
|---|---|---|
| 薯蓣属 | 薯蓣 | *Dioscorea opposita* Thunb. |

**118. 鸢尾科 Iridaceae**

| | | |
|---|---|---|
| 射干属 | 射干 | *Belamcanda chinensis* (L.) DC. |
| 唐菖蒲属 | 唐菖蒲 | *Gladiolus gandavensis* Van Houtt. |
| 鸢尾属 | 鸢尾 | *Iris tectorum* Maxim. |

**119. 芭蕉科 Musaceae**

| | | |
|---|---|---|
| 芭蕉属 | 芭蕉 | *Musa basjoo* Sieb et Zucc ex Linuma |
| 芭蕉属 | 香蕉 | *M. acuminate* cv. "Dwarf Cavendish" |
| 旅人蕉属 | 旅人蕉 | *Ravenala madagascariensis* Adans. |
| 鹤望兰属 | 鹤望兰 | *Strelitzia reginae* Aiton |

**120. 姜科 Zingiberaceae**

| | | |
|---|---|---|
| 山姜属 | 华山姜 | *Alpinia chinensis* (Retz.) Rosc. |
| 山姜属 | 艳山姜 | *A. zerumbet* (Pers.) Burtt. et Smith |
| 姜属 | 姜 | *Zingiber officinale* Rosc. |

**121. 美人蕉科 Cannaceae**

| | | |
|---|---|---|
| 美人蕉属 | 蕉芋 | *Canna edulis* |
| 美人蕉属 | 美人蕉 | *C. indica* L. |

**122. 竹芋科 Marantaceae**

| | | |
|---|---|---|
| 竹芋属 | 花叶竹芋 | *Maranta bicolor* Ker |

**123. 兰科 Orchidaceae**

| | | |
|---|---|---|
| 花叶开唇兰属 | 花叶开唇兰 | *Anoectochilus roxburghii* (Wall.) Lindl. |
| 天麻属 | 天麻 | *Gastrodia elata* Bl. |
| 兰属 | 建兰 | *Gymbidium ensifolium* (L.) Sw. |
| 兰属 | 蕙兰 | *G. faberi* Rolfe |
| 兰属 | 春兰 | *G. goerinigii* (Rchb. f.) Rchb. f. |

# 附录二 植物拉丁名的读法

国际通用的植物名称以及各分类单元名称都是拉丁名（用拉丁语命名的名称）。拉丁名的读音与英语有所不同，但可以用国际音标来注音。

## 一、拉丁语字母的排列、名称和发音

拉丁语字母是 24 个，后来加进去 J、W 共 26 个，现将其字母顺序、字体、名称和发音列表如下：

| 字　母 | | 国际音标 | |
|---|---|---|---|
| 大　写 | 小　写 | 名　称 | 发　音 |
| A | a | [a] [a:] | [a] [a:] |
| B | b | [be] | [b] |
| C | c | [tse] | [k] [ts] |
| D | d | [de] | [d] |
| E | e | [e] | [e] |
| F | f | [f] | [f] |
| G | g | [ge] | [d] [g] |
| H | h | [ha] | [h] |
| I | i | [i] | [i] |
| J | j | [jot] | [j] |
| K | k | [ka] | [k] |
| L | l | [el] | [l] |
| M | m | [em] | [m] |
| N | n | [en] | [n] |
| O | o | [o] [] | [o] |
| P | p | [pe] | [p] |
| Q | q | [ku] | [k] |
| R | r | [er] | [r] |
| S | s | [es] | [s] |
| T | t | [te] | [t] |
| U | u | [u] | [u] |
| V | v | [ve] | [v] |
| W | w | [ve] | [v] |
| X | x | [iks] | [ks] |
| Y | y | [ipsolion] | [i] |
| Z | z | [zeta] | [z] |

## 二、音的分类

拉丁语字母分为元音字母和辅音字母两类，有6个元音字母，20个辅音字母。

**(一) 元　音**

元音字母是发音时不受发音器官任何阻碍而发出的音。元音分为单元音和双元音两种。双元音均为长元音。单元音又分长元音和短元音。短元音的发音音量短促而快，长元音发音音量比短元音加倍长。

单元音有6个：a、e、i、o、u、y。

短元音是在元音上标短音符号“V”；长元音是在元音上标长音符号“－”。

双元音有4个：ae、oe、au、eu。双元音都是长元音。

**(二) 辅音（子音）**

辅音是由于在口腔中遇到发音器官收缩或接近的阻碍而发出的为浊辅音和清

辅音。发浊辅音声带振动，发清辅音声带不振动。

浊辅音：b、d、g、v、r、z、m、n、l、j。

清辅音：p、t、c（k，q）、f、s、h、x。

双辅音：ch、ph、rh、th。

## 三、元音的发音

**（一）单元音**

A a 读国际音标［a］［a:］，例如：*Panax*［panaks］人参属；*Aconitum*［akonitum］乌头属。

E e 读国际音标［e］，例如：*Ephedra*［efedra］麻黄属；*Pinellia*［pinellia］半夏属。

I i 读国际音标［i］，例如：*Tilia*［tilia］椴属；*Vitis*［Vitis］葡萄属。

O o 读国际音标［o］，例如：*Rosa*［roza］蔷薇属；［s 在两元音之间念 z］；*Cocos*［kokos］椰子属。

U u 读国际音标［u］例如：*Rubus*［rubus］悬钩子属；*Malus*［malus］苹果属；*Populus*［populus］杨属。

Y y 读国际音标［i］例如：*Syringa*［siringa］丁香属；*Polygonatum*［poligonatum］黄精属［-atum］为固定音节。

**（二）双元音**

ae 读国际音标［e］例如：*Paeonia*［peonia］芍药属。

oe 读国际音标［e］例如：*Foeniculum*［fenikulum］茴香属；*Oenanthe*［enante］水芹属。

au 读国际音标［au］例如：*Rauvolfia*［rauvolfia］萝芙木属；*Aucuba*［aukuba］桃叶珊瑚属。

eu 读国际音标［eu］例如：*Peucedanum*［Peutsedanum］前胡属。

## 四、辅音的发音

辅音发音可参考拉丁字母表，下面举例说明：

**（一）单辅音**

C c 在元音 a、o、u、au 和一切辅音前和在词尾时，读国际音标［k］，例如：*Castanea*［kastanea］栗属；*Cuscuta*［kuskuta］菟丝子属；*Croton*［kroton］巴豆属。在元音 e、i、y、ae、oe、eu 前读国际音标［ts］，例如：*Acacia*［aktsia］金合欢属；*Cycas*［tsikas］苏铁属。

G g 在元音 a，o，u，au 和一切辅音前及词尾时读［g］，例如：*Gastrodia*［gastrodia］天麻属；*Gossypium*［gossipium］棉属；在元音 e，i，y，ae，oe，eu 前［dg］，例如：*Geranium*［dgranium］老鹳草属；*Gentiana*［dgentiana］龙胆属；*Ginkgo*［dginkgo］银杏属；*Gymnadenia*［dgimmnadenia］手参属；*Geum* [dgeum] 水杨梅属。

H h 读国际音标 [h]，例如：*Heracleum* [herakleum] 白芷属；*Hibiscus* [hibiskus] 木槿属。

K k 是从希腊语中借用的字母，读国际音标 [k]，例如：*Kochia* [kokia] 地肤属；*Kadsura* [kadsura] 南五叶子属。

L l 读国际音标 [l]，例如：*Leonurus* [1eonurus] 益母草属；*Lycium* [litsium] 枸杞属。

J j 拉丁语中原无 J，j，是后人加入的，读国际音标 [j]，例如：*Juglans* [ju：glans] 胡桃属；*Jasminum* [jasminum] 迎春花属；*Juniperus* [juniperus] 刺柏属。

Q q 与 u 联用，读国际音标 [ku]，例如：*Quercus* [kuerkus] 栎属；*Aquilegia* [akuiledjia] 耧斗菜属。

S s，读国际音标 [s]，例如：*Salvia* [salvia] 鼠尾草属；*Solanum* [solanum] 茄属；*Scutellaria* [skutllaria] 黄芩属。注意：s 在两元音之间，或一元音与辅音 m，n 之间，则读国际 [z]，例如：*Rosa* [roza] 蔷薇属；*Schisandra* [skizandra] 北五味子属。

X x 读国际音标 [ks]，例如：*Rumex* [rumeks] 酸模属；*Salix* [saliks] 柳属。X x 在两个元音之间读国际音标 [kz]，例如：*Ixeris* [ikzeris] 苦荬菜属；*Oxalis* [okzalis] 酢浆草属。

Ti 在元音前读国际音标 [tsi]，其他情况读 [ti]，例如：*Tiarella* [tsiarella] 黄水枝属；*Pulsatilla* [pulsatilla] 白头翁属。

Sc 在元音 e、i、y 前读国际音标 [ʃ]，例如：*Scirpus* [ʃ irpus] 藨草属；Scilla [ʃ ilia] 绵枣儿属。

**(二) 双辅音**

Ch ch 读国际音标 [k] 或 [h]，例如：*Chaenomeles* [kenomeles] 或 [henomeles]；*Schima* [skima] 或 [shima] 木荷属。

Ph ph 读国际音标 [f]，例如：*Phellodendron* [fellodendron] 黄柏属；*Pharbitis* [farbitis] 牵牛属。

Rh rh 读国际音标 [r]，例如：*Rheum* [reum] 大黄属。

Th th 读国际音标 [t]，例如：*Thea* [tea] 茶属；*Thalictrum* [taliktrum] 唐松草属。

## 五、音节和拼音

(1) 一个单词，有一个或 2 个或 2 个以上的音节，一个音节包含一个元音（或一个双元音）和一个或 2 个或 2 个以上辅音。因此一个单词有几个元音就是几个音节。

(2) 拼音是把一个辅音字母和一个元音字母合并发音，这样的发音叫做顺拼音。例如 ba、be、bi、bo、bu。如果把一个元音字母和一个辅音字母合并发音就叫做倒拼音，例如：ab、eb、ib、ob、ub。

(3) 倒拼音 am、em、im、om、um 及 an、en、in、on、un 发音时和其他倒拼音不同，这里元音和辅音 m、n 应当紧密结合发鼻音，不应当听出 m 和 n 的声音。

(4) 拼音应当尽量先做顺拼音，不能顺拼音时，才做倒拼音，因此当对一单词区分其音节时，应先找出元音字母，然后在这些元音字母左边去找辅音字母做顺拼音。例如把 Codonopsis（党参属）做拼音时，先找出元音字母，这个单词内有 4 个元音字母，故有 4 个音节，于是向这 4 个元音字母右边找辅音字母如：Co-do-no-p-si-s。这个单词内的 p 和 s 两个辅音字母，不能做顺拼音，就只好做倒拼音，拼到它前面的音节中去，读成：Co-do-nop-sis。

(5) 一个单词内如有一元音字母，既无法做顺拼音，又无法做倒拼音（前后都无辅音字母）时，就单独发音，例如 *Opuntia*（仙人掌属）的发音应为：O-pun-ti-a 其中 o 和 a 单独发音。

(6) 一个单词内，在元音或双元音之间有 2 个或 2 个以上辅音字母时，划分音节应在最后一个辅音之前，也就是说用最后一个辅音与它相邻的元音做顺拼音，其余辅音字母一起归入前一元音字母做倒拼音。例如：*Opuntia* O-pun-ti-a 仙人掌属；Kaempferia Kaemp-fe-ri-a 山柰属。

(7) 一个单词内如有 2 个相同辅音字母连在一起时，要看它们读音是否相同，读音相同时，第一字母好像不读出一样，但划分音节时仍应分开，读音不同时，两个不同发音应分明，例如：*Neottia* 读如 neottsia 鸟巢兰属。

(8) 第一音节前有 2 个或 2 个以上辅音或在最后一个音节之后有 2 个或 2 个以上辅音时，应把这种辅音合并在该音节内。例如：*Platanus* Pla-ta-nus 悬铃木属；*Echinops* E-chi-nops 蓝刺头属。

(9) 有几个词里，在元音上加 2 小点“..”记号的表明为单独音节，而不是双元音，应当分开音，例如：*Hippophae* Hip-po-pha-e 沙棘属；*Dendrophthoe* Den-droph-tho-e 五蕊寄生属。

## 六、音量与重音

元音的长短称为音量，当一音节读音比其他音节重一些，这一音节就叫做重音节。

**(一) 长元音判别法**

(1) 双元音都为长元音，例如：*Crataegus* [krategus] 山楂属。

(2) 单元音后有 2 个或 2 个以上辅音（双辅音除外），尤其有 2 个相同辅音并列时，(如 ll、pp、rr、ss 等)，或有 x，z 时（但是 h、tr、p1、pr、b1、br、g1、gr、ch、cr、dr、st 等除外）都是长音，例如：*Glycyrrhiza* [glitsiriza] 甘草属。

(3) 单元音字母在 nf、ns、gn、nx、net 之前时，也为长音，例如：*Lens* 兵豆属。

（4）下列的词尾都是固定的长音：

-atus、-ata、-atum、-alis、-ale、-are、-arum、-amus、 -atis、-aris、-emus、-etis、 -ema、 -ebus、-inus （有例外）、-ina、-inum、-iquus、-iqua、-iquum、-ivus、-iva、-ivum、-onis、-onum、-osis、-osus、-osa、-osum、-ona、-arus、-ura、-urum。

**（二）短元音的判别**

（1）倒数第二音节的元音在另一元音之前或辅音 h 之前时，就是短元音，例如：*Thesium* 百蕊草属；*Tilia* 椴属。

（2）双辅音字母前的元音是短元音，例如：*Ziziphus* 枣属；*Stylophorum* 金罂粟属。

（3）在辅音 l 或 r 前的 e、i、y 及在 bl、pl、br、pr、tr 等前的元音皆为短元音，例如：Empetrum 岩高兰属。

（4）元音在最后的 m 或 t 之前，常为短元音，例如：*Sedum* 景天属。

（5）下列词尾都为短音：

-icus、-ica、-icum、-idus、-ida、-idum、-ilis、-ile、-imus、-ibus、-inis、-ine、-ini、-olus、-ola、-olum、-ulus、-ula、-ulum、-ima、-imum。

**（三）重音节的判别**

（1）重音节一般在倒数第 2 或第 3 音节上，其他音节无重音。

（2）双音节的词，重音在倒数第 2 音节上。例如：*Rosa* ［roza］蔷薇属；*Rumex* ［rumeks］酸模属。

（3）3 个或 3 个以上音节的词，倒数第 2 音节为长音时，重音节就在这个音节上，如为短音，则重音在倒数第 3 音节上（不论该音节为长音或短音）。例如：*Crataegus* 山楂属；*Salvia* 鼠尾草属。

# 第九章
# 植物腊叶标本的制作

学识草木名，有一个重要环节就是要采集植物标本，因为标本是进行科学研究辨认种类的第一手材料，也是永久性查考资料，没有标本而只靠到野外观察各种植物，固然是能收到不少效果，然而时间久了对一些当时印象较深的植物又会变得模糊起来，再要看看则往往又远隔千里，从人力时间上都不易经常去跑。所以植物科学研究机构很重视经常结合野外调查收集植物标本，作为研究之用；有关教学单位也都收集一定数量的标本作为教学以及研究之用。同学们在今后的工作中，也会有收集标本的机会，因此，希望同学们认真按照这里所介绍的具体步骤和要求去实践，熟练掌握采集、压制和装订植物标本的方法和技巧。本章内容从标本的采集、压制到装订，前后间隔两周时间，最后，每位同学交 1 ~ 2 份合格的腊叶标本，作为本章实践活动的作业。

**本章教学课题和教学方式安排表**

| | 教学课题 | 主要教学方式 | 辅助教学方式 |
|---|---|---|---|
| 实验十八 | 植物标本的采集 | 植物标本采集和压制以学生宿舍为单位,4 人为一组,在两周之内完成采集和压制工作;标本的鉴定和装订工作在实验室进行 | 在标本的鉴定和装订工作中，利用多媒体演示系统对同学们采集和制作的标本进行展评，并对本章的实践活动进行总结 |
| 实验十九 | 植物标本的压制 | | |
| 实验二十 | 植物标本的装订 | | |

## 实验十八　植物标本的采集

### 一、用　品

枝剪、手铲、采集筒或采集袋、采集记录本（或采集记录表）、采集标签、标本夹、麻绳和草纸等。

### 二、方法步骤

#### （一）标本的采集

（1）采标本是为了更好辨认和鉴定种类，因此必须收集带有花、果的标本，至少二者必有其一，因为鉴定种类主要靠花、果形态。

（2）草本植物，矮草要连根拔出，这样根、茎、叶、花（或果）都全了。如果是高草（1m 以上）最好也连根挖出，把它折成“N”字形收压起来，或切成几段收集。太粗太高的，可以剪取上段带花果的部分，再切下段 带根部分，中间切一小段带一个叶子也可以，三段合并为一份标本，务必将其全草高度记录下来。

（3）木本植物选取有花、果而其叶片又未被虫蛀的枝条剪下，其长度为25～30cm合适，花果太密时可以适当疏去一部分。

（4）同种标本可采2～3份，供临时鉴定和压制保存。

### （二）野外记录

野外采集应有现场记录，记录的内容有专门的记录本（或记录表），可按其格式填写。其中的生态环境可填山坡、林下、路边或沟边等。花果颜色要注意记录，因为花色易变，而有些种类鉴定种或变种时花色为主要依据之一，如不当场记下，以后色变就影响鉴定的正确性。如为乔木，还要测量胸径（即离地面1m高之处的树干直径）。

每份标本都要编号，因参加实习的人数较多，为避免混乱，其中的采集号可填写采集人的学号，号码写在小标签上（专门设计的纸牌），用线穿好栓在标本上，其号数与野外记录本上号码一致，这样可以按记录本号数找到标本，不致错误。

写野外记录和号牌最好用铅笔而不用圆珠笔，因后者久之易退色。标签（号牌）和记录表的式样如下：

**植物标本采集记录表**

标本号数：＿＿＿＿＿＿＿＿＿＿＿＿

采 集 人：＿＿＿＿＿＿＿＿采集号数：＿＿＿＿＿＿＿＿

采集日期：＿＿＿＿年＿＿＿＿月＿＿＿＿日

采集地点：＿＿＿＿＿＿＿＿＿＿＿＿＿＿＿＿。

海拔＿＿＿＿＿＿m

环　　境：＿＿＿＿＿＿＿＿＿＿＿＿＿＿＿＿＿＿＿＿

＿＿＿＿＿＿＿＿＿＿＿＿＿＿＿＿＿＿＿＿

性状＿＿＿＿＿＿＿＿，高＿＿＿＿＿m；胸径：＿＿＿＿＿cm

叶：＿＿＿＿＿＿＿＿＿＿＿＿＿＿＿＿＿＿＿＿

＿＿＿＿＿＿＿＿＿＿＿＿＿＿＿＿＿＿＿＿.

花：＿＿＿＿＿＿＿＿＿＿＿＿＿＿＿＿＿＿＿＿

＿＿＿＿＿＿＿＿＿＿＿＿＿＿＿＿＿＿＿＿.

果：＿＿＿＿＿＿＿＿＿＿＿＿＿＿＿＿＿＿＿＿

＿＿＿＿＿＿＿＿＿＿＿＿＿＿＿＿＿＿＿＿.

用途：＿＿＿＿＿＿＿＿＿＿＿＿＿＿＿＿＿＿＿＿

＿＿＿＿＿＿＿＿＿＿＿＿＿＿＿＿＿＿＿＿.

科名（号）：＿＿＿＿＿＿＿＿＿＿＿＿＿＿＿＿＿＿

土　　名：＿＿＿＿＿＿＿＿＿＿＿＿附记＿＿＿＿＿＿

采集标签式样

| | |
|---|---|
| | 采集号 |
| ○ | 采集者 |
| | 地点：　　　　日期： |

## 实验十九　植物标本的压制

**一、用　品**

标本夹、麻绳和草纸等。

**二、方法步骤**

采回的标本，除少量供临时检索观察外，若需保存的，应立即进行压制，如停放过久，水分失去，叶、花卷缩，将无法保持原形或降低甚至丧失保存价值。压制标本的方法步骤和注意事项如下：

（1）先将一块标本夹平放，铺上5～6层草纸。

（2）将标本置纸上，进行整形，过多的枝、叶或病叶和花果适当地疏去一部分，因彼此重叠太厚，不易压平而生霉。草本植物应连根压入，如植株过长，可折成“V”形或“N”形。每份标本的叶片除大多数正面向上外，应有少数叶片使其背面向上，以显示背面的特征。

（3）每份标本盖上2～3层纸，再放另一份标本（草纸厚薄可根据标本含的水分多少而增减），当所有标本压完后，最上一份标本，需盖上5～6层纸，最后放上另一块标本夹。

（4）用麻绳将二片标本夹的横木抽紧。捆标本夹时，注意四面平展，否则标本压得不整齐吸水不均匀且会损坏标本夹。

（5）将压有标本的标本夹，放在阳光下晒干，如遇阴天即放在通风处凉干亦可。

（6）标本压制后的4～5天内，每天以干燥草纸换吸潮的湿纸，尤其第二、三天内，决不可疏忽，如不及时换纸，会使标本霉烂、落叶、落花，以致标本全部损坏，到4～5天后，每隔两天换一次，直至完全干燥为止。

（7）在开始1～2次换纸时，要注意结合整形，将卷曲的叶片，花瓣展开铺平。

（8）每次换下的草纸要及时晒干或凉干，以便再用。如遇下雨天，用木柴或木炭将草纸烘干再换。

（9）某些植物（易落叶或含水太多不易干的）需在压制前用沸水烫杀死，待水晾干后再压。

（10）某些植物有很大的根、地下茎或果实，不便压入标本夹，可挂上号牌，另行晒干或晾干，妥为保存。

# 实验二十　植物标本的装订

## 一、用　品

台纸、采集记录纸、采集标签、定名标签、针、线、胶水等。

## 二、方法步骤

压干的标本，为了长期保存和便于利用，应装订到台纸上。台纸是承托腊叶标本的硬磅纸（白板纸）或其他较硬的纸，一般长约40cm，宽约30cm，以质密、坚韧、纸面白色为宜。装订时，按以下步骤进行：

（1）取一张台纸平放在桌上，然后将选好的标本放在台纸上适当的位置，一般从右上方到左下方斜向放置。在装订前，标本还需进行最后一次整形，将太长或过多的枝、叶、花果疏去。

（2）用针线将标本订在台纸上，先订粗大枝条，再订小枝和叶，较大的叶片，可在背面涂少量的胶水贴紧。

（3）凡在压制中脱落下来应保留的叶、花、果，可按自然着生情况装订或用透明纸袋贴于台纸的一角。

（4）单独干制的地下部分或过大的果实，也应装订在台纸上。最后在台纸的右下角贴上定名标签。填写定名标签时，为慎重起见，可用铅笔写，以便修改，定名标签的内容如下：

**植物标本定名标签**

______________________________ 标本室

采 集 号：______________采集者：______________

中　　名：______________别名：______________

学　　名：______________________________

科　　名：______________________________

用　　途：______________________________

采集地点：______________________________

鉴 定 者：______________鉴定日期：______________

（5）在台纸的左上角贴上植物标本采集记录表（式样见实验十八）。在台纸的右下角贴上定名标签。填写采集记录表和定名标签时，为慎重起见，可用铅笔写，以便修改。

# 第十章
# 植物分类学名词解释

## 第一节　植物分类的基础知识

**植物分类学**：研究植物进化的程序，探索植物间的亲缘关系，阐明植物界自然系统，并对植物进行科学分类的科学。它与植物形态学、植物胚胎学、植物生理学、植物地理学、植物生态学、细胞学、遗传学和生物化学等都有密切关系。须凭借这些学科的知识，对植物作综合的、深入的研究，才能客观地反映植物界进化的程序，才能完成植物分类学的任务。植物分类学在开发和利用植物资源等方面起着重要作用。

**植物志**：记载某个国家或某一地区植物种类的分类学书籍。一般依分类系统，记载植物的种名（学名和通用名）、形态特征、生态习性、地理分布、经济价值等，并附有分类检索表和科属说明等。

**人为分类法**：不问植物亲缘关系的远近，只就植物的形态、习性、生态或经济上的一两个特征或特性作为分类依据的一种分类法。

**自然分类法**：按照植物间在形态、结构、生理上相似程度的大小，判断其亲缘关系的远近，再将它们进行分门别类，使成系统的一种分类法。

**双名法**：即学名的命名法，是林奈所创立的。林奈于1753年用两个拉丁单词作为一种植物的名称，第一个单词是属名，是名词，其第一个字母要大写；第二个单词是种名形容词；后边还附有定名人的姓氏或姓氏缩写。这种国际上统一的名称，就是学名。这种命名的方法，就称双名法。如水稻的学名是 *Oryza sativa* L.；*Oryza* 是属名，是水稻的古希腊名，是名词；*sativa* 是种名形容词，是栽培的意思；后边大写“L.”是定名人林奈（Linnaeus）的缩写。如果是变种，则在种名的后边，加上一个变种（varietas）的缩写 var.，然后再加上变种名，同样后边附以定名人的姓氏或姓氏缩写。如胡萝卜的学名为 *Duncus carota* L. var. *sativa* DC.。

**种**：是分类学上一个基本单位，也是各级单位的起点。同种植物的个体，起源于共同的祖先，具有一定的形态和生理特征以及一定的自然分布区，且能进行自然交配，产生正常的后代（少数例外）。

**亚种**：种以下的分类单位。是种内个体在地理和生殖上充分隔离后所形成的群体。有一定的形态特征和地理分布，故也称为“地理亚种”。一般多用于动物，在植物分类上比较少用。对于亚种的命名，则在原种的完整学名之后，加上拉丁文亚种的缩写（subsp.），然后再写亚种名和定亚种名的人名。

**变种**：种以下的分类单位。在特征上与原种有一定区别，并有一定的地理分布。一般多用于植物。对于变种的命名，则在原种的完整学名之后，加上拉丁文变种的缩写（var.），然后再写变种名和定变种名的人名。

**品种**：不是植物分类学中的一个分类单位，不存在野生植物中。品种是人类在生产实践中，经过选择、培育而得，具有一定的经济价值和比较一致的遗传性。种内各品种间的杂交，叫近亲杂交。种间、属间或更高级的单位之间的杂交，叫远缘杂交。育种工作者，常常遵循近亲易于杂交的法则，培育出新的品种。

**品系**：起源于共同祖先的一群个体。①在遗传学上，一般指自交或近亲繁殖若干代后所获得的某些遗传性状相当一致的后代；②在作物育种学上，指遗传性比较稳定一致而起源于共同祖先的一群个体。品系经比较鉴定，优良者繁育推广后，即可成为品种。

## 第二节　植物界的分类

**高等植物**：指个体发育过程中具有胚胎时期的植物，即苔藓、蕨类和种子植物。它们与低等植物的区别是：除了有胚外，一般又有根、茎、叶的分化（苔藓植物例外）和由多细胞构成的雌性生殖器官。

**低等植物**：指个体发育过程中无胚胎时期的植物，包括藻类、菌类和地衣。低等植物一般构造简单，无根、茎、叶的分化，雌性生殖器官多为单细胞结构。

**显花植物**：多指以种子繁殖的植物，包括裸子植物和被子植物。狭义的，仅指被子植物而言。

**隐花植物**：多指不产生种子的植物，包括藻类、菌类、地衣、苔藓和蕨类植物。

**孢子植物**：藻类、菌类、地衣、苔藓和蕨类植物主要以孢子进行繁殖，所以称为孢子植物。所有植物均有孢子生殖过程，但孢子植物的孢子较为显著，通常均脱离母体而发育，以此区别于种子植物。

**种子植物**：裸子植物和被子植物产生种子，并主要以种子进行繁殖，故称为种子植物。

**维管植物**：具有维管系统的蕨类植物和种子植物称为维管植物。

**个体发育**：一般指多细胞生物体从受精卵开始到成体为止的发育过程。其间包括细胞分裂、组织分化、器官形成，直到性成熟阶段。

**系统发育**：生物种族的发展史，可以指一个群体（种、属、科……）形成的历史，也可以指生命在地球上起源以后演变至今的整个过程。

**生活史**：指生物在其一生中所经历的发育和繁殖阶段的全部过程。

**世代交替**：在植物生活史中，无性与有性两个世代相互交替的现象。其中的无性世代（也称“孢子体世代”），指具有二倍数染色体的植物体的时期；有性世代（也称“配子体世代”）指具有单倍数染色体的植物体的时期。如松属植物的生活史中，从合子形成到孢子母细胞的产生为有性世代；从孢子形成到配子的产生为有性世代。

**孢子体世代**：即“无性世代”。植物生活史中产生孢子的或具二倍数染色体的时期。

**配子体世代**：即“有性世代”。植物生活史中产生配子的或具单倍数染色体的时期。

**孢子体**：植物世代交替中产生孢子的或具二倍数染色体世代的植物体。

**孢子叶**：生有孢子囊的叶。通常在形态和构造上不同于营养叶。发生异形孢子的植物，又有大孢子叶和小孢子叶之分。被子植物的心皮和雄蕊分别相当于大孢子叶和小孢子叶。裸子植物则由两种孢子叶分别形成大孢子叶球和小孢子叶球。

**雄球花**：裸子植物中，由许多雄蕊集中生于中轴上形成的球形花称为雄球花，也称为小孢子叶球。雄蕊相当于小孢子叶，花药相当于小孢子囊，其中的花粉（小孢子）母细胞减数分裂后所形成的单核花粉相当于小孢子。

**雌球花**：裸子植物中，由多数鳞片集中螺旋状着生于中轴形成的球状花称为雌球花，也称为大孢子叶球。每鳞片腋部着生胚珠，胚珠中的珠心相当于大孢子囊，珠心中的大孢子母细胞减数分裂后形成大孢子。

**球果**：裸子植物中，成熟的雌球花称为球果，由多数着生种子的鳞片（种鳞）组成。

**珠鳞**：裸子植物的雌球花中，着生胚珠的鳞片称为珠鳞，相当于大孢子叶。

**苞鳞**：裸子植物中，在雌球花上托着珠鳞，或在球果上托着种鳞的苞片称为苞鳞。有些植物的苞鳞与种鳞愈合。

**种鳞**：裸子植物的球果中，着生种子的鳞片称为种鳞。种鳞和珠鳞是同一结构在不同发育阶段的两个名称，在花期称珠鳞，而在果期则称种鳞。

**孢子囊**：植物产生孢子的细胞或器官。

**孢子**：植物所产生的一种有繁殖或休眠作用的细胞。孢子植物的孢子能直接发育成新个体。

**小孢子**：在异形孢子植物中，较小的孢子称为小孢子或雄孢子。在种子植物中，单核时期的花粉粒也称为小孢子。小孢子发育后形成小配子体，也称雄配子体。

**大孢子**：在异形孢子植物中，一种较大的减数孢子称为大孢子。在种子植物中，单核时期的胚囊也称为大孢子，大孢子发育后形成大配子体，也称雌配子体。

**配子体**：植物世代交替中产生配子的或具单倍数染色体世代的植物体。

**雄配子体**：也称为小配子体。在种子植物中，由小孢子发育来的成熟花粉粒以及由花粉粒长出的花粉管，统称为雄配子体。

**雌配子体**：也称为大配子体。在被子植物中，由大孢子发育来的成熟胚囊称为雌配子体。在裸子植物中，由大孢子发育而成的胚乳（包含着颈卵器）称为雌配子体。

**配子囊**：①低等植物产生配子的细胞或结构。②某些真菌（如黑根霉）的多核细胞，其内含物不分化为配子，而在有性过程的接合中，两个细胞便相互融合，这两个融合细胞被称为配子囊。

**配子**：生物进行有性生殖时所产生的性细胞。

**同配生殖**：两个形态、大小相似的性细胞（即同形配子）相互结合的一种较简单的有性生殖方式。见于低等植物中。

**异配生殖**：两个形态、大小不同的性细胞（一般异形配子或卵和精子）相互结合的一种有性生殖方式。

**卵式生殖**：卵与精子相互结合的一种有性生殖方式。为多细胞生物所特有的一种高级的异配生殖方式。

**接合生殖**：低等植物中两个同型配子融合成一个细胞（即合子或接合子）的有性生殖过程，称为接合生殖。如衣藻、水绵和黑根霉等。

**原植体**：也称“叶状体”。无根、茎、叶分化的植物体。如藻类、菌类、地衣和苔藓等植物的营养体。蕨类植物的配子体也称原植体。

**颈卵器**：苔藓、蕨类和裸子植物的雌性生殖器官，形呈烧瓶状，分为腹部和颈部，腹部膨大，内有卵细胞和腹沟细胞各一；颈部狭窄，内有一列颈沟细胞。颈卵器成熟时，颈沟细胞和腹沟细胞解体，形成粘液，颈口开裂，精子借水游入与卵结合。

**精子器**：藻类、真菌、苔藓和蕨类植物产生精子的构造。

## 第三节　被子植物的分类鉴定

**木本植物**：木本植物的茎含有大量的木质，一般比较坚硬。这类植物寿命较长。有乔木、灌木和半灌木的区别。

**乔木**：有明显主干的木本植物，植株一般高大，如松、杉、桉树等。

**灌木**：主干不明显的木本植物，植株比较矮小，常由基部分枝，如玫瑰、迎春、海桐等。

**半灌木**：也称为亚灌木，主干不明显的木本植物，与灌木的主要区别在于：仅地下部分为多年生；地上部分则为1年生，越冬时多枯萎死亡。如菊科的茵陈蒿等。

**草本植物**：草本植物的茎含木质很少。可分为1年生草本植物、2年生草本植物和多年生草本植物。

**1年生草本植物**：生活周期在本年内完成，并结束其生命，如水稻、春小麦、花生等。

**2年生草本植物**：生活周期在两个年份内完成，第一年生长，在第二年才开花，结实后枯死。如冬小麦、萝卜、白菜等。

**多年生草本植物**：植物的地下部分生活多年，每年继续发芽生长，如甘蔗、甘薯、马铃薯等。

**藤本植物**：茎干细长，不能直立，匍匐地面或攀援它物而生长的植物。按其茎的质地，可分草质藤本（如牵牛）和木质藤本（如葡萄）；依其攀附方式，有攀援藤本（如黄瓜、葡萄等）、缠绕藤本（如牵牛）、吸附藤本（如爬山虎）之别。

**托叶鞘：**叶柄基部的托叶向两侧发育，最后包围茎节呈鞘状，称托叶鞘。蓼科植物有膜质的托叶鞘，为识别要点之一。

**环状托叶痕：**当大型托叶脱落后，在节上留下一圈叶痕，称环状托叶痕。木兰科植物有明显的环状托叶痕，可作为识别特征之一。

**佛焰苞：**指包围整个肉穗花序的一枚大苞片。具佛焰苞的肉穗花序也称为佛焰花序，是天南星科植物的识别特征之一。

**花盘：**植物花的子房附近由部分花托膨大所成的盘状、杯状、环状或垫状的构造。柑橘类果树的子房周围具明显的环状肉质花盘，是识别特征之一。

**花葶：**无节和节间、不具叶的总花序轴（总花梗）称为花葶。石蒜科多数植物（如水仙、朱顶红等）为伞形花序生于花葶末端。

（有关叶、花和果实形态的名词术语见本书第七章实验十一）。

# 参考文献


1. 何凤仙等．植物学实验．北京：高等教育出版社，2001
2. 张彪等．植物形态解剖学实验指导．南京：东南大学出版社，2001
3. 周仪．植物形态解剖学实验．北京：北京师范大学出版社，1993
4. 尹祖棠．种子植物实验及实习．北京：北京师范大学出版社，1993
5. 周云龙．孢子植物实验及实习．北京：北京师范大学出版社，1993
6. 吴人坚等．植物学实验方法．上海：上海科学技术出版社，1987
7. 高信曾等．植物学实验指导．北京：高等教育出版社，1986
8. 王翠婷等．植物学实验指导．长春：东北师范大学出版社，1986
9. 李扬汉等．植物学．上海：上海科学技术出版社，1984
10. 徐汉卿等．植物学．北京：中国农业出版社，1995
11. 杨悦等．植物学．北京：中央广播电视大学出版社，1995
12. 徐汉卿等．植物学．北京：中国农业大学出版社，1994
13. 曹慧娟等．植物学．北京：中国林业出版社，1992
14. 陆时万等．植物学（上册）．北京：高等教育出版社，1991
15. 吴国芳等．植物学（下册）．北京：高等教育出版社，1991
16. 吴万春等．植物学．北京：高等教育出版社，1991
17. 南京农学院等．植物学．上海：上海科学技术出版社，1981
18. 中山大学，南京大学合编．植物学（系统、分类部分）．北京：人民教育出版社，1978
19. 李正理．植物制片技术．第二版．北京：科学出版社，1987
20. 李正理等．植物解剖学．北京：中国农业出版社，1983
21. 王灶安等．植物显微技术．北京：人民教育出版社，1992
22. 凌诒萍等．细胞超微结构与电镜技术．上海：上海医科大学出版社，2000
23. 张景强等．生物电子显微技术．广州：中山大学出版社，1987
24. 应国华．电镜技术与细胞超微结构．香港：现代出版社，1993
25. 洪涛．生物医学超微结构与电子显微镜技术．北京：科学出版社，1980
26. 上海辞书出版社．辞海生物分册．上海：上海辞书出版社，1978
27. 沈显生．中国东部高等植物分科检索与图谱．合肥：中国科学技术大学出版社，1997
28. 福建科学技术委员会等．福建植物志（1～6卷）．福州：福建科学技术出版社，1985～1995
29. 中国科学院植物研究所．中国高等植物图鉴（1～5册，补编1～2册）．北京：科学出版社，1978～1982
30. 杨继等．植物生物学实验．北京：高等教育出版社，2000
31. 施心路．光学显微镜及生物摄影基础教程．北京：科学出版社，2002
32. 王祺，高天刚译．植物化石——陆生植被的历史．桂林：广西师范大学出版社，2003

# 参考文献